U0192738

视觉脑机制与类脑智能算法

师　丽　王松伟　王治忠　编著

科学出版社

北　京

内 容 简 介

经过亿万年进化，生物具有超强视感知能力，尤其是鸟类具有卓越的高空高速下的视感知能力。因此，研究鸟类和哺乳类动物视感知通路的神经信息处理机制，构建信息处理的编解码模型，并以此建立类脑算法，已经被证明是为视觉脑机制研究提供理论指引、提高机器视觉系统性能的有效途径。在此思路指引下，本书首先介绍了鸟类脑和哺乳类脑的视觉系统解剖结构和生理学基础，以及视觉神经机制解析与建模基础；然后阐述了鸟类和哺乳类动物视觉系统工作机理与信息处理机制，重点研究了鸟类视顶盖快速、显著感知神经编码模型，以及鸟类视顶盖神经解码；最后，阐述了类脑智能和算法的认识和创新思路，结合生物视觉信息处理机制，介绍了具有典型意义和标志最新进展的几种类脑算法，并初步构建了基于鸟类离顶盖-离丘脑-副视系统协同信息处理机制的大视场小目标检测模型。

本书可供人工智能、模式识别、智能信息处理、生物医学、神经科学等专业研究生、本科生以及相关专业研究人员参考。

图书在版编目（CIP）数据

视觉脑机制与类脑智能算法 / 师丽，王松伟，王治忠编著. —北京：科学出版社，2021.12

ISBN 978-7-03-068317-5

Ⅰ. ①视… Ⅱ. ①师… ②王… ③王… Ⅲ. ①计算机视觉－算法－研究 Ⅳ. ①TP302.7

中国版本图书馆 CIP 数据核字（2021）第 043962 号

责任编辑：翁靖一 程雷星 / 责任校对：杜子昂
责任印制：吴兆东 / 封面设计：东方人华

科学出版社 出版
北京东黄城根北街 16 号
邮政编码：100717
http://www.sciencep.com
北京建宏印刷有限公司 印刷
科学出版社发行 各地新华书店经销
*
2021 年 12 月第 一 版 开本：720 × 1000 1/16
2023 年 1 月第二次印刷 印张：16 1/2
字数：319 000

定价：149.00 元

（如有印装质量问题，我社负责调换）

前言

Preface

1958 年 Hubel、Wiesel 在猫的初级视觉皮层发现神经元具有朝向选择性，为视觉神经研究奠定了重要基础。之后的几十年里，对哺乳类视网膜-初级视觉皮层-颞叶这一离丘脑视觉通路的信息处理机制解析的生物、神经科学研究，与利用各种数理方法对相关神经机制进行描述和建模的信息科学研究的交互，极大地促进了各自领域的进展，同时给机器视觉中的目标识别任务带来了巨大的启示，其代表就是近年来出现的具有深远影响的深度学习、卷积神经网络等算法。

鸟类具有卓越的高空高速下视感知能力。鸟类离顶盖视觉通路的发达程度超过哺乳类动物的离顶盖视觉通路是实现这一视感知能力的神经基础。因此，解析鸟类离顶盖通路的神经信息处理机制，构建信息处理的编码模型，有望形成不同于现有深度学习的新型类脑计算体系。

在该研究思路的指引下，本书从神经元、神经环路及工作机理、神经系统信息处理机制、编解码模型和类脑算法及应用等层面，系统阐述了脑的视觉信息处理机制与机器视觉的类脑算法，以及基于某些脑信息处理机制的高效类脑算法。鸟类视觉系统在大场景弱隐目标识别方面具有突出优势，这正是目前机器视觉发展的“瓶颈”。但是这方面研究还非常缺乏，没有图书系统介绍，本书的研究可以说是这种交叉研究思路的一次有益尝试。

本书的内容组织如下：第 1 章介绍了脑的视觉系统解剖结构和生理学基础，作为信息类、人工智能专业从事脑科学研究必备的基础知识；第 2 章介绍了视觉神经机制解析与建模基础，作为生物医学和神经科学专业实验分析和数据处理的基础；第 3 章、第 4 章综合了国际上最新最顶尖团队研究成果，结合本团队研究成果介绍了鸟类和哺乳类视觉系统工作机理与信息处理机制；结合本团队多年国家自然科学基金和国家 863 项目研究成果，分别在 4.3 节、4.4 节、第 5 章、第 6 章、7.5 节重点介绍了初级视皮层小世界连接的神经元集群响应机制及量化框架、初级视皮层“广义线性-动态小世界”集群编码模型、鸟类视顶盖快速、显著感知神经编码模型、鸟类视顶盖神经解码、基于鸟类离顶盖-离丘脑-副视系统协同信息处理机制的大视场小目标检测模型等成果。第7章首先阐述了类脑智能和算法的认识和创新思路，然后结合生物视觉信息处理机制，介绍了具有典型意义和标志最新进展的几种类脑算法，并给出实际应用例子。

本书内容是师丽教授及其团队近十年来近20项国家级项目牵引下科研方法和成果的积累。全书由师丽教授统稿并审校，其中王松伟参与了第2、3、4、5、6、7章的编著，王治忠参与了第1、3、6、7章的编著。另外，还有牛晓可老师，以及胡平舸、王江涛、黄淑漫等多名博士研究生、硕士研究生为本书的资料整理和顺利出版做了大量细致的工作，在此对他们表示衷心的感谢！此外，对于他人研究成果在本书中的引用，也一并表示感谢！

限于作者时间和精力，书中不足之处在所难免，恳请广大读者批评指正。

作　者

2021年9月

目　录

CONTENTS

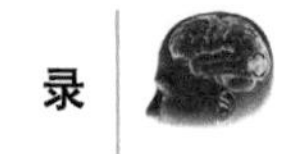

第1章 脑的视觉系统解剖结构和生理学基础

脑是所有脊椎动物和大部分无脊椎动物的中枢神经系统，其基本结构主要包括三个区域，从喙部到尾部依次为前脑、中脑和后脑[1]。

脑的首要功能是利用视觉、听觉和躯体感觉等从外部世界提取生物所需信息来指导其行为，这些感知信息通过丘脑中转到大脑皮层，然后与生物生存密切相关的要素进行整合[2]，从而获取有关外部环境信息。

视觉被认为是大部分脊椎动物最重要的感觉[3]。视觉系统通过其外周感知器官——眼睛接收外部世界一定波长范围内的光刺激，将光信号转换为神经电信号，经视觉系统各级编码、加工和分析后获得对外部世界的感知体验。本章将分别对鸟类和哺乳类动物视觉系统的解剖结构和生理学基础进行阐述。

1.1 鸟类视觉系统的解剖结构与生理学基础

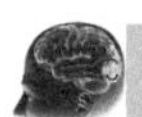

1.1.1 鸟类视觉系统的解剖结构

经过长达 1 亿多年的进化，鸟类脑组织结构进化为前脑（cerebrum）、中脑（midbrain）、丘脑（thalamus）、小脑（cerebellum）、后脑（hindbrain）和延髓（spinal cord）[4]，如图 1-1（a）所示。在鸟的脑组织结构中，视觉系统占据主要地位，其主导控制着鸟类转向、进食和防御等行为[5]。基于鸟类视觉系统解剖学结构和功能特点，可以将其分成三条相对独立的视觉通路，即离顶盖通路［视网膜神经节细胞（retinal ganglion cell，RGC）-视顶盖（optic tectum，TeO）-圆核-外纹体］、离丘脑通路（视网膜-丘脑主视核-视丘通路）和副视系统（视网膜-基底视束核或扁豆核通路）[6-8]。

离顶盖通路接收对侧视网膜输入的视觉场景信息，依次经过视顶盖、圆核的处理并最终投射到外纹体，如图 1-1（b）红色信息流所示[9]。该通路中的视顶盖与哺乳类动物的上丘同源，体积较大，显示出该通路在视觉信息处理中的主导地位[5]。鸟类视顶盖具有明显的分层结构（从浅到深可以分为 15 层），来自视

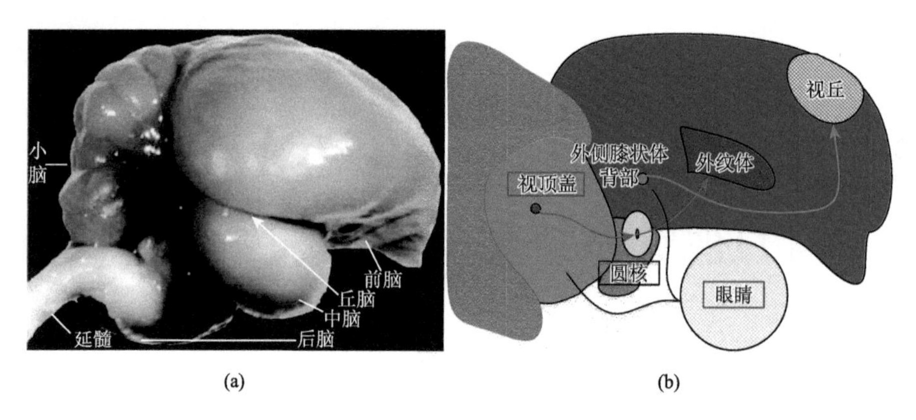

(a) (b)

图 1-1　鸟类脑的基本结构

网膜的输入（即由 RGC 轴突传递的视觉信息）拓扑对应地投射到视顶盖的浅层[6]（图 1-2），其深层接收来自视顶盖浅层、视顶盖下峡核和前脑的输入[10]。位于视顶盖深层的神经元将视觉场景中显著目标的信息上行传输到圆核[11]，虽然视顶盖与圆核之间没有明显的拓扑对应关系，但是圆核的不同区域能对场景目标的多个视觉特征通道信息进行并行处理[12-14]。

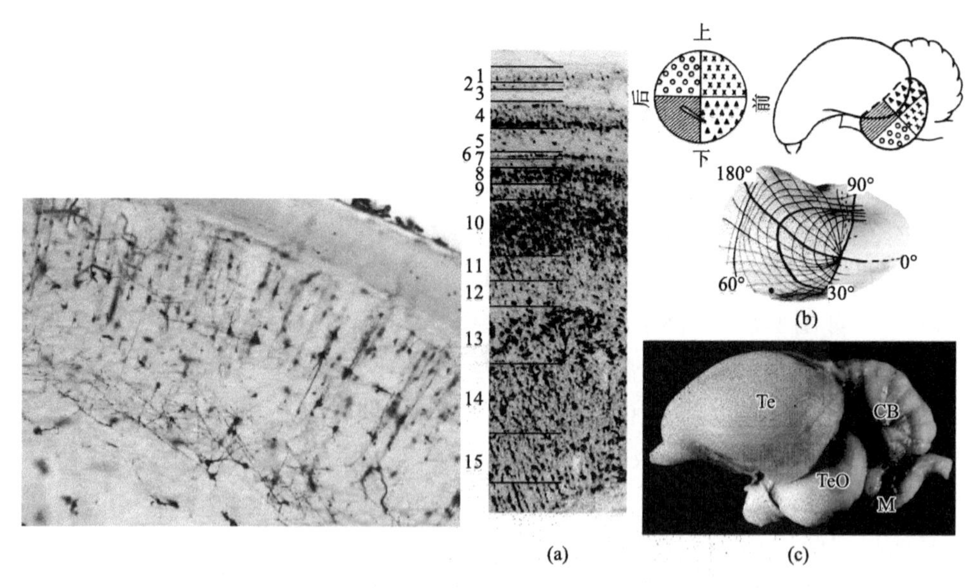

(a) (b) (c)

图 1-2　视网膜-OT 拓扑映射图[6]（TeO = 视顶盖；CB = 小脑；Te = 端脑；M = 延髓）

离丘脑通路同样接收对侧视网膜传递的视觉信息，如图 1-1（b）中蓝色信息流所示。与离顶盖通路不同，该通路主要接收侧向视野对应的场景信息[10]，视觉

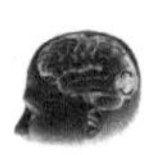

信息通过丘脑主视核的中继，上行传输到高级视觉中枢——视丘中，其中丘脑主视核和视丘分别与哺乳动物的外侧膝状体（lateral geniculate nucleus，LGN；简称外膝体）和初级视皮层同源[6]。

鸟类视觉系统中，存在一个专门分析由自身运动导致的全场运动光流的视觉通路——副视系统[15-17]。如图 1-3 所示[18]，鸟类副视系统由视网膜、基底视束核和顶盖前扁豆核组成[19, 20]。其中，基底视束核接收来自视网膜移位细胞输入的视觉信息[21, 22]，而扁豆核同时接收 RGC 和视网膜移位细胞的输入[23, 24]。

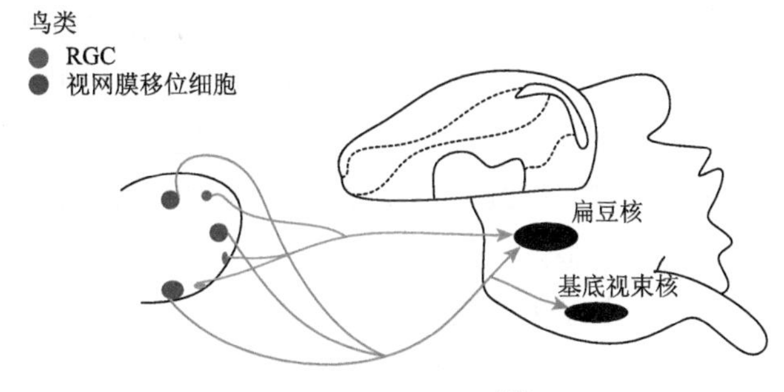

图 1-3　副视系统[18]

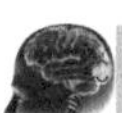 1.1.2　鸟类视觉系统的生理学基础

1）离顶盖通路

鸟类视网膜包含多种类型的神经节细胞，分别对亮度、颜色和运动等视觉刺激进行处理[25-27]，处理后的视觉信息全部经由细胞轴突输出到中脑目标核团[28-30]。作为接收视网膜传递视觉信息的主要核团，视顶盖中的神经元对多种视觉信息敏感[31-35]。对鸟类视顶盖的相关损毁实验证明其参与对颜色和目标的辨识[36]。另外，该通路对视觉空间中的运动目标较为敏感[37-39]，并且视顶盖中存在向脑干的下行投射[10, 14]，能够启动眼球运动和相关应急响应[40]。此外，视顶盖和顶盖下峡核组成的中脑网络参与了生物视觉显著性的调控[41-43]。

综上，鸟类的离顶盖通路在目标信息编码、视动控制和显著性调控等方面发挥了重要作用，并且能够启动躲避或者捕食等行为，对鸟类的生存至关重要。

2）离丘脑通路

解剖学和行为学实验表明，离丘脑通路仅接收视网膜输出信息的一小部分，损毁该通路对鸟类视觉分辨任务影响较轻[10, 36, 44, 45]。摧毁实验也表明该通路对大场景下的模式识别具有重要作用[46-48]，同时其还参与生物的逆转学习过程[49, 50]。此外，离丘脑通路参与了鸟类自身运动及空间朝向行为相关的检测[46, 51]。

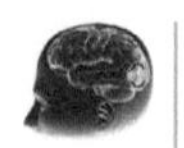

3）副视系统

大量研究证实副视系统参与光流信息的分析与处理，并且能够产生视动反应来控制姿态和眼球运动，即通过眼球的补偿运动稳定视网膜上的物像[24, 52-54]。

1.2 哺乳类视觉系统的解剖结构与生理学基础

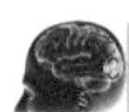

1.2.1 哺乳类视觉系统的解剖结构

哺乳动物的脑是一个结构复杂、层次清晰、分工明确的中枢系统，其基本结构主要包括端脑（大脑）、间脑、小脑、中脑和后脑五部分。中脑和后脑（脑桥、延髓）统称为脑干。各个部分分布着很多由神经细胞集中而成的神经核或神经中枢，并有大量上、下行的神经纤维束连接大脑、小脑和脊髓，在形态和机能上把中枢神经各部分联系为一个整体[55-58]。

同鸟类类似，基于解剖学上的投射关系和功能上的分析，哺乳类也包含三条主要视觉信息加工通路：上丘-皮层通路、外膝体-皮层通路和副视系统，它们分别对应鸟类动物的离顶盖通路、离丘脑通路和副视系统[7, 53]（图 1-4）。

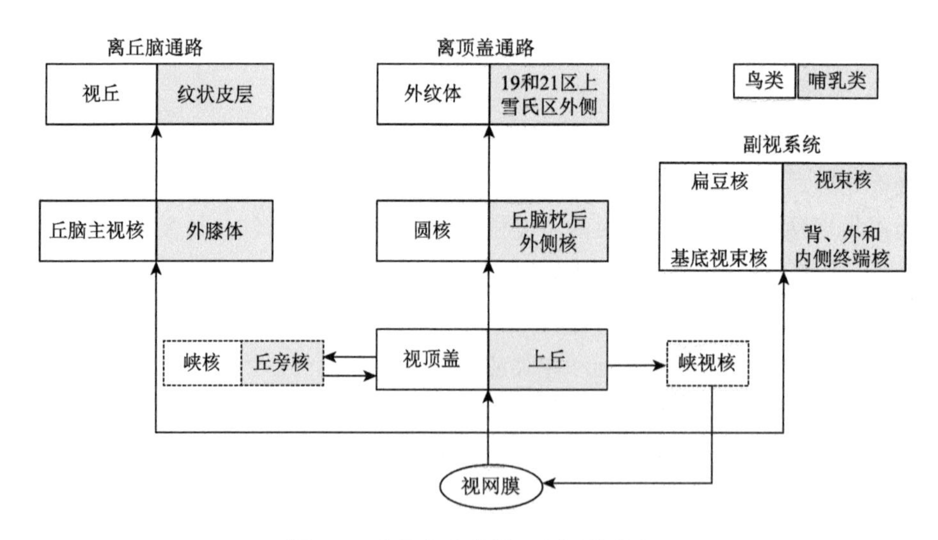

图 1-4　鸟类和哺乳类三条视觉通路

鸟类和哺乳类的视觉通路虽存在对应关系，但其解剖结构并不相同。一直以来，哺乳类的离丘脑通路都是神经科学领域研究的热点。如图 1-4 所示，离丘脑通路接收视网膜输入的视觉场景信息，经过外侧膝状体的处理并最终投射

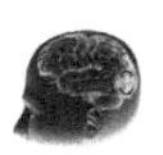

到皮层[53]。视网膜位于眼睛内层，呈现多层的网状结构，从组织学上可分为10 层[59-63]，其结构极为复杂，从外到内依次是由五类神经元排列的感受器细胞层、双极细胞层、神经节细胞层构成的。每层不仅有多种细胞，层与层之间也存在复杂的突触联系，此外，视网膜各种神经元间的信息传递涉及几十种神经递质，故视网膜也被称为外周脑[64]。外侧膝状体位于后丘脑，由浅灰层、中灰层、深灰层构成[65-70]，主要负责视觉信息中继传递，其神经元的生理特性与视网膜神经节细胞类似[71]。视皮层作为视觉信息的中央处理器，参与视觉的认知[72-78]。猴的神经解剖学和生理学研究显示，至少有 35 个皮层区域与视觉功能相关[79]。

哺乳类上丘-皮层通路与鸟类离顶盖通路同源，包括上丘、顶盖前区、丘脑枕等核团[80]。同视顶盖类似，上丘也为分层性结构[81, 82]，但是从解剖学上看，视顶盖外观膨大，分为 15 层，而上丘只有 4 层。顶盖前区位于上丘的前部，与间脑的后部联合衔接。丘脑枕是丘脑后部最大的核团，在灵长类得到充分的发育，与颞叶、枕叶、顶叶有往返性联系，主要联系顶叶的后部和枕叶的前部，前者是顶下小叶，后者是枕前叶，二者参与视觉相关的空间定位和认知过程[64]。

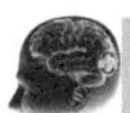

1.2.2　哺乳类视觉系统的生理学基础

视觉信息传递有三条不同的通路：第一条是离丘脑通路，从视网膜的视神经束经外侧膝状体到视觉皮层，形成视觉。第二条是离顶盖通路，视网膜视束的一小部分分支达上丘和顶盖前区，再发出纤维支配眼睛的运动（如瞳孔反射和头眼定向运动）。视觉的运动传递通路通过丘脑枕换神经元后也把信息传递到视觉皮层。第三条是副视系统，视神经束的更小部分分支入下丘脑，支配视交叉上核，调制生物节律[64]。

1）离丘脑通路

视觉的感觉传递通路（简称离丘脑通路）是指从视网膜，经过外侧膝状体把视觉信息传递到视觉皮层的通路。经由视神经（optic nerve）的传导，来自双侧的视网视觉信息在视交叉（optic chiasm）汇合，分别传入两侧的视束（optic tract）。此后，和视知觉有关的部分进入外侧膝状体，另一部分进入其他各个核团。LGN 进一步将信息传入初级视觉皮层（primary visual cortex，也称 V1），并广泛投射到腹侧通路（ventral pathway）和背侧通路（dorsal pathway），由此开始大脑皮层对视觉信息的处理[83-87]。

2）离顶盖通路

离顶盖通路是指支配眼球运动和调节透光成像的神经途径。视束的一小部分分支达中脑的上丘和顶盖前区，然后从后者再发出纤维支配眼睛运动。此外，视觉的运动信息还通过丘脑枕换神经元后“告诉”视觉皮层。视觉皮层也有下行纤维达上丘和前顶盖。前顶盖（pretectum）控制虹膜活动，以调整瞳孔大小。光照信息首先经由前顶盖进入动眼神经副核（Edinger-Westphal nucleus，这一核团也控制睫状肌调整晶状体形状），传入动眼神经（cranial nerve Ⅲ），借此控制睫状神经节并调控瞳孔大小。上丘（superior colliculus）通路控制无意识的眼动和头部运动，自动把视线对准视野中有意义的目标，使之落入中央凹[88, 89]。

3）副视系统

副视系统始于视神经束更小部分的分支，这部分纤维入下丘脑，支配视交叉上核。下丘脑（hypothalamus）中的视交叉上核（suprachiasmatic nucleus，SCN，节律控制核团）接收来自一种特殊神经节细胞——内光敏视网膜神经节细胞（intrinsically photosensitive retinal ganglion cell，ipRGC）的信息，控制昼夜节律。尽管 ipRGC 是一种神经节细胞，它和锥/杆细胞一样拥有一种感光素，称作视黑素（melanopsin）。因此，感光细胞退化的哺乳动物也能维持昼夜节律。

1.3 总　　结

经过亿万年的进化，生物形成了无比优越的视觉系统，本章仅涉及鸟类和哺乳类视觉系统的解剖结构与生理学基础相关的研究结果。具体地：鸟类视觉系统包含三条相对独立的视觉通路：离顶盖通路（视网膜-视顶盖-圆核-外纹体）、离丘脑通路（视网膜-丘脑主视核-视丘通路）和副视系统（视网膜-基底视束核或扁豆核通路）。哺乳类也包含三条主要视觉信息加工通路：上丘-皮层通路、外膝体-皮层通路和副视系统，它们分别对应鸟类的离顶盖通路、离丘脑通路和副视系统。鸟类的离顶盖通路是其主要的视觉信息处理通路，具有对亮度、颜色、运动及视觉显著性信息进行处理的功能，哺乳类的外膝体-皮层通路是其主要的视觉信息处理通路，主要处理视觉的感觉信息。这也是后续章节中将着重涉及的两套视觉通路。

参考文献

[1] Butler A B，Hodos W. Comparative Vertebrate Neuroanatomy[M]. Hoboken NJ，USA：John Wiley & Sons，2005.

[2] Schultz S K. Principles of neural science，4th ed[J]. American Journal of Psychiatry，2001，158（4）：662.

[3] 牛晓可. 大鼠初级视皮层神经元集群动态连接及其编码模型研究[D]. 郑州：郑州大学，2015.

[4] Jarvis E D. Bird brain：Evolution[M]// Encyclopedia of Neuroscience. Amsterdam：Elsevier，2009.

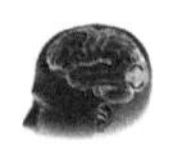

[5] Wylie D R，Gutiérrez-Ibáñez C，Iwaniuk A N，et al. Integrating brain，behavior，and phylogeny to understand the evolution of sensory systems in birds[J]. Frontiers in Neuroscience，2015，9：281.

[6] Wylie D R W，Gutierrez-Ibanez C，Pakan J M P，et al. The optic tectum of birds：Mapping our way to understanding visual processing[J]. Canadian Journal of Experimental Psychology，2009，63（4）：328-338.

[7] 刘丽君. 基于鸽 OT 区神经元局部场电位信号的字符重建研究[D]. 郑州：郑州大学，2018.

[8] Yang Y，Cao P，Yang Y，et al. Corollary discharge circuits for saccadic modulation of the pigeon visual system[J]. Nature Neuroscience，2008，11（5）：595-602.

[9] Freund N，Valencia-Alfonso C E，Kirsch J，et al. Asymmetric top-down modulation of ascending visual pathways in pigeons[J]. Neuropsychologia，2016，（83）：37-47.

[10] 杨瑾. 离顶盖通路与离丘脑通路的视觉功能比较[D]. 北京：中国科学院生物物理研究所，2004.

[11] Knudsen E I，Schwarz J S. The optic tectum：A structure evolved for stimulus selection[J]. Evolution of Nervous Systems，2017，1：387-408.

[12] Hellmann B，Gunturkun O. Structural organization of parallel information processing within the tectofugal visual system of the pigeon[J]. The Journal of Comparative Neurology，2001，429（1）：94-112.

[13] Hellmann B，Güntürkün O. Visual-field-specific heterogeneity within the tecto-rotundal projection of the pigeon[J]. The European Journal of Neuroscience，1999，11（8）：2635-2650.

[14] Hellmann B，Güntürkün O，Manns M，et al. Tectal mosaic：Organization of the descending tectal projections in comparison to the ascending tectofugal pathway in the pigeon[J]. The Journal of Comparative Neurology，2004，472（4）：395-410.

[15] Gibson J J. The visual perception of objective motion and subjective movement[J]. Psychological Review，1994，101（2）：304-314.

[16] Simpson J I，Leonard C S，Soodak R E. The accessory optic system. Analyzer of self-motion[J]. Annals of the New York Academy of Sciences，1988，545（1）：170-179.

[17] Gamlin P D R. The pretectum：Connections and oculomotor-related roles[J]. Progress in Brain Research，2006，151：379-405.

[18] Gutierrezibanez C，Gaede A H，Dannish M R，et al. The retinal projection to the nucleus lentiformis mesencephali in zebra finch（*Taeniopygia guttata*）and Anna's hummingbird（*Calypte anna*）[J]. Journal of Comparative Physiology A-Neuroethology Sensory Neural and Behavioral Physiology，2018，204（4）：369-376.

[19] Brecha N，Karten H J，Hunt S P，et al. Projections of the nucleus of the basal optic root in the pigeon：An autoradiographic and horseradish peroxidase study[J]. The Journal of Comparative Neurology，1980，189（4）：615-670.

[20] Gamlin P D，Cohen D H. Retinal projections to the pretectum in the pigeon（*Columba livia*）[J]. The Journal of Comparative Neurology，1988，269（1）：1-17.

[21] Karten J H，Fite K V，Brecha N，et al. Specific projection of displaced retinal ganglion cells upon the accessory optic system in the pigeon（*Columbia livia*）[J]. Proceedings of the National Academy of Sciences of the United States of America，1977，74（4）：1753-1756.

[22] Fite K V，Brecha N，Karten H J，et al. Displaced ganglion cells and the accessory optic system of pigeon[J]. The Journal of Comparative Neurology，1981，195（2）：279-288.

[23] Woodson W，Shimizu T，Wild J M，et al. Centrifugal projections upon the retina：An anterograde tracing study in the pigeon（*Columba livia*）[J]. The Journal of Comparative Neurology，1995，362（4）：489-509.

[24] Wylie D R，Kolominsky J，Graham D J，et al. Retinal projection to the pretectal nucleus lentiformis mesencephali

in pigeons（*Columba livia*）[J]. Journal of Comparative Neurology，2014，522（17）：3928-3942.

[25] Graf V，Norren D V. A blue sensitive mechanism in the pigeon retina：λ_{max} 400nm[J]. Vision Research，1974，14（11）：1203-1209.

[26] Famiglietti E V，Kolb H. Structural basis for on- and off-center responses in retinal ganglion cells[J]. Science，1976，194（4261）：193-195.

[27] Cervetto L，Marchiafava P L，Pasino E. Influence of efferent retinal fibres on responsiveness of ganglion cells to light[J]. Nature，1976，260（5546）：56-57.

[28] Maturana H R，Frenk S. Directional movement and horizontal edge detectors in the pigeon retina[J]. Science，1963，142（3594）：977-979.

[29] Binggeli R L，Paule W J. The pigeon retina：Quantitative aspects of the optic nerve and ganglion cell layer[J]. The Journal of Comparative Neurology，1969，137（1）：1-18.

[30] Leresche N，Hardy O，Audinat E，et al. Synaptic transmission of excitation from the retina to cells in the pigeon's optic tectum[J]. Brain Research，1986，365（1）：138-144.

[31] Frost B J，DiFranco D E. Motion characteristics of single units in the pigeon optic tectum[J]. Vision Research，1976，16（11）：1229-1234.

[32] Jassik-Gerschenfeld D，Lange R V，Ropert N. Response of movement detecting cells in the optic tectum of pigeons to change of wavelength[J]. Vision Research，1977，17（10）：1139-1146.

[33] Gu Y，Wang Y，Wang S R. Regional variation in receptive field properties of tectal neurons in pigeons[J]. Brain，Behavior and Evolution，2000，55（4）：221-228.

[34] Wu L Q，Niu Y Q，Yang J，et al. Tectal neurons signal impending collision of looming objects in the pigeon[J]. The European Journal of Neuroscience，2000，22（9）：2325-2331.

[35] Verhaal J，Luksch H. Processing of motion stimuli by cells in the optic tectum of chickens[J]. Neuro Report，2015，26（10）：578-582.

[36] Hodos W，Karten H J. Visual intensity and pattern discrimination deficits after lesions of the optic lobe in pigeons[J]. Brain，Behavior the Evolution，1974，9（3）：165-194.

[37] Frost B J，Wylie D R，Wang Y C. The processing of object and self-motion in the tectofugal and accessory optic pathways of birds[J]. Vision Research，1990，30（11）：1677-1688.

[38] Sun H J，Frost B J. Motion processing in pigeon tectum：Equiluminant chromatic mechanisms[J]. Experimental Brain Research，1997，116（3）：434-444.

[39] Frost B J，Sun H J. Chapter 2：The biological bases of time-to-collision computation[J]. Advances in Psychology，2004，135：13-37.

[40] Fecteau J H，Munoz D P. Salience，relevance，and firing：A priority map for target selection[J]. Trends in Cognitive Sciences，2006，10（8）：382-390.

[41] Knudsen E I. Neural circuits that mediate selective attention：A comparative perspective[J]. Trends in Neurosciences，2018，41（11）：789-805.

[42] Schryver H M，Mysore S P. Spatial dependence of stimulus competition in the avian nucleus isthmi pars magnocellularis[J]. Brain，BehavIor and Evolution，2019，93（2/3）：137-151.

[43] Mahajan N R，Mysore S P. Combinatorial neural inhibition for stimulus selection across space[J]. Cell Reports，2018，25（5）：1158-1170.

[44] Hodos W. Color discrimination deficits after lesions of the nucleus rotundus in pigeons[J]. Brain，Behavior and Evolution，1969，2（3）：185-200.

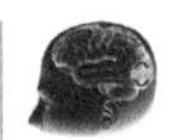

[45] Hodos W，Karten H J. Brightness and pattern discrimination deficits in the pigeon after lesions of nucleus rotundus[J]. Experimental Brain Research，1966，2（2）：151-167.

[46] Wylie D R W，Glover R G，Lau K L. Projections from the accessory optic system and pretectum to the dorsolateral thalamus in the pigeon（*Columbia livia*）：A study using both anterograde and retrograde tracers[J]. The Journal of Comparative Neurology，1998，391（4）：456-469.

[47] Budzynski C A，Gagliardo A，Ioalé P，et al. Participation of the homing pigeon thalamofugal visual pathway in sun-compass associative learning[J]. The European Journal of Neuroscience，2002，15（1）：197-210.

[48] Budzynski C A，Bingman V P. Participation of the thalamofugal visual pathway in a coarse pattern discrimination task in an open arena[J]. Behavioural Brain Research，2004，153（2）：543-556.

[49] Bingman V P，Gasser B，Colombo M. Responses of pigeon（*Columba livia*）Wulst neurons during acquisition and reversal of a visual discrimination task[J]. Behavioral Neuroscience，2008，122（5）：1139-1147.

[50] Watanabe S. Effects of Wulst and ectostriatum lesions on repeated acquisition of spatial discrimination in pigeons[J]. Cognitive Brain Research，2003，17（2）：286-292.

[51] Michael N，Löwel S，Bischof H J. Features of the retinotopic representation in the visual wulst of a laterally eyed bird，the zebra finch（*Taeniopygia guttata*）[J]. PLoS One，2015，10（4）：e0124917.

[52] Waespe W，Henn V. Gaze stabilization in the primate. The interaction of the vestibulo-ocular reflex，optokinetic nystagmus，and smooth pursuit[J]. Reviews of Physiology Biochemistry and Pharmacology，1987，106：37-125.

[53] 唐宗湘. 鸟类离顶盖通路和副视通路神经元的发放模式和形态特性[D]. 北京：中国科学院生物物理研究所，2003.

[54] Giolli R A，Blanks R H，Lui F. The accessory opniaotic system：Basic organization with an update on connectivity，neurochemistry，and function[J]. Progress in Brain Research，2006，151：407-440.

[55] 李七渝，张绍祥，王平安，等. 人体大脑数字化解剖模型的构建及可视化[J]. 解剖学报，2005，36（6）：638-641.

[56] Janigro D. Mammalian Brain Development[M]. Totowa，NJ：Humana Press，2009.

[57] Hirth F，Reichert H. 1999. Conserved genetic programs in insect and mammalian brain development[J]. BioEssays，21（8）：677-684.

[58] Bertipaglia C，Goncalves J C，Vallee R B. Nuclear migration in mammalian brain development[J]. Seminars in Cell & Developmental Biology，2018，82：57-66.

[59] Ali M A，Anctil M. Retinal structure and function in the walleye（*Stizostedion vitreum vitreum*）and sauger（*S. canadense*）[J]. Journal of the Fisheries Research Board of Canada，1977，34（10）：1467-1474.

[60] Fischer M D，Huber G，Beck S C，et al. Noninvasive，*in vivo* assessment of mouse retinal structure using optical coherence tomography[J]. PLoS One，2009，4（10）：7507.

[61] Min S H，Molday L L，Seeliger M W，et al. Prolonged recovery of retinal structure/function after gene therapy in an *Rs1h*-deficient mouse model of X-linked juvenile retinoschisis[J]. Molecular Therapy，2005，12（4）：644-651.

[62] Runkle E A，Antonetti D A. The blood-retinal barrier：Structure and functional significance[M]//Methods in Molecular Biology. Totowa，NJ：Humana Press，2011.

[63] Stell W K，Witkovsky P. Retinal structure in the smooth dogfish，*Mustelus Canis*：Light microscopy of photoreceptor and horizontal cells[J]. The Journal of Comparative Neurology，1973，148（1）：33-45.

[64] 孙久荣. 脑科学导论[M]. 北京：北京大学出版社，2001.

[65] Derrington A M，Lennie P. Spatial and temporal contrast sensitivities of neurones in lateral geniculate nucleus of

macaque[J]. The Journal of Physiology，1984，357：219-240.

[66] Jordan H，Holländer H. The structure of the ventral part of the lateral geniculate nucleus. A cyto- and myeloarchitectonic study in the cat[J]. Journal of Comparative Neurology，1972，145（3）：259-271.

[67] Rivadulla C，Martinez L，Grieve K L，et al. Receptive field structure of burst and tonic firing in feline lateral geniculate nucleus[J]. The Journal of Physiology，2003，553（2）：601-610.

[68] Michalski A，Wróbel A. Spatiotemporal receptive field structure of neurons in the lateral geniculate nucleus of binocularly deprived cats[J]. Acta Neurobiologiae Experimentalis，1986，46（5/6）：261-279.

[69] Tzonev S，Schulten K，Malpeli J G. Morphogenesis of the lateral geniculate nucleus：How singularities affect global structure[C]. Advances in Neural Information Processing Systems 7，1994.

[70] Wong-Riley M T. Terminal degeneration and glial reactions in the lateral geniculate nucleus of the squirrel monkey after eye removal[J]. The Journal of Comparative Neurology，1972，144（1）：61-91.

[71] 杨开富. 前端视觉通路信息加工的计算模型及应用研究[D]. 成都：电子科技大学，2016.

[72] de Valois R L，Albrecht D G，Thorell L G. Spatial frequency selectivity of cells in macaque visual cortex[J]. Vision Research，1982，22（5）：545-559.

[73] Engel S A. Retinotopic organization in human visual cortex and the spatial precision of functional MRI[J]. Cerebral Cortex，1997，7（2）：181-192.

[74] Zeki S，Watson J D，Lueck C J，et al. A direct demonstration of functional specialization in human visual cortex[J]. The Journal of Neuroscience，1991，11（3）：641-649.

[75] Rao R P M，Ballard D H. Predictive coding in the visual cortex：A functional interpretation of some extra-classical receptive-field effects[J]. Nature Neuroscienc，1999，2（1）：79-87.

[76] Bienenstock E L，Cooper L N，Munro P W. Theory for the development of neuron selectivity：Orientation specificity and binocular interaction in visual cortex[J]. The Journal of Neuroscience，1982，2（1）：32-48.

[77] Hubel D H，Wiesel T N. Receptive fields，binocular interaction and functional architecture in cat's visual cortex[J]. The Journal of Physiology，1962，160（1）：106-154.

[78] Lee T S，Mumford D. Hierarchical bayesian inference in the visual cortex[J]. Journal of the Optical Society of America A，2003，20（7）：1434-1448.

[79] 寿天德. 现代生物学导论[M]. 合肥：中国科学技术大学出版社，1998.

[80] May P J. The mammalian superior colliculus：Laminar structure and connections[J]. Progress in Brain Research，2006，151：321-378.

[81] Moschovakis A K，Karabelas A B，Highstein S M. Structure-function relationships in the primate superior colliculus. Ⅱ. Morphological identity of presaccadic neurons[J]. Journal of Neurophysiology，1988，60（1）：263-302.

[82] Chevalier G，Mana S. Honeycomb-like structure of the intermediate layers of the rat superior colliculus，with additional observations in several other mammals：AChE patterning[J]. Journal of Comparative Neurology，2000，419（2）：137-153.

[83] Kobatake E，Tanaka K. Neuronal selectivities to complex object features in the ventral visual pathway of the macaque cerebral cortex[J]. Journal of Neurophysiology，1994，71（3）：856-867.

[84] Amedi A，Malach R，Hendler T，et al. Visuo-haptic object-related activation in the ventral visual pathway[J]. Nature Neuroscience，2001，4（3）：324-330.

[85] Recio L A. Dorsal pathway[M]//Encyclopedia of Animal Cognition and Behavior. Cham：Springer International Publishing，2017.

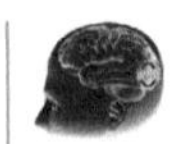

[86] Morisato D，Anderson K V. The spätzle gene encodes a component of the extracellular signaling pathway establishing the dorsal-ventral pattern of the Drosophila embryo[J]. Cell，1994，76（4）：677-688.

[87] Pellicano E，Gibson L Y. Investigating the functional integrity of the dorsal visual pathway in autism and dyslexia[J]. Neuropsychologia，2008，46（10）：2593-2596.

[88] Grantyn R. Gaze control through superior colliculus：Structure and function[J]. Reviews of Oculomotor Research，1998，2：273-333.

[89] Churan J，Guitton D，Pack C C. Spatiotemporal structure of visual receptive fields in macaque superiorcolliculus[J]. Journal of Neurophysiology，2012，108（10）：2653-2667.

第 2 章

视觉神经机制解析与建模基础

脑内信息处理主要体现为神经元及其集群的电生理活动上，作为生物脑的基本组成单元，神经元通过产生如图 2-1 所示的电脉冲（也可以称为动作电位、锋电位或者简称为 Spike），并沿着神经纤维进行传播，实现信息传递的功能。神经元通过发放不同时间模式的 Spike 序列进行各种信息的传递。因此，视觉神经机制的解析主要体现在对不同的视觉刺激输入下视觉通路神经元及其集群的电生理活动的理解上，这也正是神经编码的研究内容。

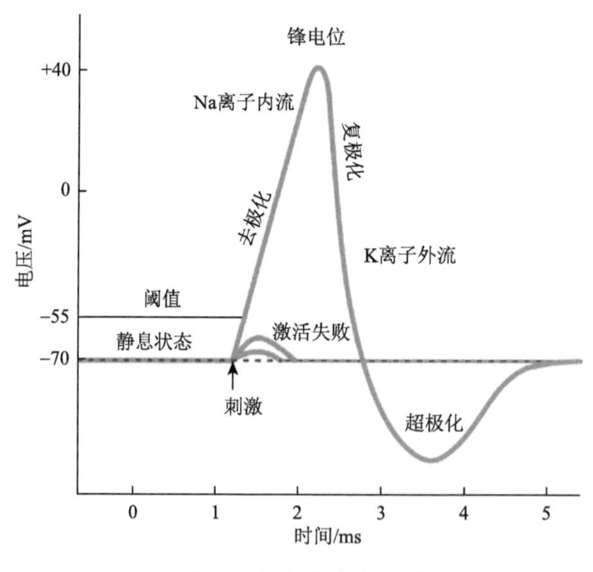

图 2-1　锋电位产生机制

广义的神经编码研究涉及视觉刺激的属性如何被 Spike 序列所度量与刻画。视觉刺激与神经响应之间的关联可以从两个角度来考察，其一为神经编码，是从视觉刺激到神经响应的映射。例如，首先了解神经元对各种类型刺激的响应规律，然后尝试构建模型来预测神经元在其他刺激下的响应。其二为神经解码，是从神

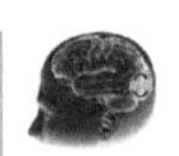

经响应到视觉刺激的逆映射，基于视觉刺激所诱发的 Spike 序列，重建或者恢复出视觉刺激的特定特征。这些内容相关的理论基础将在本章 2.2 节和 2.3 节进行介绍，本书的第 4 章、第 5 章和第 6 章均有这些神经编/解码理论及建模方法在本团队研究成果中的应用。

在开始讨论神经编码问题之前，首先简要阐述神经元是如何产生对视觉刺激的响应的，并且给出了神经电生理活动检测的基本步骤和本团队提出的信号预处理新方法。

2.1　神经信号检测及预处理

神经元是生物脑的基本组成单元，脑内信息处理主要体现在神经元及其集群的电生理活动上，这些电位的产生与细胞膜电位变化息息相关。神经元活动及之间的联系主要表现为神经电信号的产生、变化与传播，神经电生理技术可以帮助科研工作者准确地记录到这些活动[1]，是研究神经系统功能的常用手段。电生理记录技术依据电极放置位置的不同可以分为胞外记录、胞内记录、膜片钳和脑电图，开展在体胞外记录是在介观层面进行神经机制解析的常用技术手段，本节主要介绍在体胞外神经电信号的检测和预处理的相关基础。

2.1.1　神经信号的产生

神经电信号主要包括动作电位（action potential 或 spike）信号和局部场电位（local filed potential，LFP）信号。细胞膜上具有多种跨膜离子通道，它们允许离子，主要是钠（Na^+）、钾（K^+）、钙（Ca^{2+}）和氯（Cl^-）流入和流出细胞。神经元通过打开或关闭离子通道来控制对应离子在细胞膜上的流动。神经元在未受到外界刺激或者无电流输入时，细胞膜两侧的电位差维持相对稳定并被称为静息膜电位。神经元通过开放离子通道从胞内流出带正电离子（或流入带负电离子）从而形成电流使胞内电位降低，这一过程称为超极化，与之相反，当进入细胞的电流将胞内电位改变为较小的负值或升至正值时，该过程称为去极化。如果神经元被充分去极化并超过相应的阈值水平，则会启动正反馈过程并同时产生一个 Spike（图 2-1），它是神经元处于兴奋状态的体现。

每个神经元都具有树突与轴突结构，神经元之间依靠由树突和轴突形成的突触进行通信。树突具有众多分支，这些分支结构允许神经元通过突触连接接收来自许多其他神经元的输入。轴突则通过与其他神经元细胞的突触连接，向其他神经元传递信息。突触前动作电位对突触后神经元电位的影响可以分为兴奋性突触后电位和抑制性突触后电位，前者使突触后神经元电位去极化，而后者则使其超极化。

而局部场电位（LFP）信号则定义为原始场电位的低频成分，反映了阈下刺激诱发的综合电活动，这些低频的波动常被认为是由突触活动引起的，是兴奋性与抑制性突触电位的总和，而且具有稳定的抗噪能力，易于长时间地持续记录[2]。

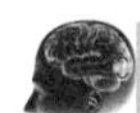 2.1.2 神经信号检测

对脑内神经信号的检测首先需要确定目标核团的立体定位坐标以及分布范围，然后选择合适的电极种类与参数并通过手术进行植入，最后通过呈现特定的视觉刺激模式并使用信号记录系统同步记录相应神经元的响应信号。具体步骤如下。

1. 脑区定位

无论是急性或是慢性实验，神经电信号检测的首要前提都是对实验动物进行外科手术，并将记录电极置入脑组织的目标区域中。在对实验动物开展手术之前需要对目标脑区的位置进行估计，对于鸽子和鼠，本团队分别参考鸟类脑图谱[3]和鼠脑图谱[4]来确定目标脑区的立体定位坐标与分布范围，用于指导后期电极植入方案的设计。挑选成年健壮的鸽子或鼠作为实验动物，将其麻醉至痛觉消失并固定于专用脑立体定位装置，鸟类和鼠的脑相对于视觉空间的位置分别如图 2-2 和图 2-3 所示。根据查阅到的相关脑区立体定位坐标，选择合适的电极进行植入。

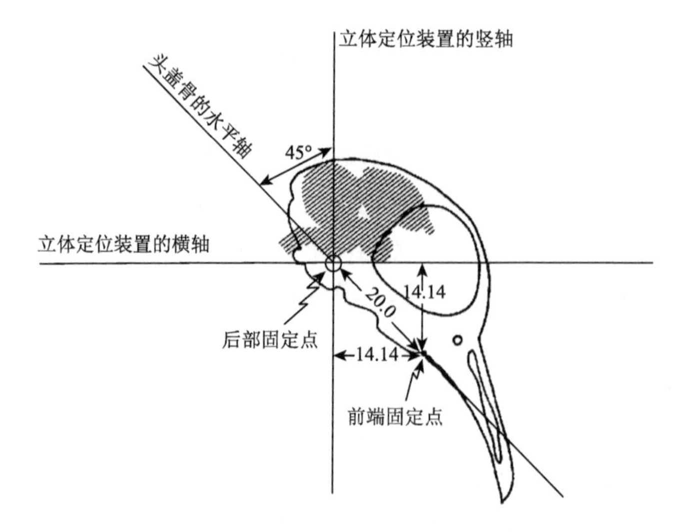

图 2-2　鸽子脑立体定位图[3]（单位：mm）

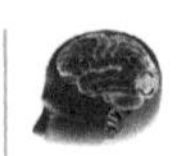

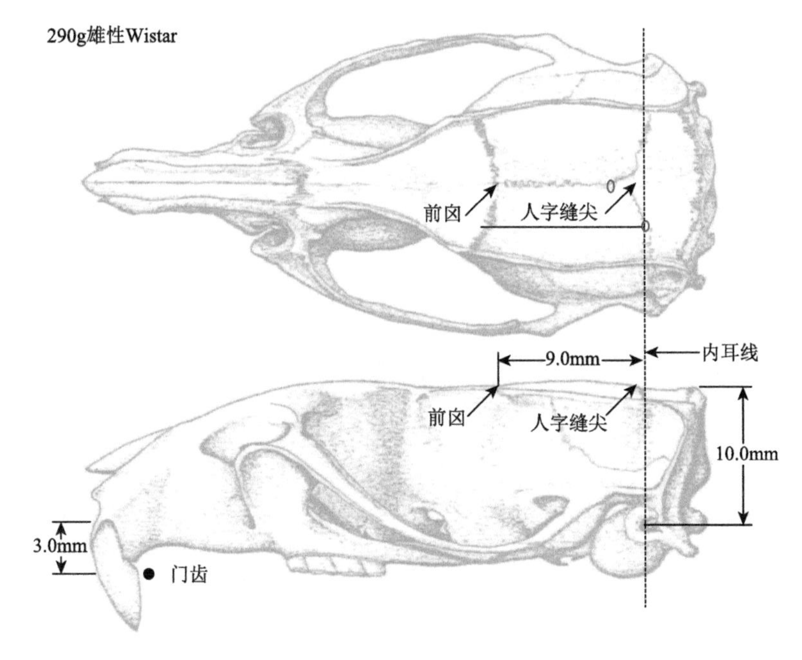

图 2-3　鼠脑立体定位图[5]

但因为实验动物存在个体差异以及立体定位过程中随机误差的存在，电极植入的实际位置与理论值可能存在较大差异。为了确认电极实际植入位点，采用组织学鉴定方法对电极位置进行验证。具体步骤如下：

（1）待实验结束后使用麻药将实验动物深度麻醉，利用缓冲液和固定液对其脑组织进行灌流和固定。

（2）将脑从颅骨中取出，放置于多聚甲醛溶液中继续固定 24h，然后转移至 30%的蔗糖溶液中进行脱水，直至全脑完全沉没于蔗糖溶液中，整个过程脑均储存于 4℃冰箱中。

（3）待脑完全脱水后，使用冰冻切片机对脑组织进行切片（厚度为 40μm），根据不同的标记技术对切片进行相应的显色处理。

（4）使用医学显微镜对切片进行扫描和拍照，验证电极的实际植入位点。针对实际植入位置可能存在的偏差，计算位置偏差并对之前的立体定位坐标进行修正。

2. 电极选择

电极（神经微电极）是检测神经信号最常用的工具之一，本质上是一种神经电信号传感器件，能够通过手术植入大脑皮层或者其他目标神经核团进行神经信号的采集。由于电极的记录位置更靠近神经元，因而能记录到信噪比更高的神经信号，并且具有极高的时间分辨率，特别适合对时间精度要求较高的应用场景。

金属电极和玻璃电极是本团队常用的两种电极类型（图 2-4），由电解液填充的玻璃电极主要用于单细胞的胞内记录，而金属电极（通常由不锈钢、钨、铂或铱做成）适宜于多种记录场合，慢性植入式电极大多采用金属电极。

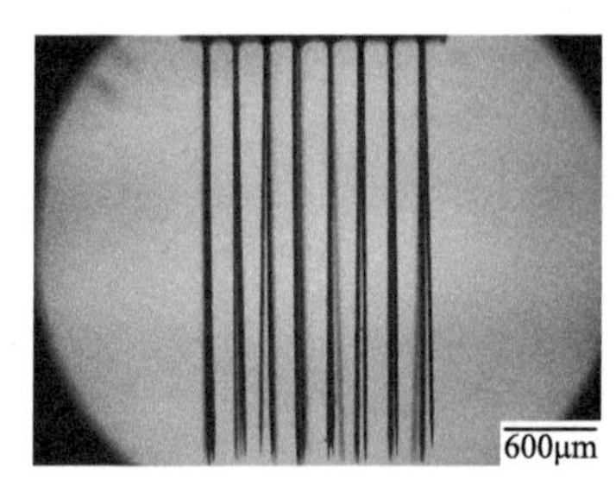

(a) 金属电极

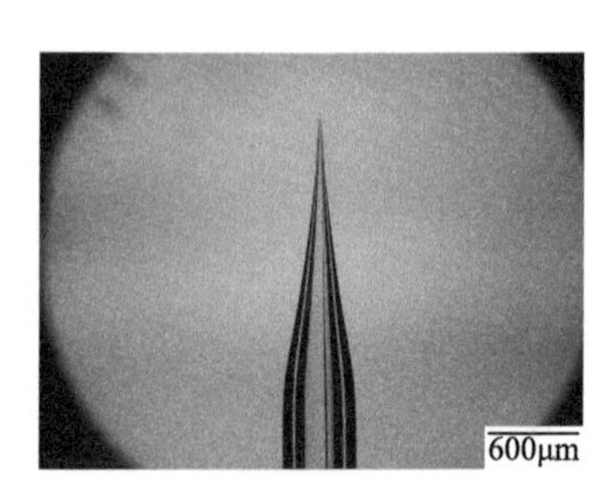

(b) 玻璃电极

图 2-4　电极样图

为了降低长期埋植对组织的损伤，减轻生物的排异反应，金属电极的尺寸一般都比较小，通常其横向尺寸只有几十微米到上百微米。为了能够同时记录目标位置多个神经元的响应电信号，通常采用将多根直径 10μm 左右的电极丝组合成阵列的形式，即多通道微电极阵列（multi channel-electrode array，MEA）。用户也可以根据目标脑区的位置和分布范围，选择合适的电极通道、长度与间距等参数，有针对性地制定差异化的电极植入方案。

3. 信号记录

由电极获取的信号一般采用集成信号记录系统进行记录和保存，这种系统组成包括神经信号前置放大器、信号记录主机以及用于记录刺激模式发生和结束时刻的时间同步装置。电极采集到的神经电信号是胞外电解液的场电位，是植入脑区的电极丝尖端附近 140～300μm 范围内若干神经元放电信号的综合信号，如图 2-5 所示，其主要由两部分信号组成：高频的动作电位信号和低频的局部场电位信号。一般将信号中频率大于 250Hz 的高频部分信号视为动作电位信号，其反映的是电极尖端附近神经元胞体的放电活动，频率小于 250Hz 的部分视为 LFP 信号，LFP 定义为原始场电位的低频成分。

以本实验室选择的信号记录系统为例，所记录的原始神经电信号频带范围为 1～5kHz，分别通过系统自带的硬件滤波器对原始信号进行滤波，共得到两种类型的神经电信号——高频的锋电位信号（原始信号经 2 阶带通巴特沃思滤波器滤波得到，频率范围 250～5000Hz，采样率 30kHz）和低频的局部场电位信号（原始信号经 4 阶低通巴特沃思滤波器滤波得到，频率范围 1～250Hz，采样率 2kHz），之后根据每类信号的特性不同，分别采用不同的方法进行预处理。

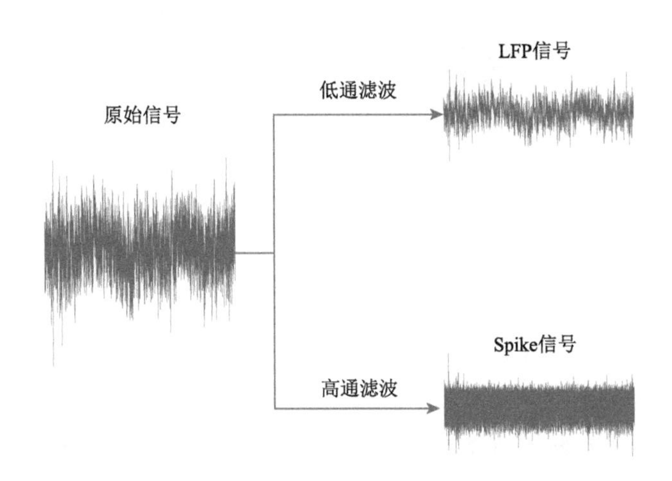

图 2-5　LFP 与 Spike 信号分离

2.1.3　神经信号预处理

1. Spike 信号预处理

考虑每个通道微丝电极记录到的是周围组织多个神经元胞体和突触的混叠电信号，它们以不同的放电模式编码了不同的信息，所以对采集到的 Spike 信号进行分类是十分必要的。一般情况下，每个神经元的 Spike 波形在一段时间内是固定的，电极采集的不同神经元的波形具有显著差异（图 2-6），对 Spike 进行分类的方法也大多基于这样的先验知识。具体算法可以参考本团队提出的基于主成分分析（principal component analysis，PCA）-改进 K 均值算法[6]、基于遗传算法-支持向量机[7]、匹配小波变换[8]和基于混合模型的锋电位分类算法[9]，以下将以 PCA-改进 K 均值算法为例介绍 Spike 分类的方法。

神经元 Spike 分类分两步进行：特征提取和分类。首先利用 PCA 对 Spike 波形进行特征提取；然后基于 PCA 提取的特征采用改进 K 均值算法实现 Spike 分类。

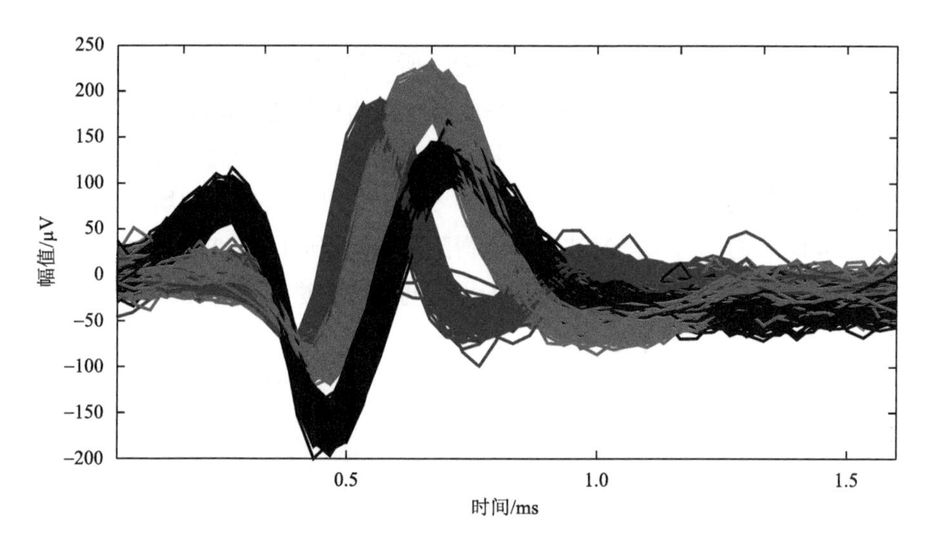

图 2-6　Spike 信号分类

1）基于 PCA 的动作电位特征提取

PCA 是一种较为常用的统计分析方法，其中心思想是寻找一组有序的正交向量基能够获取样本数据的最大变化方向，将高维向量投影到一个相对低维的向量空间中，可用于高维数据的降维。利用主成分分析提取动作电位特征方法如下：

假设一个包含 n 个动作电位的数据集，每个动作电位由 m 维特征向量 $(x_{i1}, x_{i2},\cdots,x_{im})$ 描述，由此构成了 $n\times m$ 的矩阵 $\boldsymbol{X}$：

$$\boldsymbol{X}=(\boldsymbol{X}_1,\boldsymbol{X}_2,\cdots\boldsymbol{X}_m)=\begin{bmatrix} x_{11} & x_{12} & \cdots & x_{1m} \\ x_{21} & x_{22} & \cdots & x_{2m} \\ \vdots & \vdots & & \vdots \\ x_{n1} & x_{n2} & \cdots & x_{nm} \end{bmatrix} \tag{2.1}$$

其中，列向量 $\boldsymbol{X}_i=\begin{bmatrix} x_{1i} \\ x_{2i} \\ \vdots \\ x_{ni} \end{bmatrix}, i=1,2,\cdots,m$。做向量 $\boldsymbol{X}_1,\boldsymbol{X}_2,\cdots,\boldsymbol{X}_m$ 的线性组合求得综合特征向量，记为向量 $\boldsymbol{Z}_1,\boldsymbol{Z}_2,\cdots,\boldsymbol{Z}_m$，则

$$\begin{cases} \boldsymbol{Z}_1=c_{11}\boldsymbol{X}_1+c_{21}\boldsymbol{X}_2+\cdots+c_{m1}\boldsymbol{X}_m \\ \boldsymbol{Z}_2=c_{12}\boldsymbol{X}_1+c_{22}\boldsymbol{X}_2+\cdots+c_{m2}\boldsymbol{X}_m \\ \vdots \\ \boldsymbol{Z}_m=c_{1m}\boldsymbol{X}_1+c_{2m}\boldsymbol{X}_2+\cdots+c_{mm}\boldsymbol{X}_m \end{cases} \tag{2.2}$$

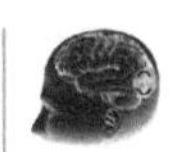

要求上述方程组系数 c_{ij} 的选择同时满足：$c_{1i}^2+c_{2i}^2+\cdots+c_{mi}^2=1, i=1,2,\cdots,m$，综合特征向量需满足：

（1）特征向量 $\boldsymbol{Z}_i, \boldsymbol{Z}_j (i \neq j, j=1,2,\cdots,m)$ 互不相关；

（2）特征向量 $\boldsymbol{Z}_1, \boldsymbol{Z}_2, \cdots, \boldsymbol{Z}_m$ 线性组合的方差依次递减。

经过上述变换后，动作电位综合特征向量 $\boldsymbol{Z}_1, \boldsymbol{Z}_2, \cdots, \boldsymbol{Z}_m$ 称为第 $1,2,\cdots,m$ 主分量。主分量 $\boldsymbol{Z}_i$ 之间具有最小的相关性，且它们所包含的信息量呈逐渐减少的趋势。因此，选取最能描述动作电位的前几个主分量来描述动作电位也起到了降维的作用。本节选取主分量对动作电位信息量的累计贡献率超过 80%的前 p（$p<m$）个主分量描述动作电位。

2）基于改进 K 均值的动作电位分类

在使用 PCA 提取动作电位的主要特征后，选择改进 K 均值算法来实现对动作电位的分类。因为改进 K 均值算法对初始聚类中心比较敏感，从不同的聚类中心出发，得到的分类效果可能差异较大。因此考虑使用能反映动作电位数据集分布特征的样本作为初始聚类中心，实现对动作电位的划分。在动作电位数据空间中，高密度的动作电位区域往往与低密度区域交织，为了避免取到这些低密度区域，选取互相距离最远的 K 个高密度区域的动作电位作为初始聚类中心。这样可以保证同一个类中的动作电位是相似的，而不同类中的动作电位具有明显的差异。

本节同时引入以下定义：

定义 2.1（2 个动作电位之间的距离）任意 2 个动作电位 x 、y 的欧氏距离 $d(x, y)=\sqrt{|x-y|^2}$ 。

定义 2.2（密度）以数据空间中每个动作电位 x_i 为球心、某一个正数 γ 为半径的球形区域中包含 α 个动作电位，α 称为该动作电位的密度。

定义 2.3 任一动作电位 x' 与动作电位数据集矩阵 $\boldsymbol{X}$ 中所有动作电位的欧氏距离的最短距离 $d(x', \boldsymbol{X})=\min(d(x', x_i)), (x_i \in \boldsymbol{X})$ 。

假设把包含 n 个动作电位的数据集分为 K 类，使同类内的动作电位具有较高的相似性，而不同类之间的动作电位具有较高的差异度。具体方法描述如下。

步骤 1：设定某一半径 γ ，计算动作电位 PCA 特征空间中动作电位的密度，找出最高密度的数据集合。在 $\boldsymbol{X}$ 中选取最大密度特征向量作为第 1 个聚类中心 $\overline{x}_1$ ，并将其从 $\boldsymbol{X}$ 剔除；在数据集 $\boldsymbol{X}$ 中取距离 $\overline{x}_1$ 最远的一个动作电位作为第 2 个聚类中心 $\overline{x}_2$ ，同样将其从 $\boldsymbol{X}$ 中删除作为新的高密度区域；然后计算 $\overline{x}_1$ 、$\overline{x}_2$ 到 $\boldsymbol{X}$ 的距离，取满足：

$$\max(d(\overline{x}_1, \boldsymbol{X}), d(\overline{x}_2, \boldsymbol{X})) = \max(\min(d(\overline{x}_1, x_i)), \min(d(\overline{x}_2, x_i))), (x_i \in \boldsymbol{X}) \tag{2.3}$$

的数据点作为 $\overline{x}_3$，在数据集 $\boldsymbol{X}$ 中去除 $\overline{x}_3$ 作为新的数据集 $\boldsymbol{X}$；第 k 个聚类中心 $\overline{x}_k$ 为数据集 $\boldsymbol{X}$ 中与前 $k-1$ 个聚类中心距离最大的点。至此，可以求出较为理想的 k 个初始聚类中心。

步骤 2：计算动作电位数据集 $\boldsymbol{X}$ 中所有动作电位特征向量 x_i 到各个聚类中心 $\overline{x}_j$ 的欧氏距离，然后把 x_i 归入与聚类中心 $\overline{x}_j$ 最短距离的类中。

步骤 3：重新计算各类的中心：$\overline{x}_j = \dfrac{1}{n_j}\sum_{i=1}^{n_j} x_i^j$，其中，$x_i^j$ 是第 j 类中的动作电位，$i = 1,2,\cdots,n_j, j = 1,2,\cdots,k$。

步骤 4：计算误差平方和准则函数：$J_k = \sum_{j=1}^{k}\sum_{i=1}^{n_j} x_i^j - \overline{x}_j^2$，并与前一次的误差准则函数比较，如果 $|J_k(m) - J_k(m-1)| > \varepsilon$（$\varepsilon$ 为设定的阈值，m 为迭代的次数），则转入步骤 2 执行，直至 $|J_k(m) - J_k(m-1)| < \varepsilon$ 时结束。

步骤 5：输出分类后如图 2-6 所示的各类动作电位[6]。

2. LFP 信号预处理

从微丝电极采集到的原始神经信号中分离的 LFP 信号虽然进行了低通滤波，但 LFP 信号中依然包含噪声，需要对 LFP 信号进行相应的去噪处理。独立成分分析（independent component analysis，ICA）方法的目的是从观测数据中提取独立的成分，神经信号中掺杂的噪声不同于 LFP 信号的来源，可以采用 ICA 方法对所提取的 LFP 信号进行预处理。

FastICA 是对 ICA 的一种改进方法[10]，该算法通过批量处理样本数据并采用定点迭代算法使得算法收敛速度更快。采用 FastICA 方法以追求负熵的最大化为目标，并结合非线性函数寻找最优结果，最终提取样本数据中的独立源。相比于其他优化算法，该方法简单高效并且收敛速度更快。

熵的概念源自信息论，由信息论可知[11]，在所有等方差的随机变量中高斯变量的熵最大，所以熵在一定程度上可以度量数据分布的高斯性。在分离不同独立成分时，往往更关注各个成分之间的非高斯性，所以经常采用负熵来表示各个样本数据之间的关系。FastICA 本质是寻找最大负熵，也就是样本之间的最大非高斯性。由此可知，在对 LFP 信号各个独立成分进行分离过程中，对成分之间进行非高斯性度量即判断负熵大小可以确定信号与噪声是否分离结束。

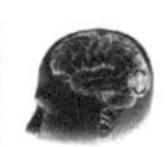

负熵的推导公式如下：

$$N_g(Y)=E[g(Y)]-E[g(Y_{\text{Gauss}})] \tag{2.4}$$

式中，$E(\cdot)$ 表示对 LFP 信号求取期望；$g(\cdot)$ 表示非线性函数，本节取 $g_1(y)=\tan h(a_1 y)$，其中 $a_1=1$。

FastICA 方法是寻找负熵 $N_g(Y)$ 最大，即 $\boldsymbol{W}^{\mathrm{T}}X(Y=\boldsymbol{W}^{\mathrm{T}}X)$ 的最大非高斯性，对 $\boldsymbol{W}^{\mathrm{T}}X$ 的方差约束为 1，通常情况下待分离的 LFP 信号源之间存在关联性，事先应该进行白化操作从而去除 LFP 信号之间关联性，提高算法的收敛性，对于白化后的样本，$\boldsymbol{W}$ 的范数约束为 1。

FastICA 算法流程如图 2-7 所示。

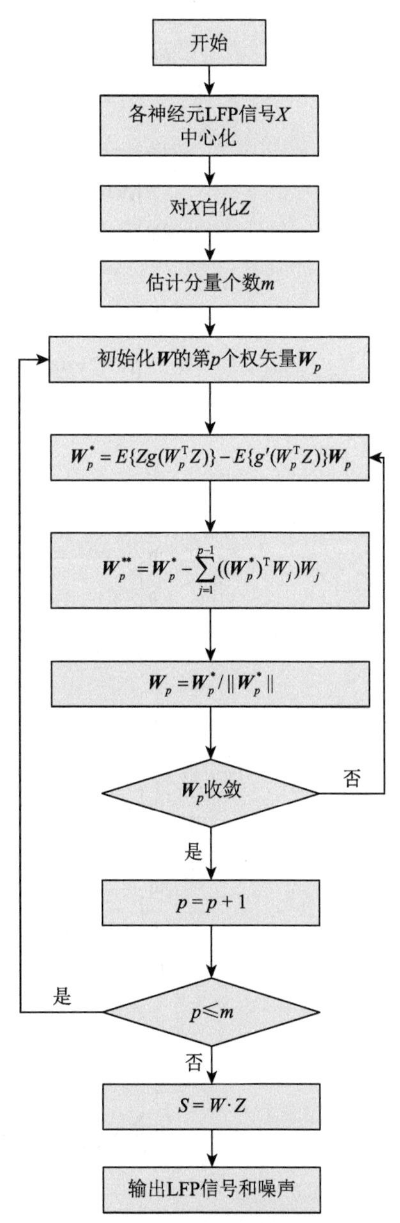

图 2-7　FastICA 算法流程图

以四个神经元受到视觉刺激后 1s 内的 LFP 信号为例，对原始 LFP 信号以及 FastICA 处理后 LFP 信号进行对比分析。原始 LFP 信号如图 2-8 所示，从上至下依次为通道 1～通道 4。

从图 2-8 可以看出，实验采集的原始 LFP 信号通道 1～通道 4 在整个时间段内基本都属于低频高幅信号。对上述四个神经元的原始 LFP 信号进行 FastICA 预处理后，结果如图 2-9 所示。

从图 2-9 可以看出，预处理后的 LFP 信号中低频高幅部分被有效去除且高频信号被提取出来，同时原始 LFP 信号中通道 1 的 0.2s 附近以及通道 2 的 0.2s 与 0.7s 附近高频信号也被较好地保留下来。

接下来利用功率谱分析法验证 FastICA 处理后的效果，以本课题组鸽子采集信号的某一通道为例，LFP 信号处理前后的功率谱如图 2-10 所示。

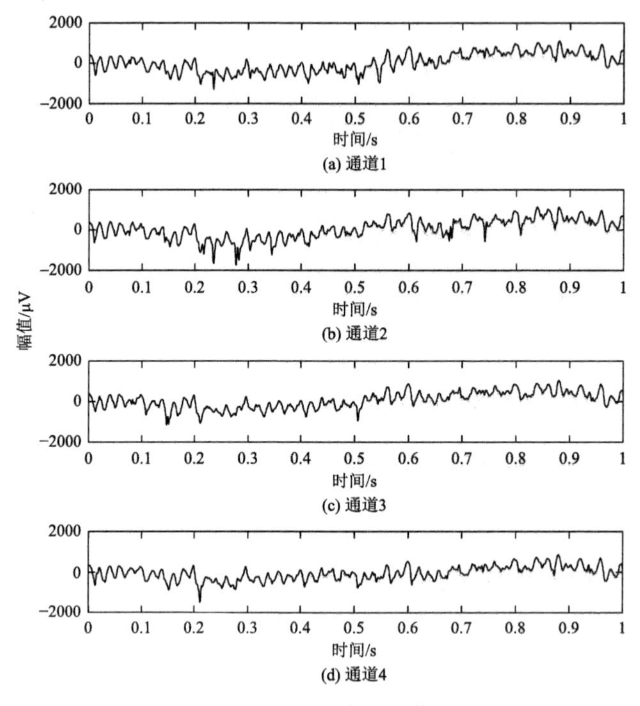

图 2-8　预处理前 LFP 信号

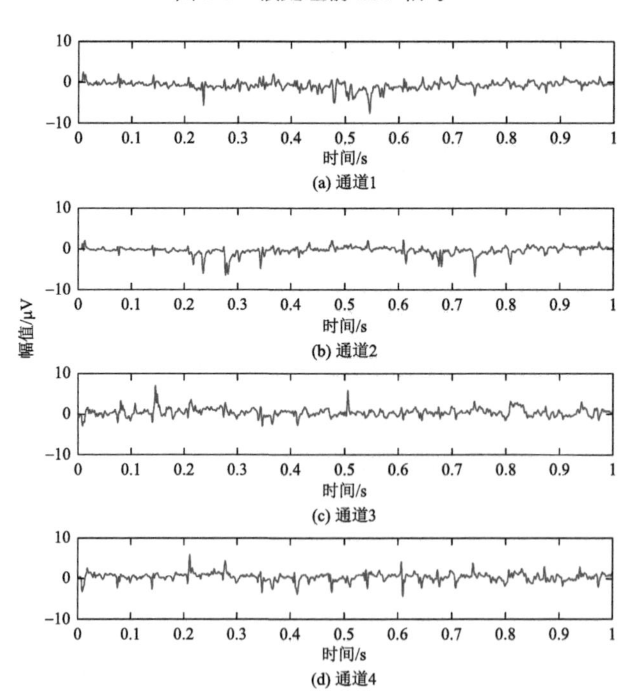

图 2-9　预处理后 LFP 信号

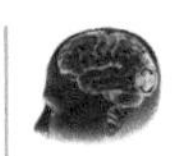

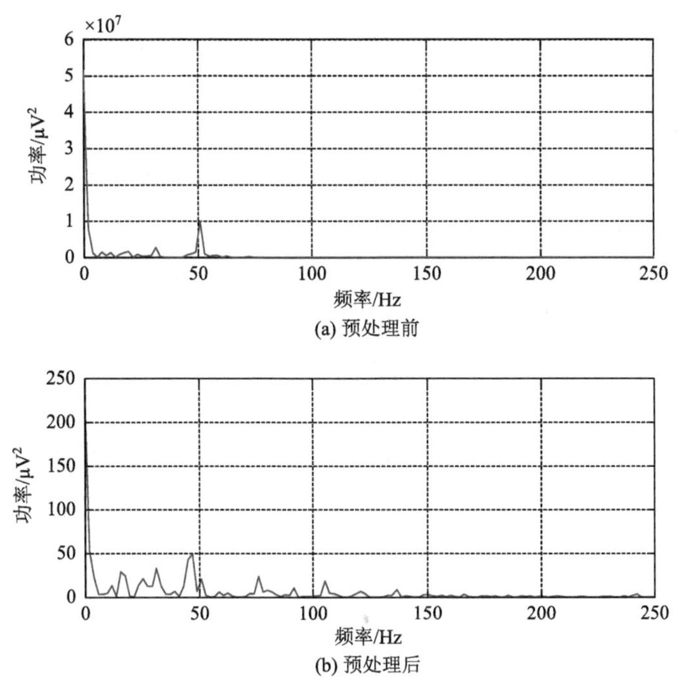

图 2-10　预处理前后 LFP 信号功率谱图

从图 2-10 可以看出，原始 LFP 信号的功率主要分布在 0～30Hz，主频带分布范围比较窄且存在较强的工频干扰。经过 FastICA 处理后的 LFP 信号，高频部分被有效地提取出来，其功率在整个频带都有分布。另外，该方法在去除工频干扰的同时，保留了 LFP 信号中 50Hz 的有用信息。

结果表明，LFP 信号经过 FastICA 处理后有效地将湮没在噪声污染中的高频信号提取出来，同时也保留了 50Hz 附近有用信号，说明利用 FastICA 对 LFP 信号进行预处理达到了预期目的。

2.2　神经编/解码理论基础

由于神经响应的复杂性、易变性，刻画刺激和响应的关系是非常困难的。神经元通过产生不同模式的 Spike 序列对刺激做出响应，该序列不仅反映了神经元的内在动态特性，而且包含了刺激的时变特征。当刺激变化的时间尺度和 Spike 的平均间距相当时，从序列中分离出刺激的时变特征变得更为困难，并且由于生物兴奋和注意的程度不同，神经发放的各种生理过程的随机性不同，以及由于其他认知过程的影响，神经元对于多次重复出现的刺激的响应也是变化的。上述因素使得我们不能确定性地描述和预报每个动作电位的发放时间。因此，一般利用概率方法描述特定刺激与其诱发 Spike 序列的关系。

2.2.1 节和 2.2.2 节将对发放率与 Spike 序列的相关函数进行综述[12]，它们是发放概率和统计量的基本度量方式，同时涉及 Spike-触发平均刺激，它是一种将动作电位与诱发它们的刺激进行关联的基本方法。

一般，一个特定刺激会诱发很多神经元的响应，刺激特征因此会被大量的神经集群所编码。在研究集群编码时，不但要考察单个神经元的发放模式，而且要考虑集群响应神经元之间的关系。近年来相关研究的一些新方法将在 2.2.3 节中介绍。

神经解码作为从神经元响应中提取输入视觉刺激及其特征的手段，是神经编码的有效补充，2.2.4 节给出了贝叶斯框架下编码问题与解码问题的关联，并探讨了最优解码方法及基于信息论的解码方法。

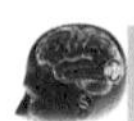

2.2.1 神经编码——发放率与 Spike 统计特性

1. Spike 序列和发放率

1）Spike 序列

动作电位传递的信息为其发放的时间。尽管动作电位的持续时间、信号幅度和形状可能有所不同，但在神经编码中通常被视为相同的事件。若忽略动作电位的短暂持续时间（约 1ms），则 Spike 序列可以通过 Spike 发放的时刻表来表征。对于 n 个 Spike，若它们的发放时间为 $t_i(i=1,2,\cdots,n), 0<t_i<T$，$T$ 为实验时间，那么 Spike 序列也可以表示为 δ 脉冲函数之和：

$$\rho(t)=\sum_{i=1}^{n}\delta(t-t_i) \tag{2.5}$$

将 $\rho(t)$ 称为神经响应函数。

2）发放率

由于固定刺激产生的 Spike 序列因实验而异，因此通常以概率方式处理神经元响应。但 Spike 时间是连续变量，在任何精确指定的时间出现 Spike 的概率实际上为零。若要获得非零值，可在指定时间间隔内求取出现 Spike 的概率，如 t 和 $t+\Delta t$ 之间 Spike 发生的概率。对于较小的 Δt，该概率值为 $r(t)\Delta t$。$r(t)$ 是单个 Spike 发生的概率密度，将其定义为神经元的发放率。

对于 t 时刻的发放率—— $r(t)$，可以由固定刺激的多次重复实验中时间 t 和 $t+\Delta t$ 之间出现 Spike 的实验数量占总实验次数的比率来估算。另外，使用尖括号

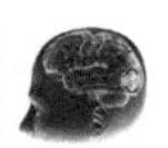

$\langle\cdot\rangle$，表示使用相同刺激实验的平均值。因此，多次重复实验平均神经响应函数可表示为$\langle\rho(\tau)\rangle$，并且有

$$r(t)\Delta t=\int_{t}^{t+\Delta t}\mathrm{d}\tau\langle\rho(\tau)\rangle \tag{2.6}$$

显然，发放率 $r(t)$ 是一瞬时变量。

另一种发放率——r，称为 Spike 计数率，通过计算实验期间出现的 Spike 的数量并除以实验持续时间而获得，可以在单次实验中确定：

$$r=\frac{1}{T}\int_{o}^{T}\mathrm{d}\tau\rho(\tau) \tag{2.7}$$

对于平均发放率——$\langle r\rangle$，通过将响应函数 $\rho(\tau)$ 在各个实验中取平均值获得，也可以将 Spike 计数率在实验中取平均值获得：

$$\langle r\rangle=\frac{n}{T}=\frac{1}{T}\int_{0}^{T}\mathrm{d}\tau\rho(\tau)=\frac{1}{T}\int_{0}^{T}\mathrm{d}tr(t) \tag{2.8}$$

即平均发放率等于 $r(t)$ 的时间平均值和 Spike 计数率 r 的实验平均值。实验中可以通过计算任意时间段内的 Spike 来定义 Spike 计数率和平均发放率，而不必在整个实验期间进行计数。

2. 发放率的计算

发放率 $r(t)$ 是一种概率密度，无法由有限数量的实验中获得的有限数据量精确确定。图 2-11 比较了由 Spike 序列近似计算 $r(t)$ 的多种方法。图 2-11（a）显示了鸽子观看视觉刺激时记录的视顶盖中间层神经元的响应[13]。从 Spike 序列中计算发放率估计值的一种简单方法是将时间划分为持续时间为 Δt 的离散区间，计算每个区间内的 Spike 数量，然后除以 Δt 。图 2-11（b）显示了使用此方法计算的近似发放率，区间大小为 100ms。显然，此过程计算的量实际上是整个区间持续时间内的 Spike 计数率。

图 2-11（b）所示的发放率估计值是时间的分段常数函数，类似于直方图。对预先分配的区间中的 Spike 进行计数虽然会获得发放率估计，但该估计值不仅取决于区间的大小，还取决于其位置。为了避免区间放置的随意性，取持续时间为 Δt 的窗口，沿着 Spike 序列滑动，计算每个位置窗口内 Spike 的数量。图 2-11（c）中的锯齿状曲线显示了沿 Spike 序列滑动一个 100ms 宽的窗口的结果。当特定序列中 n 个 Spike 出现时，以这种方式近似的发放率可以表示为 $i=1,2,\cdots,n$ 的时间 t_i 上的窗函数之和：

$$r_{\text{approx}}(t)=\sum_{i=1}^{n}\omega(t-t_i) \tag{2.9}$$

其中，窗函数

$$\omega(t)=\begin{cases}1/\Delta t & -\Delta t/2\leqslant t\leqslant \Delta t/2\\ 0 & \text{其他}\end{cases} \tag{2.10}$$

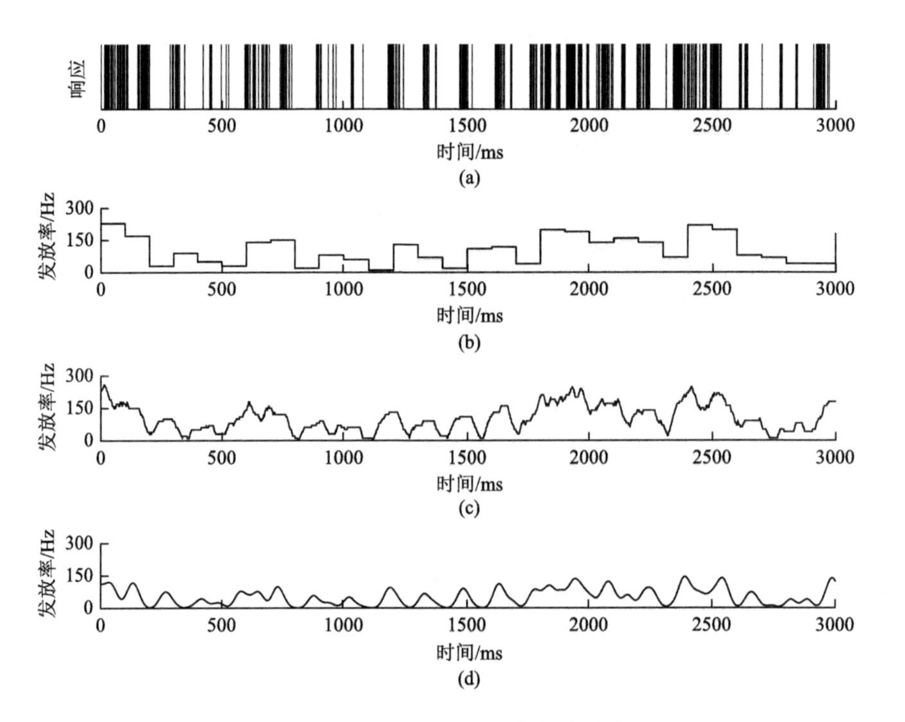

图 2-11　通过不同方式估算的发放率

（a）在麻醉状态，当鸽子在显示器上观看视觉刺激时记录的源于视顶盖中间层神经元的 Spike 序列[13]；（b）通过对时间进行区间化并计算区间为 $\Delta t=100\text{ms}$ 的 Spike 数量而获得的离散时间发放率；（c）通过沿 Spike 序列滑动矩形窗口函数确定的近似发放率，其中 $\Delta t=100\text{ms}$；（d）使用 $\sigma_\omega=100\text{ms}$ 的高斯窗函数计算的近似发放率

滑动窗口的使用避免了时间窗放置的任意性，并可以得到一个具有更好的时间分辨率的发放率。但在间隔小于一个区间宽度的时间获得的发放率是相关的，因为它们对应的区间是有重叠的。

式（2.9）中的求和也可以写成窗函数与神经响应函数的卷积：

$$r_{\text{approx}}(t)=\int_{-\infty}^{+\infty}\mathrm{d}\tau\,\omega(\tau)\rho(t-\tau) \tag{2.11}$$

其中，窗函数 ω 也称为滤波器核。

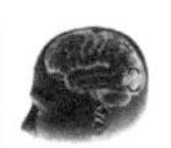

图 2-11（c）中曲线的锯齿是由所使用的窗口函数曲线的不光滑形状引起的。例如，与图 2-11（c）中使用的矩形窗口函数不同，$\omega(\tau)$可能是高斯函数：

$$\omega(\tau)=\frac{1}{\sqrt{2\pi}\sigma_{\omega}}\exp\left(-\frac{\tau^2}{2\sigma_{\omega}^2}\right) \tag{2.12}$$

在这种情况下，σ_{ω}控制所得发放率的时间分辨率，起到类似于窗口 Δt 的作用。在式（2.11）中使用高斯型连续窗口函数将获得一个平滑的发放率估算值，如图 2-11（d）所示。

3. 调谐曲线

神经元响应通常取决于刺激的许多不同属性。本节主要考虑神经元响应受单个刺激属性 s 的影响。

表征神经元响应的一种简单方法是计算刺激过程中发放的 Spike 的数量。若刺激属性 s 在整个实验过程中保持恒定，则进行多次重复实验。将发放的 Spike 数量（理论上是无限次）除以实验持续时间，得出平均发放率 r ［式（2.8）］。令 $r=f(s)$，并将 $f(s)$ 定义为神经响应调谐曲线。调谐曲线对应发放率，所以它们是以每秒 Spike 数量或赫[兹]为单位来测量的。

图 2-12（a）显示了猴子的初级视觉皮层 V1 中神经元的细胞外记录[14]。记录过程中，光棍以不同的角度穿过细胞对亮度变化做出响应的视野区域（该区域称为神经元的感受野）。可以发现，发放的 Spike 的数量取决于光棍的朝向角度。图 2-12（b）以响应调谐曲线的形式显示了相同的效果[15]。

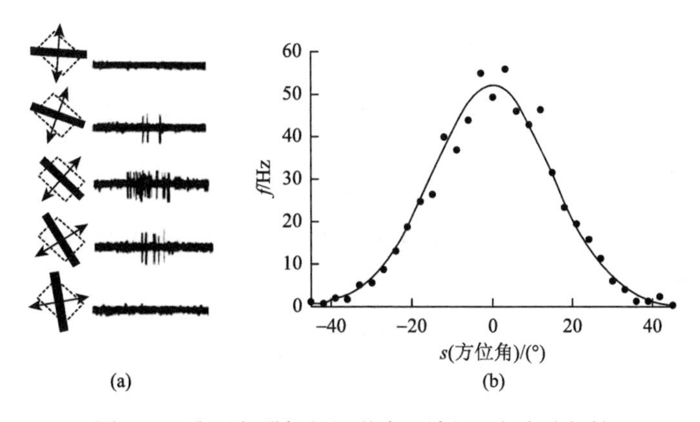

图 2-12　猴子与猫初级视觉皮层神经元朝向选择性

（a）光棍以不同角度横穿细胞的感受野。每条轨迹左侧的图显示感受野为虚线正方形，光棍为黑色条。光棍的双向运动由箭头指示；（b）猫 V1 神经元的平均发放率是作为光棍的朝向的函数绘制的[15]。该曲线是使用式（2.13）拟合的，参数 $r_{\max}=52.14\text{Hz}$，$s_{\max}=0°$ 和 $\sigma_f=14.73°$

$$f(s)=r_{\max}\left(-\frac{1}{2}\left(\frac{s-s_{\max}}{\sigma_f}\right)^2\right) \tag{2.13}$$

式中，s 为灯条的方向角度；$s_{\max}$ 为引起最大平均发放率 $r_{\max}$ 的朝向角度（$s-s_{\max}$ 取值在−90°和＋90°之间）；σ_f 决定调谐曲线的宽度。当出现具有 $s=s_{\max}$ 的刺激时，神经元响应最强烈，将 $s_{\max}$ 称为神经元的最优朝向。

4. Spike 触发刺激平均

对神经编码的分析涉及两种类型的平均值：采用相同刺激的重复实验的平均值和不同刺激的平均值。这里按后者来表示刺激的平均值。

Spike 触发刺激平均（Spike triggered stimulus average，STA）$C(\tau)$ 是发放 Spike 之前的时间间隔 τ 内的刺激平均值，即对于在时间 t_i 出现的 Spike，确定 $s(t_i-\tau)$，并将实验中的所有 n 个 Spike 对应的刺激相加，即 $i=1,2,\cdots,n$，然后除以 n。此外，对多次实验进行平均：

$$C(\tau)=\left\langle\frac{1}{n}\sum_{i=1}^{n}s(t_i-\tau)\right\rangle\approx\frac{1}{\langle n\rangle}\left\langle\sum_{i=1}^{n}s(t_i-\tau)\right\rangle \tag{2.14}$$

图 2-13 为 STA 的过程示意图。每次出现 Spike，之前的时间窗口中的刺激都会被记录。尽管式（2.14）中 τ 值的范围不受限制，但响应通常仅受 Spike 之前几百毫秒宽时间窗的刺激的影响。然后对所有 Spike 对应的记录刺激进行相加，并在多个实验中重复该过程，如图 2-13 中的方形区域所示。

STA 可以表示为刺激与神经响应函数的卷积：

$$C(\tau)=\frac{1}{\langle n\rangle}\int_0^T \mathrm{d}t\rho(t)s(t-\tau)=\frac{1}{\langle n\rangle}\int_0^T \mathrm{d}tr(t)s(t-\tau) \tag{2.15}$$

第二个等号是由于积分中的 $\rho(t)$ 和 $r(t)$ 等价。

相关函数是确定两个随时间变化的量如何相互关联的常用方法。发放率与刺激的相关函数为

$$Q_{rs}(\tau)=\frac{1}{T}\int_0^T \mathrm{d}tr(t)s(t+\tau) \tag{2.16}$$

通过比较式（2.15）和式（2.16），发现

$$C(\tau)=\frac{1}{r}Q_{rs}(-\tau) \tag{2.17}$$

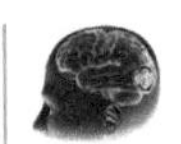

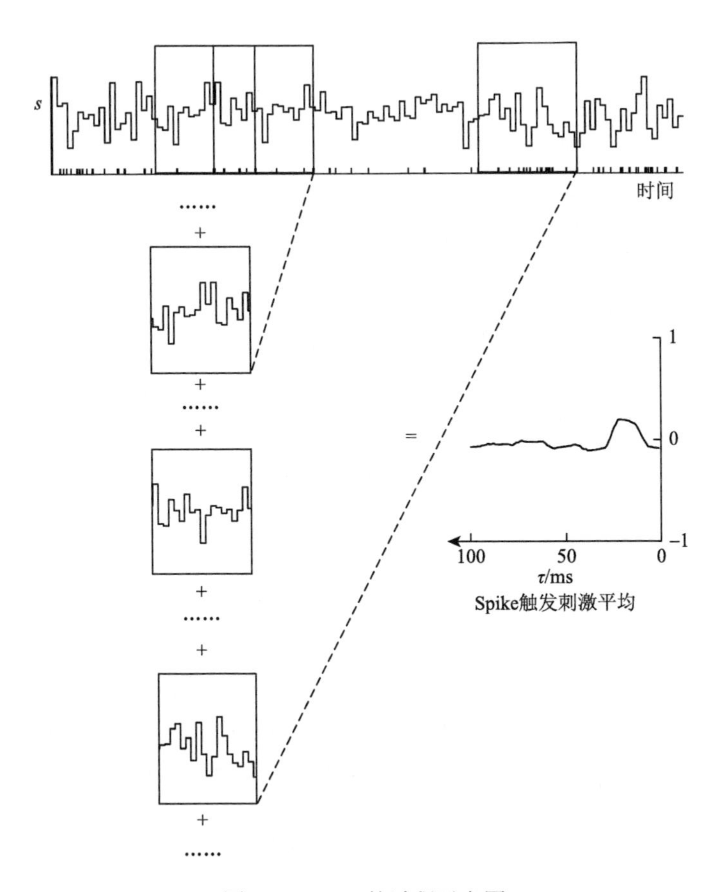

图 2-13　STA 的过程示意图

每个矩形包含沿时间轴显示的一个 Spike 之前的刺激。它们被平均产生右下角所示的波形，即 Spike 前的平均刺激。该示例中，刺激是显现给鸽子的时变全屏统一亮度的噪声刺激

其中，$r = n / T$ 为多次重复实验的平均发放率。由于式（2.17）中相关函数的自变量为$-\tau$，因此 STA 通常称为逆相关函数。

STA 被广泛用于研究和表征神经响应。因为$C(\tau)$是刺激在 Spike 前一个时间段τ的平均值，较大的τ值表示相对于触发 Spike 时间之前更长的时间。为此，绘制了 STA 曲线，时间轴与正常惯例相比向后移动。从而可以按通常的从左到右的顺序从图中读取 STA。

图 2-14 显示了鸽子 OT 中间层神经元在全场统一白噪声（spatial uniform noise，SUN）刺激作用下的 STA。

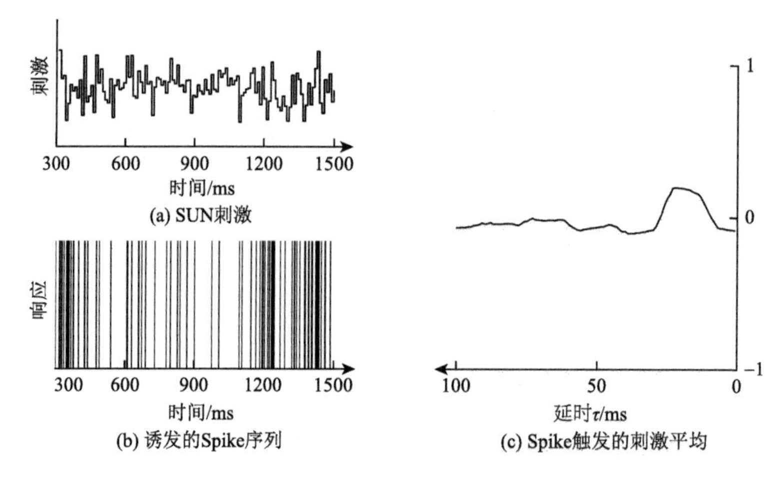

图 2-14　鸽子 OT 中间层神经元的 STA

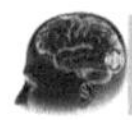

2.2.2　逆相关与视觉感受野

1. 逆相关

利用逆相关方法构建神经模型，该模型可以获得刺激 $s(t)$ 诱发的神经元响应的发放率估计值 $r_{\text{est}}(t)$ 。假设在任何给定时间的发放率都可以表示为在之前时间视觉刺激的加权和。由于时间是一个连续变量，可以写成积分的形式：

$$r_{\text{est}}(t) = r_0 + \int_0^{\infty} \mathrm{d}\tau D(\tau) s(t-\tau) \tag{2.18}$$

式中，r_0 为神经元的自发；$D(\tau)$ 为权重因子，被称为神经元的线性核，确定时间 $t-\tau$ 处的视觉刺激以多大的强度影响时间 t 处的发放率。

为构建发放率估计模型，将基于线性核 D 对刺激的估计响应与实际测量响应之间的误差平方和进行最小化：

$$E = \frac{1}{T}\int_0^{T} \mathrm{d}t (r_{\text{est}}(t) - r(t))^2 \tag{2.19}$$

通过将式（2.18）关于线性核 D 的导数设置为零，可以最小化该表达式。结果是 D 满足一个包含两个量的方程，即发放率-刺激相关函数，$Q_{rs}(\tau) = \int \mathrm{d}t r(t) s(t+\tau)/T$ ，以及刺激自相关函数，$Q_{ss}(\tau) = \int \mathrm{d}t s(t) s(t+\tau)/T$ ，

$$\int_0^{\infty} \mathrm{d}\tau' Q_{ss}(\tau-\tau') D(\tau') = Q_{rs}(-\tau) \tag{2.20}$$

该方法称为逆相关，因为在式（2.20）中，发放率-刺激相关函数在 $-\tau$ 处求值。

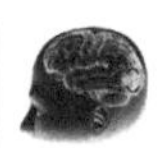

当刺激为任意刺激时，线性核 D 都是可求解的，但是当刺激为白噪声时，最容易求解 D。

对于白噪声刺激 $Q_{ss}(\tau)=\sigma_s^2\delta(\tau)$，式（2.20）的左边是

$$\sigma_s^2\int_0^\infty \mathrm{d}\tau'\delta(\tau-\tau')D(\tau')=\sigma_s^2 D(\tau) \tag{2.21}$$

因此，线性核 D 的最优线性估计（满足误差平方和最小）为

$$D(\tau)=\frac{Q_{rs}(-\tau)}{\sigma_s^2}=\frac{rC(\tau)}{\sigma_s^2} \tag{2.22}$$

式中，$C(\tau)$ 为 Spike 触发平均刺激；r 为神经元的平均发放率。对于第二个等号，使用关系式 $Q_{rs}(-\tau)=rC(\tau)$。基于这个结果，用来确定发放率估计模型的最优线性核的标准方法是计算神经元对白噪声刺激下响应的 Spike 触发平均刺激。

2. 视觉刺激

上文中使用函数 $s(t)$ 表示随时间变化的刺激。而本节使用函数 $s(x,y,t)$ 描述时空视觉刺激，该刺激是由屏幕上的每个点给出亮度来描述出现在二维表面上的灰度图像组成的。这些像素位置由 x,y 表示。视觉神经元通常会受到随时间和空间变化的图像的刺激。常用的用于描述视觉神经元时空响应的刺激是反相正弦光栅，如图 2-15（a）所示：

$$s(x,y,t)=A\cos(Kx\cos\Theta+Ky\sin\Theta-\Phi)\cos(\omega t) \tag{2.23}$$

式中，K 和 ω 分别为光栅的空间频率和时间频率（这些是角频率）；Θ 为其方位角；Φ 为其空间相位；A 为其对比度振幅。这种刺激在时间和空间上都在振荡。在任何固定时间，它在垂直于方位角 Θ 的方向上振荡，随位置变化，波长为 $2\pi/K$。如图 2-15（b）所示，在空间光栅的任何一点上的明暗强度都以周期 $2\pi/\omega$ 的形式正弦振荡。图 2-15（c）是棋盘格刺激，在 15×15 的黑色棋盘格中随机出现白色小方块，该刺激是一种常见的用来确定感受野位置和大小的刺激，具有白噪声刺激的属性。

3. 感受野

使用逆相关方法对发放率进行估计时，$r_{\text{est}}(t)=r_0+F(L(t))$，$F(\cdot)$ 是非线性映射；$L(t)$ 是将刺激历史与作为加权函数的核进行积分的结果。因为视觉刺激取决于空间位置，所以对所有 x 和 y 值进行积分得到 $L(t)$：

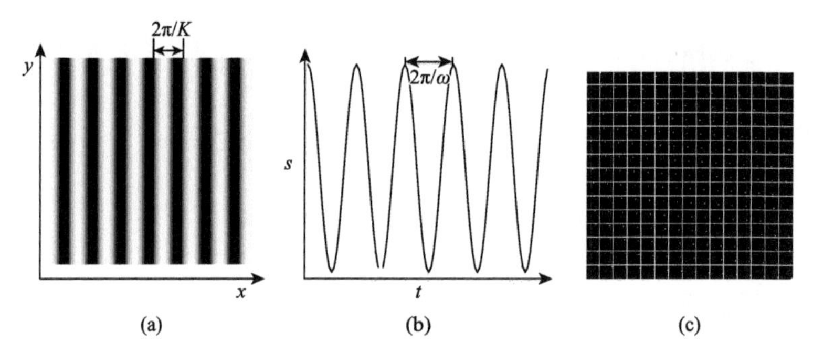

图 2-15　反相光栅及棋盘格刺激

$$L(t)=\int_{0}^{\infty}\mathrm{d}\tau\int\mathrm{d}x\mathrm{d}yD(x,y,\tau)s(x,y,t-\tau) \quad (2.24)$$

线性核 $D(x,y,\tau)$ 定义为神经元的时空感受野。可由 2.2.2 节中第一部分提供的方法进行最优线性估计方法获取。

图 2-16 是利用棋盘格刺激获得 OT（鸽子视顶盖）中间层神经元的时空感受野。

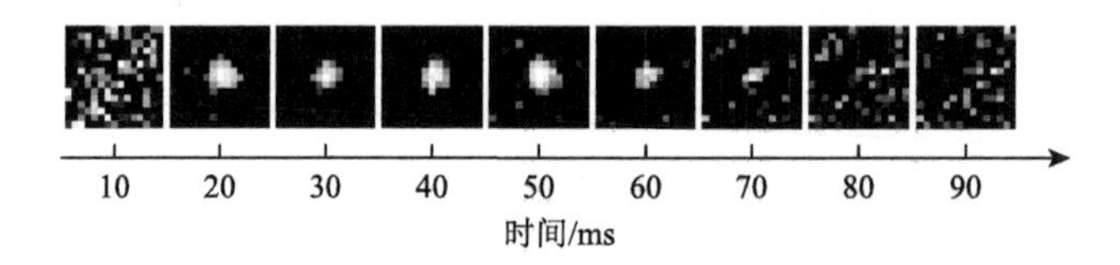

图 2-16　时空感受野

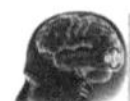 2.2.3　其他编码分析方法

1. Spike 发放序列的同步性

神经元响应时间的相关性为理解神经集群编码机制以及神经响应与刺激的基本关系提供了重要线索。因此，在神经相关的研究中，神经元活动同步性是最常用的分析方法。其中，计算其同步性的一个重要步骤是计算 Spike 序列之间的协同发放程度，这部分有专门用来计算神经活动不同相关特征的方法。另一种神经同步性表现在神经集群中的节律性或重复性振荡，这种振荡经常出现在皮层神经活动中。振荡活动的特征通常是通过频域分析的方法来提取的，测量多个神经信号的幅度、相位或频率特性。本节主要介绍两种基于 Spike 发放序列的同步性分析方法[16]。

1）经典方法

联合刺激时间直方图（joint peri-stimulus time histogram，JPSTH）是基于单个

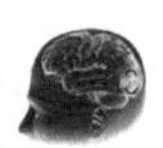

神经元刺激时间直方图（peri-stimulus time histogram，PSTH）建立的，用于测量两个或两个以上 Spike 序列的时间同步性[17]。它属于 PSTH 的多维表示，是两列或两列以上 Spike 序列的联合出现相对于刺激次数的散点图[18]。JPSTH 的应用示例如图 2-17 所示[18]。神经元同步放电产生不同的对角特征，非对角块表示两个神经元具有不同的时滞。这些图表清楚地说明神经元放电相关性的时间历程和动态模式，解释了神经元如何在时间上合作来编码行为任务。互相关函数是最常用的方法，它将两个变量 x 和 y 之间的线性相关性作为其延迟时间 m 的函数：

$$c_{xy}(m)=\begin{cases}\dfrac{\sum\limits_{n=0}^{N-|m|-1}x_n y_{n+m}}{R} & m\geqslant 0\\ c_{xy}(-m) & m<0\end{cases}\tag{2.25}$$

式中，

$$R=\sqrt{\sum_{i=1}^{N}x_i^2\sum_{i=1}^{N}y_i^2}\tag{2.26}$$

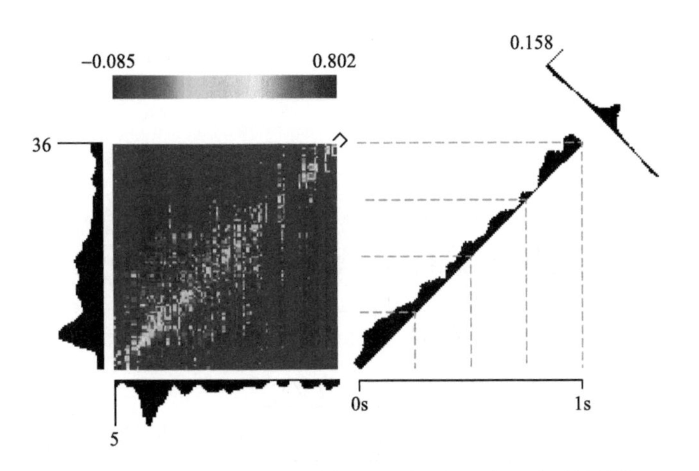

图 2-17　一对神经元间联合直方图和规则化互相关图[18]

Spike 序列通常被转换成由“1”和“0”组成的序列，这些序列表示在适当长度的时间窗中有 Spike 发放或没有发放，并通过计算这些序列的相关函数绘制交叉相关图。互相关图中的峰值表示相关强度，相应的时间延迟表示信号之间的因果关系，因此互相关计算简单且在测量各种神经信号的时间关系时非常有效[19-22]。如图 2-17 所示，相关图中的峰值强度和时间历程表明两个神经元之间的不同的相关程度，由此推断可能存在神经网络回路连接[18]。

2）Spike 序列的距离

Spike 序列距离是通过检测 Spike 数量、精确 Spike 时刻或模式特征来量化 Spike 序列之间的相似或不相似的程度的。定义距离的方法很多。图 2-18 列出了几种典型的距离测量方法。其中，图（a）为 Spike 发放数距离，L 和 L^*为每个序列中 Spike 数量；图（b）为信息距离，计算公式为在给定序列 t^*下，序列 t 的柯氏复杂度；图（c）为发放率距离，r_i为 Spike 序列局部发放率的顺序排列；图（d）为价值函数距离，是指通过使用三种基本操作（脉冲插入、脉冲删除和脉冲移动）将一种脉冲序列转换成另一种的最小成本。图（e）为相关距离，$f(t)$是脉冲序列 t 与高斯核函数的卷积。

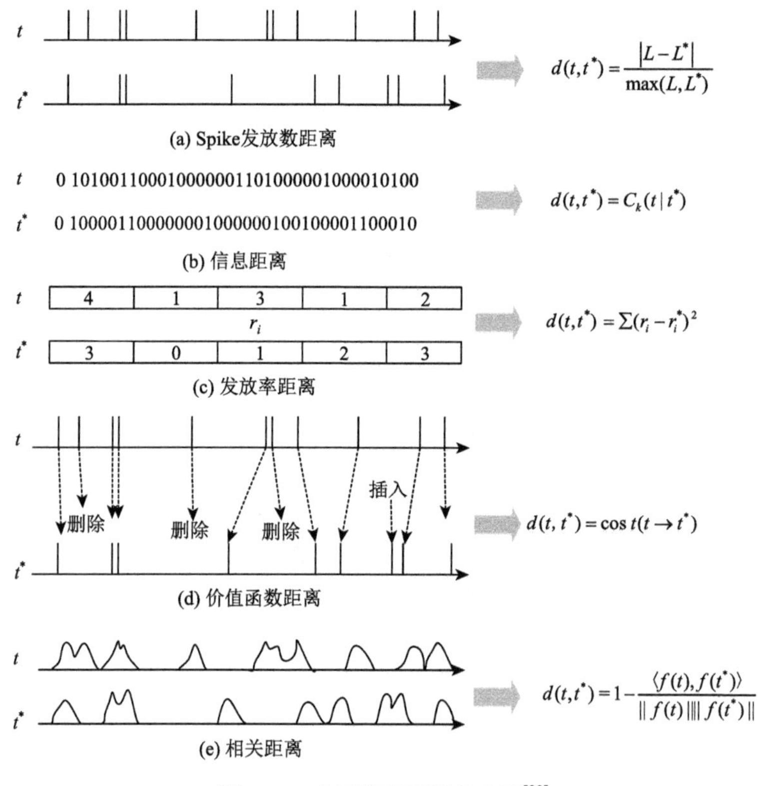

图 2-18　典型的距离测量方法[23]

此外，van Rossum 距离计算两个 Spike 的欧氏距离，这两个 Spike 序列被认为是抽象度量空间中的点，并与指数函数卷积[24]。基于锋电位发放时间间隔（inter spike interval，ISI）的距离通过计算两个锋电位 ISI 之间的比率来量化瞬时发放率的比率[25]。事件同步首先将信号中的某个特征定义为事件，如 Spike 序列中的同步触发，然后通过计算这些事件协调的频率来计算相关性[26]。类似地，相关指数

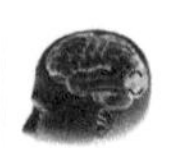

的计算方法是，如果两个神经元响应独立，则为观察到的同步锋电位数量除以预期数量[27, 28]。这些方法的应用有助于给出神经元聚类的相关指数[25]，估计神经元放电的可靠性[29]，或通过比较实际响应和预测的锋电位序列来评估神经元模型的性能[30]。通常它们被用来研究神经元群体编码的特征以及刺激与反应的关系。

2. Spike 发放序列的因果性

虽然互相关、事件同步和非线性相关系数在原理上都能够表示耦合中的延迟，但并不是简单地从延迟推断因果关系。格兰杰因果关系是衡量神经信号因果关系的一个重要概念，它的定义是：对于同时测量的两个信号 x 和 y，如果能利用 y 的历史信息而不是仅利用 x 的信息来预测 x，y 被称为 x 的因果关系。格兰杰因果关系通过比较自回归模型与信号的单变量和双变量拟合来评估：

$$x(n)=\sum_{k=1}^{p}a_{xk}x(n-k)+u_x(n) \tag{2.27}$$

$$y(n)=\sum_{k=1}^{p}b_{yk}y(n-k)+u_y(n) \tag{2.28}$$

$$x(n)=\sum_{k=1}^{p}a_{xyk}x(n-k)+\sum_{k=1}^{p}b_{xyk}x(n-k)+u_{xy}(n) \tag{2.29}$$

$$y(n)=\sum_{k=1}^{p}a_{xyk}y(n-k)+\sum_{k=1}^{p}b_{xyk}y(n-k)+u_{yx}(n) \tag{2.30}$$

式中，a_{xk} 和 b_{yk} 为模型参数；p 为模型阶数；$u(n)$为与模型相关的不确定性或残余噪声。这里，预测误差取决于信号的历史值。两种模型的预测性能都是通过预测误差的方差来评估的：

$$V_{x|x}=\mathrm{var}(u_x),V_{y|y}=\mathrm{var}(u_y) \tag{2.31}$$

$$V_{x|x_-,y_-}=\mathrm{var}(u_{xy}),V_{y|y_-,x_-}=\mathrm{var}(u_{yx}) \tag{2.32}$$

y 到 x 的格兰杰因果关系可以量化为

$$G_{x\to y}=\ln\left(\frac{V_{x|x_-}}{V_{x|x_-,y_-}}\right) \tag{2.33}$$

如果 y 的历史值不能改善 x 的预测，那么 $V_{x|x_-,y_-}\approx V_{x|x}$，因果关系测度将接近于零。在 x 的预测中加入 y 的任何改进都会导致 $V_{x|x_-,y_-}$ 减小，从而增加因果关系度量。如果 $G_{y\to x}$ 和 $G_{x\to y}$ 都很高，则表示信号之间存在双向耦合或反馈关系。格兰杰因果关系通常用于分析局部场电位[31-34]和脑电信号[35]。Brovelli 等通过结合对猴子运动皮层的一致性和格兰杰因果关系分析，在运动维持行为任务中识别出 β 同

步的大规模网络，在此过程中，神经网络结合多个感觉运动区，并将格兰杰因果影响从初级躯体感觉和后顶叶下皮质传递到运动皮质[34]。2016 年，牛晓可博士采用格兰杰因果分析法，计算了不同视觉刺激下神经元集群的有向连接，解释了神经元动态集群连接的高效编码方式[3]。

部分定向相干为格兰杰因果关系提供了一种频域测量方法。但与原始的格兰杰因果关系不同，部分定向相干是基于多变量自回归过程对时间序列建模的。部分定向相干被应用于研究丘脑到皮层的神经信息流[36]。此外，类似的一种因果影响度量方法称为定向传递函数，与部分定向相干不同，这种方法在多变量自回归模型中使用传递函数矩阵的元素，而不是系数矩阵，通常也用于测量神经元之间或神经网络中的神经信息交互作用[37, 38]。

2.2.4 神经解码

在很大程度上，神经科学的进展都是由单神经元在多次重复刺激的响应的平均这种类型的研究所驱动的。然而，脑在很多场景下都是基于单次事件下对大量神经元的集群行为的评估做出决策。因此，深入理解脑是如何处理信息的，更重要的是将单神经元、多次重复实验的框架转换为多神经元、单次实验的方法论。两种相关方法，分别是解码和信息论的方法，都可以用于从神经集群行为中提取单次实验信息。与单细胞的研究相比，这些集群分析方法可以给我们更多的关于神经元如何编码刺激的信息。本节将对神经解码和信息论的相关内容进行简要介绍。第 5 章和第 6 章分别给出了信息论和解码方法在鸽子视顶盖神经元编码机制解析中的应用。

1. 解码算法

解码是预测哪一种刺激在单次实验中引发特定的神经元反应。设 $P(s)$ 表示刺激 s（属于一个集合 S）出现的概率，$P(r|s)$表示当刺激 s 出现时，获得神经元（集群）响应 r（属于一个响应集合）的条件概率。使用贝叶斯定理[39]：

$$P(s|r)=\frac{P(r|s)\cdot P(s)}{P(r)} \tag{2.34}$$

$$P(r)=\sum_{s}P(r|s)\cdot P(s) \tag{2.35}$$

式（2.34）给出了当响应为 r 时，刺激 s 被呈现的后验概率。贝叶斯解码从这个后验概率分布计算一个最可能刺激（s^p）的单一预测，如通过 $s^p=\arg\max_S(P(s|r))$。

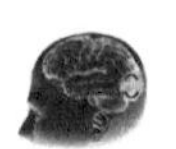

为了验证解码结果，可以使用一些实验来优化解码器（训练集），其余的用于测试其性能，这个过程称为交叉验证。但不能使用属于训练集的实验来评估解码性能，此外，训练集和测试集都要足够大[40]。

2. 信息论解码方法

神经系统是一个信息传递、集成和处理的庞大网络。为了探索大脑的功能，需要找出信息传递通路，包括涉及大脑哪个区域被激活，信号是如何整合和反馈的，通路是否具有可塑性或动态模式。因此，这些分析方法不仅需要较好地反映神经活动的信息量，而且要反映信号传递的方向。目前基于信息论的方法被更多地引入神经数据分析中，这有助于揭示更深层次的神经响应特征，促进对神经信息流的研究[41]。

互信息（mutual information，MI）是从计算神经信号熵出发，测量神经元集群活动所携带信息的最基本算法。它被描述为跨信息或冗余，通过知道另一个信号的结果，告诉我们一个信号从另一个信号获得了多少额外信息。在信息论中，互信息相当于一种信息熵，来源于香农信息论基本原理。

假设离散随机变量 x 有 N 个不同的随机状态，其概率分别为

$$P_i, i=1,\cdots,N, P_i \geqslant 0, \sum P_i = 1 \tag{2.36}$$

可用采样得到的 M 个值计算 P_i 的初始估计：将这些值划分到 N 个区间，统计落在单个区间的个数 m_i，得到 $p_i = m_i / M$。

x 的香农熵由下式估算：

$$S(x) \approx \sum_{i=1}^{N} \frac{m_i}{M}[\ln M - \Phi(m_i)] \tag{2.37}$$

式中，$\Phi(m_i) = \dfrac{\mathrm{d}\ln\Gamma(m_i)}{\mathrm{d}m_i} \approx \ln x - \dfrac{1}{2}m_i$。

假设有另一个随机变量 y，它和 x 的联合香农熵定义为 $S(x,y)$：

$$S(x,y) = -\sum_{ij} p_{ij} \ln p_{ij} \tag{2.38}$$

式中，p_{ij} 为 $x=x_i$、$y=y_i$ 的联合概率密度。如果 x，y 是独立的，则 $S(x,y)=S(x)+S(y)$。x 和 y 的互信息就定义为 $\mathrm{MI}(x,y)$：

$$\mathrm{MI}(x,y) = S(x) + S(y) - S(x,y) \tag{2.39}$$

它表达了已知 y 后能获得 x 的信息量。互信息是对称的：$\mathrm{MI}(x,y)=\mathrm{MI}(y,x)$。如果 x，y 是独立的，互信息为 0；否则互信息大于 0；当 x，y 同时互信息达到最大值，就是 $S(x)$。

2.3 神经元建模基础

视觉神经科学的一个核心问题是视觉刺激与神经元 Spike 序列的功能关系的刻画。由于神经元对多次重复实验的响应往往是变化的，所以需要在概率框架下问题的描述：估计任意输入刺激下某一时刻动作电位发生的概率。由于可能的刺激输入是无限的，直接测量这些概率显然不可行。因此，需要寻找一种模型，我们预报之前从未观测到的刺激下神经元发放的概率。理想情况下，期望这个模型对神经元响应的描述足够精确，同时也期望只用适量的观测数据就能有效估计该模型的参数。线性-非线性-泊松模型和广义线性模型即是满足上述条件的两种经典的功能性统计模型，分别在 2.3.1 节和 2.3.2 节进行介绍。第 4 章和第 5 章都给出了基于广义线性模型的应用。

功能性统计模型的主要目标是描述现象，但并非解释现象，其建模过程对生物物理学、解剖学和生理学的依赖程度并不强。机制性建模是另一种神经元建模的方式，它更强调神经系统是如何在已知的解剖学、生理学和回路的基础上进行工作的。近年来，一些神经元建模软件的出现极大地便利了这种机制性模型的构建，2.3.3 节将对相关软件进行介绍。

2.3.1 线性-非线性-泊松模型

线性-非线性-泊松（linear-nonlinear-Poisson，LNP）模型[42]模拟了神经元最基础的输入-输出结构（图 2-19）。

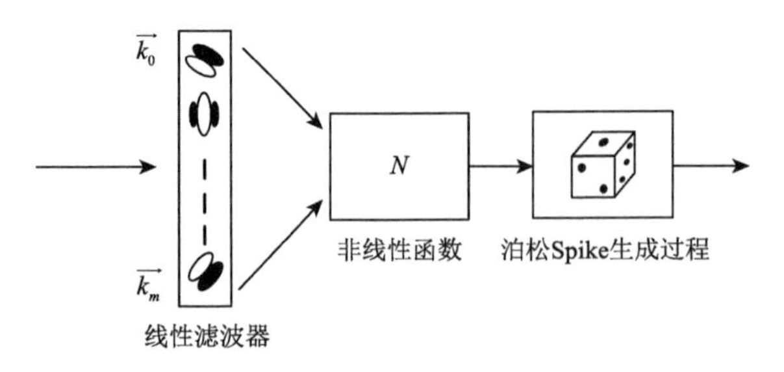

图 2-19　线性-非线性-泊松模型[42]

如图 2-19 所示该模型由三部分组成：

（1）一组线性滤波器，$\{\overrightarrow{k_0},\cdots,\overrightarrow{k_m}\}$；

（2）非线性函数，对线性滤波后的结果做非线性变换，如 e^x 等；

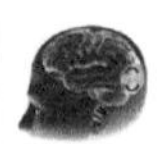

（3）泊松 Spike 生成过程，概率性 Spike 生成阶段。

首先，在 LNP 模型的第一阶段，线性算子将高维输入投影到低维空间上，产生线性滤波器的响应。然后，基于线性响应的值，通过非线性函数估计该时刻的发放率：

$$r(t)=N(\overrightarrow{k_1}\times\vec{s}(t),\overrightarrow{k_2}\times\vec{s}(t),\cdots,\overrightarrow{k_m}\times\vec{s}(t)) \tag{2.40}$$

式中，$\vec{s}(t)$ 为时间 t 之前的预设时间窗上的刺激向量。

线性-非线性-泊松模型的优点在于可以根据适度规模的数据集来拟合模型参数，实现神经元简单建模。缺点是该模型极其简化，不能捕捉神经元的精细事件响应信息。

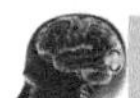

2.3.2　广义线性模型的理论框架

广义线性模型（generalized linear model，GLM）是常规正态线性模型的推广[2, 43, 44]，目的是建立变量 x 和响应变量 y 之间的关联，根据要描述的变量所服从的分布不同可分为正态线性回归模型、泊松回归模型、逻辑回归模型等。首先，给出指数分布族的定义。

定义：若随机变量 y 的密度函数可表示为如下形式：

$$f(y:\theta,\varphi)=\exp\left(\frac{y(\theta)-b(\theta)}{a(\varphi)}+c(y,\varphi)\right) \tag{2.41}$$

则称随机变量 y 来自指数分布族。其中，$a(\varphi)$ 为连续的且函数值为正的已知函数；$b(\theta)$ 为二阶可导且二阶导函数的函数值为正的已知函数；$c(y,\varphi)$ 为与参数 θ 无关的已知函数；θ 为与均值有关的规范参数（canonical parameter）；φ 为与方差有关的尺度参数（scale parameter）；y 的均值和方差分布为 $E(y)=b'(\theta)$ 和 $\mathrm{Var}(y)=b''(\theta)a(\varphi)$。

常见的指数型分布主要包括正态分布、泊松分布和二项分布等，这些分布的概率密度参数如表 2-1 所示。

表 2-1　一些常见的指数型分布及其主要密度函数参数

指数型分布类型	θ	$b(\theta)$	$a(\varphi)$	$b'(\theta)$	$b''(\theta)a(\varphi)$
正态分布	μ	$\theta^2/2$	σ^2	μ	σ^2
泊松分布	$\ln(\mu)$	e^θ	1	μ	μ
二项分布	$\ln(p/(1-p))$	$\ln(1+e^\theta)$	$1/m$	p	$p(1-p)/m$

注：ln(·)表示自然对数函数。

广义线性模型对于一个对象的描述通常包含三个要素：

（1）系统要素：解释变量X的线性组合，记为$\eta = X\boldsymbol{\beta}$，称$\eta$为线性预测量，$\boldsymbol{\beta}$为$p\times 1$的未知系数矩阵。

（2）随机要素：y的分量$y_i, i=1,2,\cdots,n$相互独立且均来自指数型分布族中的同一个分布，均值满足：

$$\mu_i = \mu(\theta_i) = h(\eta_i) \tag{2.42}$$

（3）联系函数：记$\mu = E(Y) = g^{-1}(\eta) = g^{-1}(X\boldsymbol{\beta})$，反过来即$g(\mu_i) = \eta_i = X_i\boldsymbol{\beta}$，称函数$g$为联系函数，建立了随机要素与系统要素之间的联系，为严格单调且充分光滑的函数。通过联系函数为 GLM 定义一个尺度，在此尺度下系统效应可假定为线性可加。函数h建立的是规范参数θ与回归参数β之间的关系，与g存在可逆关系。广义线性模型优于一般线性模型的地方在于，广义线性模型不直接等于解释变量的线性组合，而是等于该线性组合的一个函数变换，因而具有更广泛的应用。广义线性模型可表述为

$$\mu = E(Y), g(y) = X\boldsymbol{\beta} + \boldsymbol{\varepsilon} \tag{2.43}$$

式中，$\boldsymbol{\varepsilon}$为随机误差向量；其他参量与以上描述一致。

图 2-20 为 60Hz 真实神经元和预报神经元响应图[13]。截取了 2s 的 150 帧 SUN 刺激中的 60～120 帧之间的 60 帧，然后给出了真实的神经元在 80 次重复实验下的 Raster 图和模型的预报的 Raster 图效果。

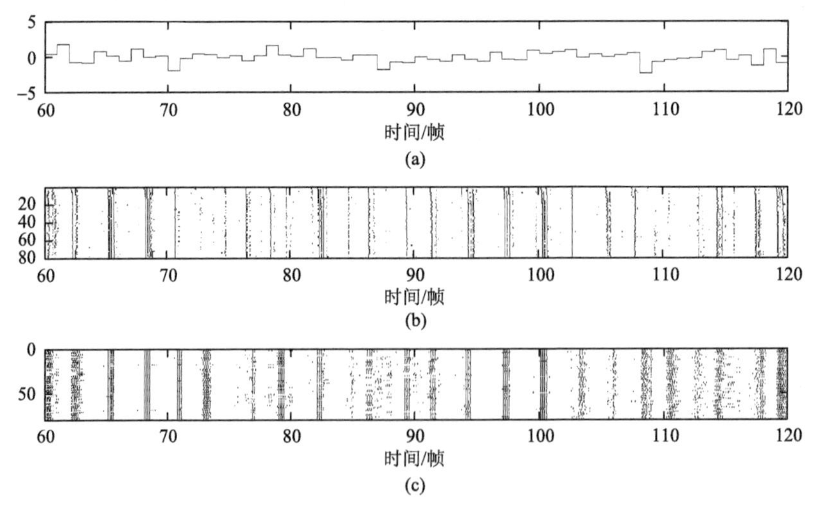

图 2-20　60Hz 真实神经元和预报神经元响应图[13]

（a）是 60～120 帧之间的 60 帧的 SUN 刺激；（b）是 60～120 帧之间的 60 帧的真实的神经元在 80 次重复实验下的 Raster 图；（c）是 60～120 帧之间的 60 帧的模型的预报的 Raster 图效果，每帧时间为 16.7ms

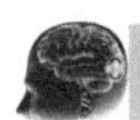

2.3.3　神经元建模软件

由于神经科学实验方法的重大进展，越来越多的实验数据可用于理论和计算分析。使用计算机进行脑网络的数值模拟，可以帮助我们了解大脑功能。几十年来，许多软件包和仿真软件被开发出来，用以促进计算神经科学的研究[45]。本节将介绍目前常用的三种仿真软件：GENESIS、Brian 和 NEURON。

在 2017 年发表的公开数据中，根据模型数据库网站公开的记录数量来估计每个仿真软件的使用情况，这三种软件被使用总量的占比为：NEURON（73.7%）、GENESIS（5.3%）和 Brian（4.9%），在模型数据库网站中另一个包 NEST 使用总量为 0.9%。

1. GENESIS

GENESIS（the general neural simulation system，通用神经仿真系统）是由加州理工学院的詹姆斯·鲍尔博士开发的神经元仿真软件，于 1988 年首次发布[46]。GENESIS 是用于构建多尺度神经生物学系统模型的一种仿真环境，包括单神经元、神经元集群和神经元系统[47]。GENESIS 旨在以某种方式量化神经系统的物理框架，理解神经的物理结构。

GENESIS 使用一种高级仿真语言来构建神经元和神经网络。特定的仿真可以通过编写脚本语言的一系列命令来建立，脚本语言可创建特定的仿真创建模型和图形用户界面（graphical user interface，GUI）。脚本语言和模块非常强大，只需几行就可以完成复杂的仿真。GENESIS 仿真系统的主要组成部分以及交互模式如图 2-21 所示。

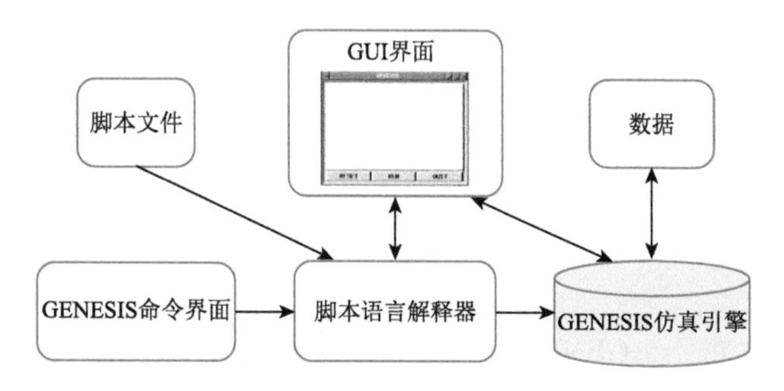

图 2-21　GENESIS 仿真系统的主要组成部分以及交互模式

根据 GENESIS 官方网站介绍[48]，其用户界面的底层是脚本语言解释器（script

language interpreter，SLI）。这是一个类似于 UNIX 系统的命令解释器，它提供了一组与构建、监视和控制仿真相关的命令。

GUI 界面由一组图形模块组成，这些图形模块与计算模块相同，可以按照用户选择的方式来显示或输入数据。此外，图形模块可以从脚本语言调用函数，因此可以通过 GUI 界面使用 SLI 的全部功能。

GENESIS 仿真器（GENESIS simulation engine）由为系统提供通用的控制和支持的基础代码组成，包括输入/输出和各种神经仿真对象所服从的微分方程数值解。除了从 SLI 和 GUI 接收命令外，仿真器还可以使用来自数据文件和预编译的 GENESIS 对象库的信息来构建仿真。

GENESIS 对象库包含构建模块（building blocks），从这些构建模块可以构建许多不同的仿真。例如，从球形和圆柱形隔室（compartment）中构造神经元的物理结构，包括电压和/或浓度激活的通道，树突通道以及具有赫布（Hebbian）和促进突触（facilitating synapses）类型的突触激活的通道。此外，还可以根据通道电流计算细胞内离子浓度，对离子在细胞内的扩散进行建模（如浓度池、离子泵和缓冲液），以及允许离子通道的配体门控，如镁离子阻断 NMDA 通道[48]。

2. Brian

Brain 是用于脉冲神经网络的模拟开源 Python 包。它采用 Python 编程语言编写，可以在几乎所有平台上使用，其特点为易于学习和使用、高度灵活且易于扩展[49, 50]。

Brain 的用户将标准数学形式的微分方程作为字符串指定神经元模型，创建神经元组并通过突触将它们连接起来，将方程自动转换为 C++代码，无须任何用户输入即可编译和运行[51]。

Brian 主要是针对单室神经元模型的仿真，其特点是灵活和易用，并且只支持在单台机器上运行。而针对多室模型的仿真器包括 NEURON、GENESIS 及其衍生物[52]。

3. NEURON

与类似的软件平台 GENESIS 一样，NEURON 是计算神经科学课程和实验的基础。NEURON 是由耶鲁大学和杜克大学的 Michael Hines、John W. Moore 和 Ted Carnevale 开发的对神经元个体和网络进行建模的仿真环境。

NEURON 具有可以处理复杂膜电流问题的灵活框架，是专门为模拟神经细胞

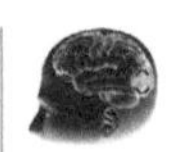

的方程而设计的，因此它与一般的仿真器相比，有三个重要的优点：首先，用户能够直接在神经科学层面上进行处理；其次，NEURON 具有为仿真和绘制实际神经生理问题结果的绘图功能；最后，由于使用了利用神经方程结构的特殊方法，它的计算器格外高效[53]。

NEURON 对两类问题十分有效：一类是需要计算离子浓度的问题，另一类是需要计算紧邻神经膜的胞外电位的问题。在 NEURON 中，膜通道是用高级语言 NMODL 描述的，该语言允许用动力学模式或联立微分和代数方程来表达模型，因此特别适合研究新的膜通道[53]。

NEURON 主要的脚本语言 hoc 是一种类似 C 语言的编程语言，它被扩展到建模神经元、实现图形界面和面向对象的编程领域。近年来，Python 也被用作 NEURON 的解释器，所有特殊变量、过程和函数都可以从 Python 中访问，也可以在命令解析器（shell）中交互式地编写 NEURON 程序或从文件中加载程序[51]，这为建立模型的解剖和生物物理属性、定义图形界面的外观、控制模拟和绘制结果提供了极大的便利[54]。对于不具有编程基础的用户，NEURON 具有 GUI 界面，许多 GUI 工具类似于生物学和实验室仪器，并且对于初值的探索性模拟、设置参数、电压和电流刺激的共同控制以及将变量绘制成时间和位置的函数非常方便。

关于 NEURON 软件更多的详细内容，可参考其官方指导书 *The NEURON Book*。下节将给出使用 NEURON 软件进行神经元仿真的一个实例。

NEURON 能直接识别 hoc 语言。在使用时，可以直接从键盘输入 NEURON 软件的命令框，也可以利用常用编辑器（如 notepad + + ）写进.hoc 文件后在软件中加载，建议使用编辑器编辑后保存，易于后续调用。

下载 NEURON 软件后安装，双击“nrngui”图标后会出现命令框，随后调用“NEURON Main Menu”，如图 2-22 所示。在 MacOS 系统中，需要预先安装 XQuartz，以实现 NEURON 软件的图像显示功能，再安装 NEURON 软件。注意，若需要与 Python 交互，需要电脑中具有 Python 环境。

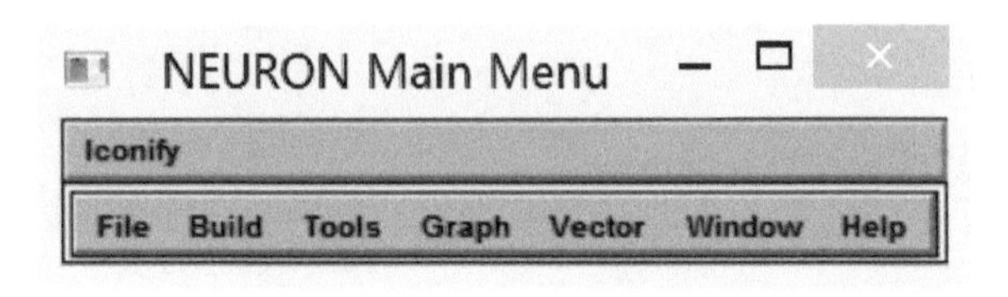

图 2-22　NEURON 软件界面

1）创建一个节段[55]

建立模型的第一步是建立神经元的形态。通常可以将神经元复杂的结构简化为没有分支的圆柱，最简单的方法是切除神经元的轴突和树突，只留下胞体。虽然只对胞体建模会丢失大量有用的信息，但后续可以根据需要增加形态学的复杂性。

设置节段（section）属性之前，必须先创建一个新的胞体节段。此处，所模拟的神经元为大鼠下丘脑核团神经元，胞体近似为一个直径为 18.8μm 的球，在 NEURON 中用圆柱来近似。输入创建命令：

```
create soma
```

该命令创建一个具有默认属性的新节段（节段的段数为[1]、直径为[500μm]、长度为[100μm]、膜电容[1μF/cm^2]以及细胞质阻抗[35.40n·cm]）。

在建模时用户需要根据丘脑下投射神经元的特异性数据，改变胞体的一些属性：横切面直径（diam）、横切面长度（L）、径向细胞质阻抗（Ra）。

参数 nseg 指定 NEURON 计算解的内点数，即膜电流、电位、离子浓度等随时间变化的情况。想象一个区域被分为nseg个等长的隔室（L/nseg），那么NEURON会在每个隔室的中心计算这些变量随时间变化的情况。这些隔室被称为段（segments）。如果假设跨膜电流的密度在 soma 表面上是均匀的，那么单点就足够了，此时可以给 nseg 赋值为 1。

由于 NEURON 处理许多不同的节段，每个节段都有自己独特的名称，当用户想要引用某个节段的参数值时，必须告知 NEURON 当前正在处理哪个节，例如，

```
soma nseg = 1
soma diam = 18.8
soma L = 18.8
soma Ra = 123.0
```

也可以将其全部放进大括号中

```
soma {
    nseg = 1
    diam = 18.8
    L = 18.8
    Ra = 123.0
}
```

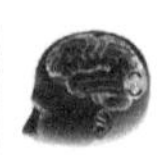

同时，在建立模型时也需要访问（access）语句。因为许多 NEURON 的绘图工具只有在默认节段被声明后才能调用，一个程序中只能有一个访问状态，若有多个，容易混淆不同的节段。NEURON 中有且只有一种访问语句

access soma

为了防止调用错误，access 语句最好直接位于 create 语句之后，以确保程序中只有一个访问语句。综上，在编辑器中输入

```
create soma
access soma
soma nseg = 1
soma diam = 18.8
soma L = 18.8
soma Ra = 123.0
```

2）插入膜特性[55]

NEURON 的每个节段都有默认的自动插入的属性，但是其他的机制（如通道）有其自身的属性，必须以显式形式插入到节段中。NEURON 内嵌了两种膜通道机制：Hodgkin-Huxley 通道（hh）和 Passive 通道（pas），可以使用 insert 命令插入这些机制：

```
soma insert hh
```

用户可以根据模型的需要向每个节段添加尽可能多的属性。

当用户将新的膜机制添加到节段时，新的膜机制的属性及其默认值也添加到了节段中。例如，如果在节段中添加 Passive 通道，节段中将引入两个新属性：g_pas（特异膜电导[S/cm^2]）和 e_pas（反转电位[mV]）。Hodgkin-Huxley 通道将以下属性添加到节段中：

（1）gnabar_hh，最大特定钠通道电导[默认值 = 0.120S/cm^2]

（2）gkbar_hh，最大特定钾通道电导[默认值 = 0.036S/cm^2]

（3）gl_hh，最大特定泄漏电导[默认值 = 0.0003S/cm^2]

（4）ena，钠通道反向电位[默认值 = 50mV]

（5）ek，钾通道反向电位[默认值 = –77mV]

（6）el_hh，泄漏通道反向电位[默认值 = –54.3mV]

3）添加点过程[55]

NEURON 对与整个节段相关的机制（如 hh 通道）和与区域内特定点相关的机制（如电压钳或突触）加以区分。前者用单位面积表示，而点过程用绝对值表

示（例如，电流注入通常用 nA 表示，而不是 nA/cm^2）。点过程的不同之处在于，用户可以在同一段中插入多个过程。

在 NEURON 中，点过程作为对象（object）来处理，这意味着要创建一个点过程，用户需要首先创建一个与该对象相关联的变量，然后再创建一个新对象。要声明对象变量，输入：

```
objectvar stim
```

该命令将创建一个名为 stim 的对象变量，然后用户需要创建实际的对象。新创建的对象需要与特定节段关联，因此需要具有默认节段或指定与该对象关联的节段名称。首先给出可选的节段名称，然后将对象变量分配给特定对象（在本例中为当前钳位 Clamp），并在括号中给出该部分中对象的位置。用 0～1（包含端点）之间的数字指定位置，其中数字表示沿该节段放置点过程的小数长度。例如，

```
soma stim = new IClamp（0.5）
```

NEURON 中内置的点过程包括：IClamp、VClamp 和 ExpSyn。与通道一样，每个点过程都有一组属性，例如，IClamp 点过程属性有：del，刺激开始前的延迟（单位：毫秒 ms）；dur，刺激持续时间（单位：毫秒 ms）；amp，刺激幅度（单位：纳安 nA）。

在模型中，若想给神经元施加一个电流脉冲刺激，可以使用上述方法添加一个 IClamp，然后设置它的属性。点过程与节段的不同之处在于，点过程没有使用 access 语句选择的默认点过程的概念。因此，用户不能像在节段中那样设置属性。相反，用户必须使用“.”符号。例如，若在胞体中心创建了一个电极电流钳，它将在 100ms 的时间内开始注入 0.1nA 电流，那么

```
stim.del = 100
stim.dur = 100
stim.amp = 0.1
```

至此，模型可以用 hoc 语言描述为

```
create soma
access soma
soma nseg = 1
soma diam = 18.8
soma L = 18.8
soma Ra = 123.0
soma insert hh
```

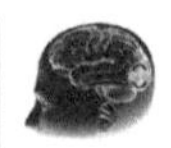

```
objectvar stim
stim = new IClamp（0.5）
stim.del = 100
stim.dur = 100
stim.amp = 0.1
```

4）运行仿真[55]

为了简化运行仿真的过程，NEURON 有一个标准的函数运行库。这些库函数用于初始化仿真器、开始和结束仿真，以及在仿真运行期间绘制变量与时间或空间的关系。这些函数中最常用的是 run（）函数，它初始化并运行一个仿真过程。在所有代码前加载标准函数运行库：

```
load_file（"nrngui.hoc"）
```

在 NEURON 的 GUI 界面上运行简单的仿真，在“Tools”按钮下选择“RunControl”，弹出图 2-23 所示窗口，该窗口允许用户控制用于运行模拟的主要参数。

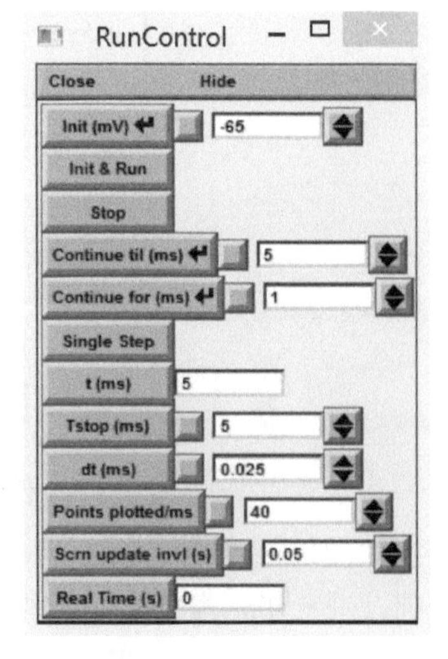

图 2-23　RunControl 界面

图 2-23 中，各按钮及其含义为：

（1）Init（mV）：系统初始电压，对系统进行初始化赋值；

（2）Init&Run：对系统进行初始化且运行仿真；

（3）Stop：停止仿真进程；

（4）Continue til（ms）：仿真由当前点持续到设定值；

（5）Continue for（ms）：将设定值作为当前点运行仿真；

（6）t（ms）：当前仿真时间；

（7）Tstop（ms）：仿真完成时间。

一些有标签的按钮右边有一个更小的、没有标签的方形按钮。这是一个复选框，如果相邻字段编辑器中的值已由其默认值更改，则会在其中显示红色的复选标记。例如，如果用户更改了 Tstop 的值，复选框中将出现一个红色标记，表示用户已经更改了该字段编辑器的值。此外，通过按下复选框，用户可以在默认值和更改后的值之间进行切换。

选择 Main Menu-File-Load hoc，加载前文中使用 hoc 语言写好的文件，注意，为了便于查找，.hoc 文件最好储存在英文路径下。在 RunControl 中设置好参数后，点击 Init&Run，仿真开始。用户可以在 Main Menu-Graph-Voltage axis 观察胞体在仿真期间的电压变化，如图 2-24 所示。同时，用户还可以在 Graph 按钮下观察电流、建模神经元的形态等。

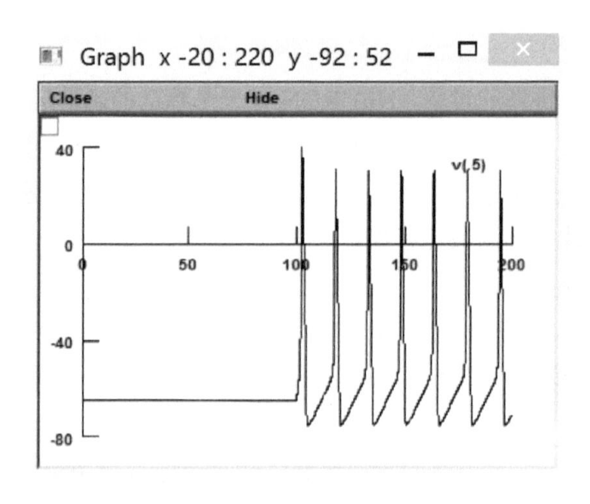

图 2-24 胞体的电压变化

2.4 总 结

本章首先阐述了神经信号产生的机理，然后介绍了本团队神经信号检测、预处理的基本流程和方法。神经信号的获取为解析脑的信息处理机制提供了基础。进一步，本章介绍了神经编/解码的理论基础，以及神经元建模的基础。这些内容将在后续章节中本团队哺乳类及鸟类视感知机制的解析与建模中广泛使用。

参考文献

[1] 蓝永生，蒋艳杰，张殿宇. 神经电生理记录的原理与方法[J]. 长春师范大学学报（自然科学版），2014，4：77-80.

[2] Karten H J，Hodos W. A Stereotaxic Atlas of the Brain of the Pigeon，（*Columba livia*）[M]. Baltimore：Johns Hopkins Press，1967.

[3] 牛晓可. 大鼠初级视皮层神经元集群动态连接及其编码模型研究[D]. 郑州：郑州大学，2015.

[4] 史习智. 盲信号处理：理论与实践[M]. 上海：上海交通大学出版社，2008.

[5] Paxinos G，Watson C. The Rat Brain in Stereotaxic Coordinates[M]. Pittsburgh：Academic Press，1982.

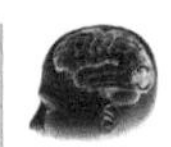

[6] 师黎，杨振兴，王治忠，等. 基于 PCA 和改进 K 均值算法的动作电位分类[J]. 计算机工程，2011，37（16）：182-184.

[7] 师黎，宫艳红. 基于遗传算法——支持向量机的神经元锋电位分类 F[C]. 郑州：郑州大学，2010.

[8] 万红，郜丽赛，牛晓可. 基于匹配小波变换的初级视皮层神经元锋电位分类[J]. 郑州大学学报（工学版），2011，3：93-97.

[9] 万红，张超，刘新玉，等. 波形特征的高斯混合模型锋电位分类算法[J]. 中国生物医学工程学报，2016，35（4）：402-410.

[10] Hyvarinen A. Fast and robust fixed-point algorithms for independent component analysis[J]. IEEE Transactions on Neural Network，1999，10（3）：626-634.

[11] Gray R M. Entropy and Information[M]. New York：Springer，1990.

[12] Dayar D，Abbott L F. Theoretical Neuroscience[M]. Cambridge：The MIT Press，2001.

[13] 张涛. 信鸽 OT 中间层 ON-OFF 神经元 SUN 刺激编码研究[D]. 郑州：郑州大学，2018.

[14] Margo C E. Eye，brain，and vision[J]. Archives of Ophthalmology，1988，106（9）：1175.

[15] Henry G H，Dreher B，Bishop P O. Orientation specificity of cells in cat striate cortex[J]. Journal of Neurophysiology，1974，37（6）：1394-1409.

[16] Gong H Y，Zhang P. Multi-channel neural data analysis methods and applications[J]. Acta physiologica Sinica，2011，63（5）：431-441.

[17] Gerstein G L，Perkel D H. Mutual temporal relationships among neuronal spike trains[J]. Biophysical Journal，1972，12（5）：453-473.

[18] Vaadia E，Haalman I，Abeles M，et al. Dynamics of neuronal interactions in monkey cortex in relation to behavioural events[J]. Nature，1995，373（6514）：515-518.

[19] Perkel D H，Gerstein G L，Moore G P. Neuronal spike trains and stochastic point processes[J]. BiophysIcal Journal，1967，7（4）：419-440.

[20] Brazier M A B，Casby J U. Crosscorrelation and autocorrelation studies of electroencephalographic potentials[J]. Electroencephalogr Clin Neurophysiol，1952，4（2）：201-211.

[21] Shaw J C.Correlation and coherence analysis of the EEG：A selective tutorial review[J]. International Journal of Psychophysiology，1984，1（3）：255-266.

[22] Brody C D. Correlations without synchrony[J]. Neural Computation，1999，11（7）：1537-1551.

[23] Christen M，Kohn A，Ott T，et al. Measuring spike pattern reliability with the Lempel-Ziv-distance[J]. Journal of Neurosci Methods，2006，156（1/2）：342-350.

[24] van Rossum M C. A novel spike distance[J]. Neural Computation，2001，13（4）：751-763.

[25] Kreuz T，Haas J S，Morelli A，et al. Measuring spike train synchrony[J]. Journal of Neuroscience Methods，2007，165（1）：151-161.

[26] Quian Quiroga R，Kreuz T，Grassberger P. Event synchronization：A simple and fast method to measure synchronicity and time delay patterns[J]. Physical Review E，2002，66（4）：041904.

[27] Meister M，Lagnado L，Baylor D A. Concerted signaling by retinal ganglion cells[J]. Science，1995，270（5239）：1207-1210.

[28] Schnitzer M J，Meister M. Multineuronal firing patterns in the signal from eye to brain[J]. Neuron，2003，37（3）：499-511.

[29] Kreuz T，Haas J S，Morelli A，et al. Measuring spike train synchrony and reliability[J]. Bmc Neuroscience，2007，8（2）：79.

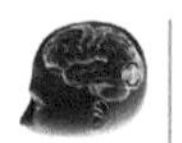

[30] Keat J，Reinagel P，Reid R C，et al. Predicting every spike：A model for the responses of visual neurons[J]. Neuron，2001，30（3）：803，817.

[31] Freiwald W A，Valdes P，Bosch J，et al. Testing non-linearity and directedness of interactions between neural groups in the macaque inferotemporal cortex[J]. Journal of Neurosci Methods，1999，94（1）：105-119.

[32] Bernasconi C，von Stein A，Chiang C，et al. Bi-directional interactions between visual areas in the awake-behaving cat[J]. Neuroreport，2000，11（4）：689-692.

[33] Salazar R F，Konig P，Kayser C. Directed interactions between visual areas and their role in processing image structure and expectancy[J]. European Journal of Neuroscience，2004，20（5）：1391-1401.

[34] Brovelli A，Ding M，Ledberg A，et al. Beta oscillations in a large-scale sensorimotor cortical network：Directional influences revealed by Granger causality[J]. Proceeding of the National Academy of Sciences of the United States of America，2004，101（26）：9849-9854.

[35] Hesse W. Möller E，Arnold M，et al. The use of timevariart EEG Granger causality for inspecting directed interdependences of neural assemblies[J]. Journal of Neurosci Methods，2003，124（1）：27-44.

[36] Fanselow E E，Sameshima K，Baccala L A，et al. Thalamic bursting in rats during different awakebehavioral states[J]. Proceeding of the National Academy of Sciences of the United States of America，2001，98（26）：15330-15335.

[37] Zhu L Q，Lai Y C，Hoppensteadt F C，et al. Probing changes in neural interaction during adaptation[J]. Neural Computation，2003，15（10）：2359-2377.

[38] Liang H，Ding M，Nakamura R et al. Causal influences in primate cerebral cortex during visual pattern discrimination[J]. Neuroreport，2000，11（13）：2875-2880.

[39] David J C，MacKay. Information Theory，Inference & Learning Algorithms[M]. Cambridge：Cambridge University Press，2003.

[40] Josic K，Rubin J，Matias M，et al. Coherent Behavior in Neuronal Networks[M]. New York：Springer，2009.

[41] 李颖洁，邱意弘，朱贻盛. 脑电信号分析方法及其应用[M]. 北京：科学出版社，2009.

[42] Schwartz O，Pillow J W，Rust N C，et al. Spike-triggered neural characterization[J]. Journal of Vision，2006，6（4）：484-507.

[43] Okatan M，Wilson M A，Brown E N. Analyzing functional connectivity using a network likelihood model of ensemble neural spiking activity[J]. Neural Computation，2005，17（9）：1927-1961.

[44] Truccolo W，Eden U T，Fellows M R，et al. A point process framework for relating neural spiking activity to spiking history，neural ensemble，and extrinsic covariate effects[J]. Journal of Neurophysiol，2005，93（2）：1074-1089.

[45] Tikidji-Hamburyan R A，Narayana V，Bozkus Z，et al. Software for brain network simulations：A comparative study[J]. Frontiers in Neuroinformatics，2017，11：46.

[46] Dubitzky W，Wolkenhauer O，Cho K H，et al. GENESIS：General Neural Simulation System[M]. New York：Springer，2013.

[47] Bower J M，Beeman D，Hucka M. The GENESIS Simulation System[M]. Cambridge：The MIT Press，2003.

[48] California Institute of Technology. Overview of GENESIS[EB/OL].（1994-06-30）[2020-04-15]. http://genesis-sim.org/GENESIS/genesis-overview. html.

[49] Brette R，Goodman D，Stimberg M. Brain [EB/OL]. [2020-04-15]. https://briansimulator.org/.

[50] Stimberg M，Brette R，Goodeman D F M. Brian 2，an intuitive and efficient neural simulator[J]. 2019，8：e47314.

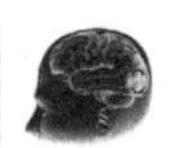

[51] Wikipedia Contributors. Brian（software）//Wikipedia. The Free Encyclopedia[EB/OL].[2020-04-15]. https://en. wikipedia. org/w/index. php?title=Neuron_（software）&oldid=899881763.

[52] Goodman D F M，Brette R. The brian simulator[J]. Frontiers in Neuroscience，2009，3（2）：192-197.

[53] Carnevale T. Neuron simulation environment[J]. Scholarpedia，2007，2（6）：1378.

[54] NEURON. What is neuron?[EB/OL]. [2020-04-15]. https://www.neuron.yale.edu/neuron/what_is_neuron.

[55] Andrew Gillies and David Sterratt. A NEURON Programming Tutorial-Part A[EB/OL]. [2020-04-16]. http://web. mit. edu/neuron_v7.4/nrntuthtml/tutorial/tutA.html.

第3章 鸟类视觉系统工作机理与信息处理机制

鸟类具有高空高速下敏锐的视感知能力，能快速准确检测、识别大场景、复杂背景下的弱隐目标，这些能力是哺乳类动物所不具有的。从第 1 章视感知能力的神经基础方面来看，鸟类与哺乳动物视觉系统的构造图具有粗略的对应关系，均由离丘脑通路、离顶盖通路和副视系统组成[1, 2]。其中，鸟类的离顶盖通路在视觉中起重要作用，且其发达程度远远超过哺乳类。这意味着鸟类发达的离顶盖通路是实现其优于哺乳类的高空高速下快速、准确视感知能力的神经基础。

本章将围绕鸟类的视觉系统如何对外界输入信息进行处理这一问题，对鸟类视觉系统尤其是离顶盖通路的工作机理与信息处理机制进行解析。本章可分为四个部分：首先，引入鸟类视觉系统的三个重要通路，给出其相互连接关系；其次，以 OT 中两类重要的神经元为切入点，对三个通路中最重要的离顶盖通路中的信息传递机理进行解析；然后通过介绍鸟类大脑中特殊的中脑网络，从“自下而上”和“自上而下”两个方面着重解析了鸟类优异的视觉显著注意机制；最后，对鸟类视觉系统中的其他机制进行了简要的梳理。

3.1 鸟类视觉系统的工作原理

鸟类优异的视觉感知能力得益于其发达的视觉系统，其能够及时准确地处理最重要的视觉信息。鸟类视觉系统包含离顶盖通路、离丘脑通路及副视系统（图 1-4），三条通路协同实现对视觉刺激相对重要性的评估，选择环境中优先级最高的位置，进行对该位置的注意力或行动的部署以及对大场景中重要视觉信息的快速处理。

离顶盖通路是鸟类视觉信息处理的主要神经通路，该通路主要包括 OT、圆核（nucleus rotundus，nRt）、外纹体三个核团，外纹体由核心部（entopallium centre，Ec）和周围的围外纹体（periectostriatal belt，Ep）组成，其中只有 Ec 接收圆核的投射[3]。在离顶盖通路中，顶盖和圆核分别与哺乳动物上丘（superior colliculus，

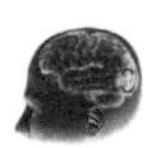

SC）、丘脑复合体（pulvinar complex）同源[4]。来自视网膜的信息上行传输到对侧OT，信息从OT的第13层输出，然后继续上行通过丘脑圆核双向投射到外纹体。离顶盖通路功能类似于哺乳动物的外膝体-皮层通路：OT对应于哺乳动物大脑的上丘，圆核对应于丘脑枕后外侧核，外纹体对应于哺乳动物大脑的外纹状视觉区[5, 6]。OT是离顶盖通路中的关键神经核团，其主要包括OT视觉层和OT多感知层两部分。OT视觉层主要执行视觉信息处理的功能，其向前脑的初级视觉区域发送高时空分辨率信号，帮助前脑处理时空注意的任务。OT多感知层主要执行多感知整合的功能，其不仅把相似的信号发送到前脑中对多模有显著性反应的结构，而且发送到前脑网络中能够分析视觉刺激特定特征的区域。OT多感知层与前脑网络中评估和表征刺激优先级的区域的交互作用可能决定了下一个凝视点。OT及其下方的峡核构成了中脑网络，其最重要的功能是当鸟类面临多重的、显著性相似的刺激时，能够计算出最高优先级的刺激。在包含干扰刺激的环境中，被干扰刺激激发的活动和被自上而下信号增强的活动无时无刻不在竞争进入工作空间的权利。当干扰刺激是新颖、运动或者强度特别显著的事件时，中脑网络有能力克服自上而下的影响而去选择并立即开始把凝视的角度向这个干扰刺激偏移。

离丘脑通路是鸟类另外一条视觉信息处理的神经通路，该通路主要包括丘脑主视核和视丘两个核团。离丘脑通路接收来自视网膜的信息，并传输到对侧丘脑主视核。丘脑主视核投射到位于端脑的视丘，类似于哺乳动物的纹状皮层[5, 6]。离丘脑通路主要处理来自单眼外侧视野的视觉输入[1, 7, 8]，该通路在模式识别和视觉精细分辨上所起的作用弱于离顶盖通路。丘脑主视核神经元几乎无自发活动但对运动反应强烈，部分神经元还能编码颜色信息。鸟类视丘的感受野较小，这与鸟类圆核到外纹体通路的感受野有区别，其部分功能与哺乳类动物的端脑皮质17区类似。离丘脑通路和离顶盖通路存在相互联系，离丘脑通路中的视丘核团直接向离顶盖通路中的OT和外纹体发送信息[2, 9, 10]，经这两条重要的视觉通路的信息处理会集中到外纹体[11-14]。

副视神经系统是鸟类的第三条视觉通路，专门负责稳定视网膜图像、提升分辨率、分析光流场、自运动信号和视动刺激处理。大量的生理学研究表明，副视神经系统中的神经元对视野中移动的大尺寸视觉刺激具有方向选择性[15]。副视神经系统中某些神经元具有双目感受野，该感受野编码自平移或自旋转诱导的光流场[15-18]。副视神经系统由基底视束核和中脑扁豆核组成。基底视束核接收来自视网膜神经节细胞（RGC）、视觉前脑、对侧基底视束核和同侧扁豆核的输入，并投射到对侧基底视束核、同侧扁豆核、前脑前叶和动眼神经复合体[19, 20]同侧的圆核[21]等不同的区域。此外，还存在从基底视束核到丘脑主视核的投射[21]。这些数据表明，副视神经系统能够调节离丘脑和离顶盖的上行视觉通路。这些投射有助于区分由副视系统和上行通路分别处理的自身运动和物体运动[22]。

总之，鸟类的离顶盖通路是其主要的视觉信息处理通路，离顶盖通路的 OT 是主要视觉信息处理核团，其具有处理高优先级显著性信息的功能。本章后续将对 OT 的工作机制进行详细分析。

3.2 离顶盖通路中的信息传递机理

在鸟类中，离顶盖通路是主要视觉通路[3]。离顶盖通路的损伤导致了多种视觉能力的严重损害，如强度、颜色和模式识别。

中脑网络是鸟类离顶盖通路中的重要组成部分，它由鸟类顶盖和其下方的峡核组成，峡核与顶盖一并构成了中脑网络独特的连接模式，负责顶盖中刺激最高优先级的计算和信号传递。

鸟类顶盖是一个复杂的多层结构，如图 3-1 所示。Cowan 等[23]根据结构特征将其划分为五层，分别为：视纤维层（stratum opticum，SO）、表面灰质纤维层（stratum griseum et fibrosum superficiale，SGFS）、中央灰质层（stratum griseum centrale，SGC）、中央白质层（stratum album centrale，SAC）和室周灰质层（stratum griseum periventriculare，SGPV）。Cajal 于 1911 年提出将鸟类 OT 由浅到深分为 15 层，1～9 层称为浅层（superficial OT layers，sOT），也称为 OT 的视觉分区（visual subdivision，OTv）；10～11 层称为中层（intermediate OT layers，OTi）；12～15 层称为深层（deeper OT layers，OTd），顶盖中深层统称为 OTid，是 OT 的多模态和运动分区，也称为 OTm[24, 25]。OT 的每个解剖层都有自己的空间图，空间映射在各个层之间都是相互对齐的[24]。

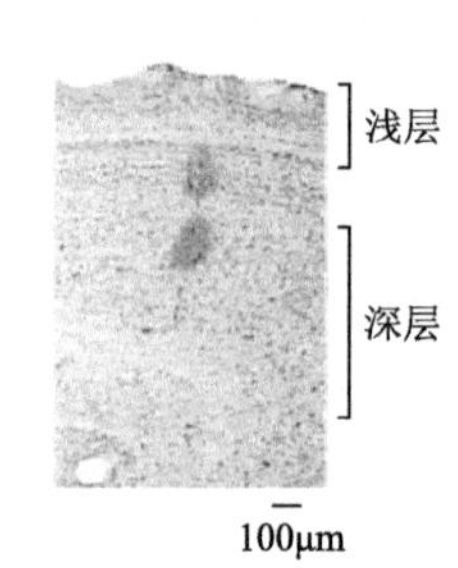

图 3-1　顶盖示意图[26]

3.2.1 视网膜-顶盖-圆核信息传递机理

视网膜对顶盖的投射终止于顶盖第 2、3、4、5b 层和第 7 层，位于顶盖第 13 层的 SGC 神经元的树突广泛分布于顶盖浅层[27]，直接接收视网膜的下行投射，并投射到丘脑圆核[28]，在离顶盖通路中起到信息整合及传递的作用。

Luksch 等在 2003 年对 SGC 神经元的不同类型进行了相关研究。根据其树突在顶盖上的分布，SGC 神经元可分为三种类型：

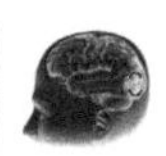

（1）SGC-Ⅰ型：胞体位于 SGC 的外亚层（接近第 12 层），其树突末梢呈瓶刷状终止于顶盖的 5b 层，接收单突触视网膜输入，每个顶盖约有 85000 个 SGC-I 神经元。

（2）SGC-Ⅱ型：胞体位于 SGC 的内亚层（接近第 14 层），其树突达到第 8 层以上，末梢无明显的形态，多终止在第 8 层和第 9 层。

（3）SGC-Ⅲ型：胞体位于 SGC 的内亚层，在第 4 层具有瓶刷状树突末梢，直接接收视网膜输入，有时也可并为 SGC-I 型神经元。

Ⅰ型和Ⅲ型 SGC 神经元的最显著的特征是它们的树突跨度非常大。通常的神经元树突跨度为 1200～2000μm，而 SGC 神经元树突的水平端到端跨度可达 4000μm。

SGC 神经元的瓶刷状树突末梢接收的主要输入源于顶盖第 4 层和第 5b 层中具有小轴突末端场的小 RGC，一个单独的瓶刷状树突末梢可能接收来自一个 RGC 的强输入，或者可以与多个 RGC 聚合连接。然而，由于 5b 层 RGC 轴突末端场的宽度通常为 10～15μm，单个 SGC 神经元的瓶刷状树突末梢至少间隔 50～80μm，单个瓶刷状树突末梢接收来自广泛分离的、局部的 RGC 输入，其感受野稀疏分布[28]。

如图 3-2 所示，RGC 轴突末端和 SGC 神经元树突末梢的广泛重叠表明视网膜信息直接输入到Ⅰ型 SGC 神经元。

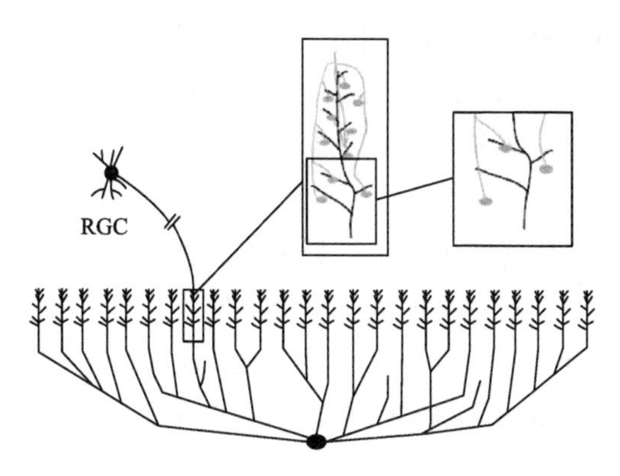

图 3-2　RGC 轴突与 SGC-I 神经元树突的连接

圆核是大多数鸟类丘脑中最大的单核[29]。圆核中不同区域的神经元对不同的视觉特征（如颜色、亮度、二维运动和深度运动）有特定的反应[30]。此外，圆核损伤使鸟类在强度、颜色、运动、模式识别和视力的各种视觉任务中产生严重缺陷[31-33]。

Marín 等使用染色和蛋白免疫实验对圆核的结构进行了研究[34]。结果表明，圆核中有四个不同的分区，分别为背前侧部（pars dorsalis anterior，Da）、中部（pars centralis，Ce）、三角核（nucleus triangularis，Tr）和后侧部（pars posterior，Post）[31, 34, 35]，如图 3-3 所示。

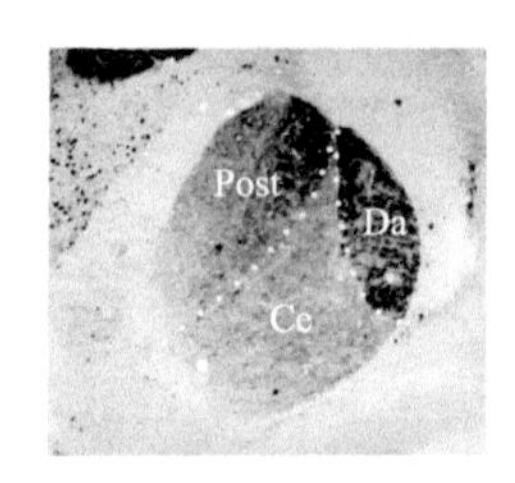

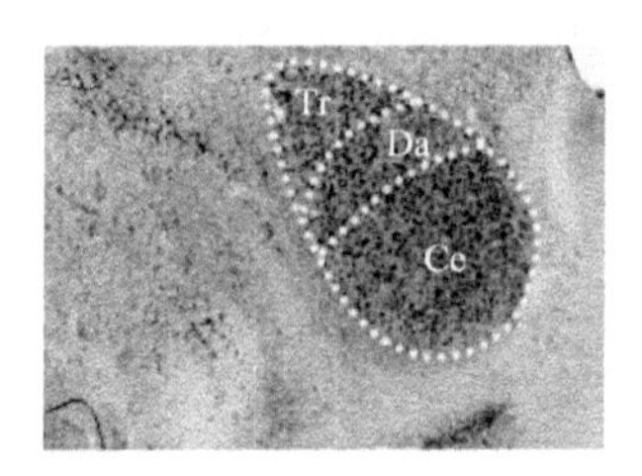

图 3-3　圆核中的分区[34]

逆行追踪研究表明，每个圆核亚区接收来自顶盖第 13 层细胞（即 SGC 神经元）的不同亚群的投射[29, 35]，且一个单独的亚区中的区域接收来自遍布整个视场的 SGC 神经元集群的传入信息。以鸽子为研究对象，SGC 神经元的两个主要种群：Ⅰ型，投射到 Da 和 Ce 区；Ⅱ型，投射到 Post 和 Tr 区。无论两个示踪剂的注射距离有多近，只要分别注射到不同的部位，由不同类别的 SGC 神经元组成的平行通路就会在不同的圆核亚区上聚合，几乎没有双标记细胞，说明它们的输入很可能完全分离[34]。

不同类型的 SGC 神经元在顶盖上有不同的密度分布，每个类型都分布在整个顶盖表面。因此，整个视网膜的投射图都被 SGC 神经元广泛重叠的树突结构采样，但保留了顶盖浅层的拓扑对应关系。那么，视网膜拓扑结构是否仍保留在每个顶盖投影的圆核亚区中？

在视网膜-顶盖-圆核通路中，感受野大小急剧增加，大多数圆核神经元具有非常大的感受野，其中一些几乎覆盖了整个视野。由于 SGC 神经元的巨大的树状树突，在视网膜-顶盖接合处发生了很大的变化，数百个终止于顶盖第 5 层的 RGC 细胞末端汇聚在每种 SGC-I 型神经元的刷状树突末梢阵列上，该阵列覆盖了可视空间 20°～80°的顶盖区域[28, 34, 35]。

感受野大小的第二次急剧增加发生在顶盖-圆核的投射处，其中稀疏分布于整个顶盖的 SGC 神经元为圆核神经元的主要输入，投射到不同亚区，在保持高空间分辨率的同时，顶盖的 SGC 神经元在圆核神经元上的汇聚会产生更大的感受野，该感受野涵盖了大部分视场。

综上，Marín 等的研究表明，视网膜-顶盖-圆核的投射通路可总结为交错投射，如图 3-4 所示，稀疏分布在顶盖表面的神经元集群的轴突末端会聚在一个受限的

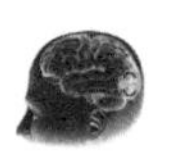

亚区上，同一亚区内的相邻区域会接收一组遍布整个视场的、同一类别的顶盖细胞的相关信息[34]。

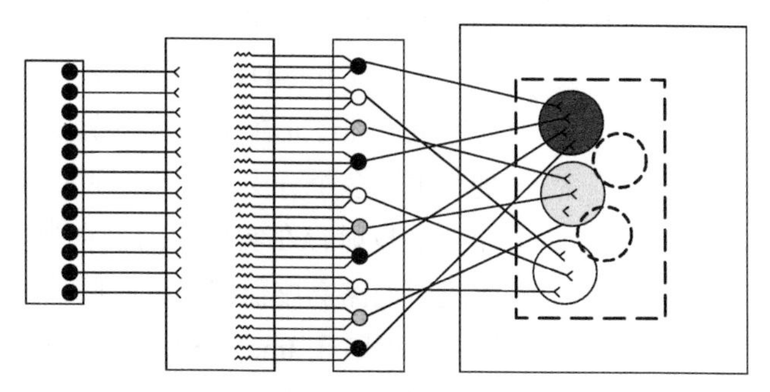

图 3-4　视网膜-顶盖-圆核交错投射

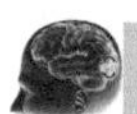

3.2.2　顶盖与峡核的信息传递机理

中脑刺激选择网络（the midbrain stimulus selection network）是指顶盖（OT）和与其相互连接的 γ-氨基丁酸能（GABA 能）、胆碱能和谷氨酰胺能细胞群组成的结构，这些细胞群统称为峡核（nucleus isthmi，NI），位于 OT 下方[25, 36-39]，如图 3-5 所示。

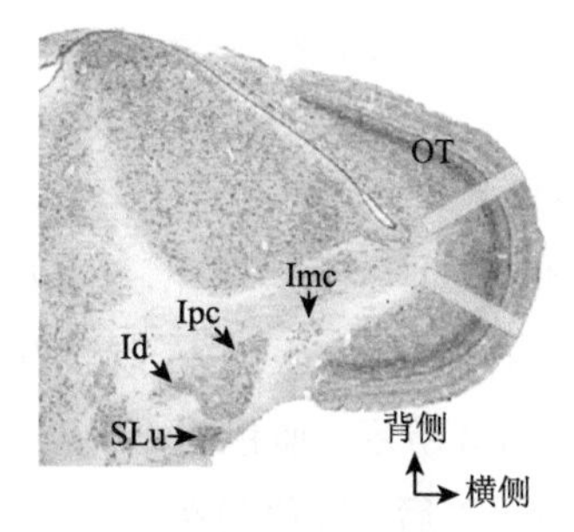

图 3-5　顶盖与峡核在中脑中的位置[24]

中脑网络负责 OT 中最高优先级刺激的计算和信号传递[24]。峡核包含多种细胞类型，主要包括峡核大细胞部（nucleus isthmi pars magnocellularis，Imc）、峡核小细胞部（nucleus isthmi pars parvocellularis，Ipc）、半月核（nucleus isthmi pars semilunaris，SLu）和播散性肌核（nucleus isthmi pars disseminated，Id）。它们投射到不同的目标结构上[38-40]，部分峡核神经元向同侧 OT 投射，部分向对侧 OT 投射，部分向高阶丘脑核投射。因此，OT 与峡核的连接回路在鸟类中实现了最高程度的解剖分化，OT 包含 15 个不同的层，峡核包含四个不同的核。

鸟类中脑中，负责将 OT 浅层的视网膜输入传递到 Ipc、Imc 和 SLu 的中心节点是位于第 10 层牧羊钩（shepherd's-croke，Shc）神经元[41, 42]。Shc 神经元树突分布在 OT 的视网膜接收层和深层，分别接收视网膜的输入和听觉输入，可以对输入信息进行多模态整合。Shc 神经元的轴突有着独特的形态，从顶端的树突开始分支，并立即以特有的曲线向下延伸至更深的层，终止于峡核，如图 3-6 所示。Shc 神经元是唯一向峡核投射的神经元[41]。

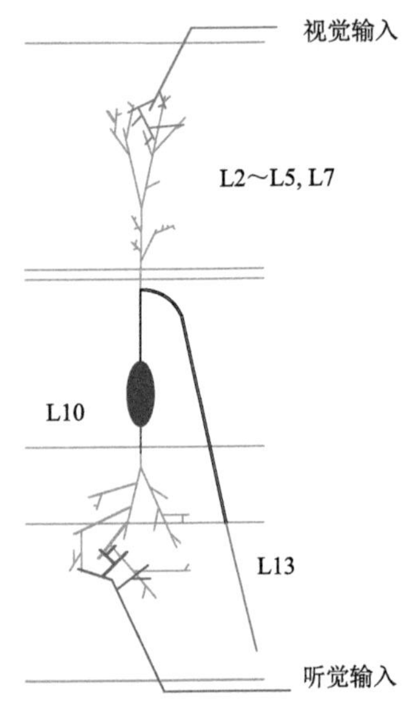

图 3-6　牧羊钩神经元形态示意图

单个 Shc 神经元通过轴突分支驱动 Imc、Ipc 和 SLu 神经元[43, 44]，即输入刺激信号同时被传播到该刺激选择网络的所有组成部分。

1）OT-Imc-OT 连接通路

Shc 神经元在 Imc 中的轴突在核内不同深度处产生了多个分支，说明不同的 Shcs 在 Imc 神经元上的投射存在实质性的融合[42]。因为 OT-Imc 的投射通路高度保留了视网膜拓扑结构，这样的拓扑投射赋予 Imc 一种多模态映射[43]。

图 3-7 总结了 Imc 投射通路的连接形态。Imc 从 OT 第 10～11 层的 Shc 神经元接收辐射状投射，其中的阴影表示 OT 输入神经元轴突末端的投射范围。研究表明，可能至少存在两种 Imc 神经元亚型：大部分 Imc 神经元广泛地非拓扑投射在 Ipc 和 SLu 上，称为 Imc-Is 神经元，它们具有重叠的轴突末端区。在 Ipc 损伤后可以观察到 Imc 神经元的退化，所以 Ipc 是 Imc 的主要靶点；投射在 OTm 上的神经元称为 Imc-Te 神经元，为了观察 Imc 对 OTm 的逆向投射，在 Imc 放置双极刺激电极，如图 3-8 所示，蓝色为 Imc-OT 逆向神经元，红色为非逆向神经元。图 3-8（a）中刺激传入后（灰色箭头，下方灰色阶跃信号），逆向神经元的放电率高于非逆向神经元，即 Imc 向外投射比输入放电率更高的信号[45]。

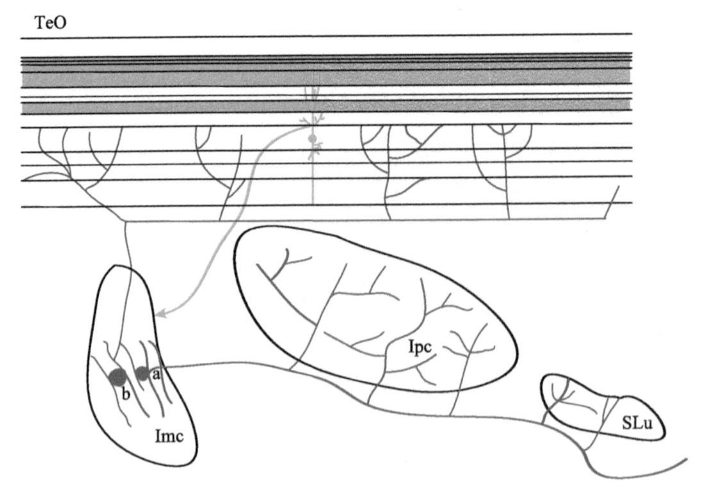

图 3-7　Imc 投射通路的连接形态

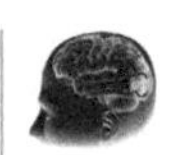

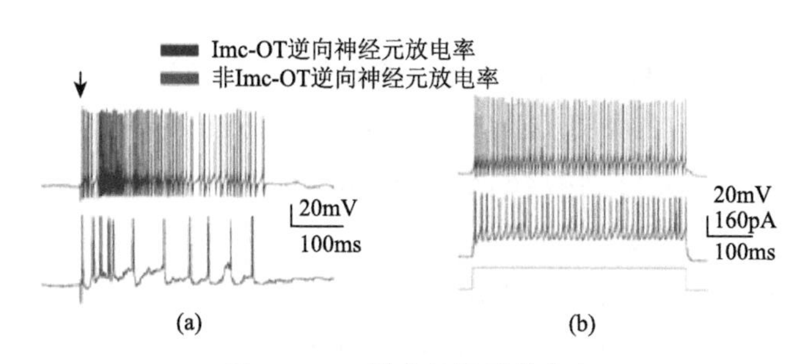

图 3-8　OT 逆向神经元放电率

其中蓝色为 Imc-OT 逆向神经元，红色为非逆向神经元[45]

OT-Imc-OT 通路是异位拓扑映射的，其广泛且稀疏地投射到 OTm 空间图中除提供输入的位置以外的所有位置，Imc-Is 神经元的投射也具有相同的异位模式[43,44]。

2）OT-Ipc/SLu-OT 连接通路

鸟类的 Ipc 和 SLu 相邻，它们都含有胆碱能神经元[46,47]，并与 OT 保持平行和独立的拓扑连接[48,49]。如图 3-9 所示，OT 第 10～11 层（主要集中在 10b 层）的任何单个 Shc 神经元同时投射到 Ipc 和 SLu 中的对应点，其中单个 Shc 神经元的轴突在整个 Ipc 中的局部区域内形成了一个密集的末端场，如图 3-9 中绿色阴影部分。由于 Ipc 神经元的树突场位于同一轴上，且 Shc 神经元轴突末端垂直于 Ipc 平面的柱状场[44,50]，因此不同 Shc 神经元投射到 Ipc 神经元上的轴突的汇聚是局部的，单个 Shc 神经元轴突会对单个 Ipc 神经元发挥强大的突触作用。

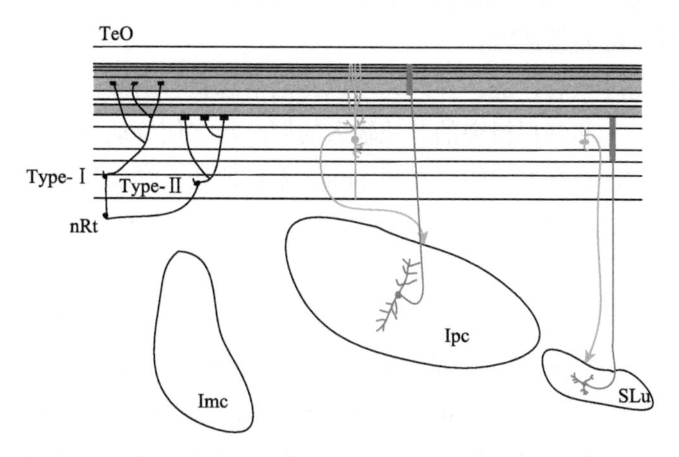

图 3-9　Ipc 和 SLu 投射通路的连接形态

OT-Ipc/SLu-OT 连接通路是精确同位拓扑映射的[43]，即 Ipc 和 SLu 反馈投射回 OT 中不同层的对应位置，如图 3-9 中蓝色神经元所示。单个 Ipc 神经元轴突末端呈狭窄的类似刷子的柱状结构，其在 OT 浅层（L3～6）密集程度很高，在中间层（L10）密度中等，在深层（L11～13）密度低。SLu 神经元的单个柱状轴突末端从 OT 第 13 层表面延伸到第 4c 层，在第 4c～6 和 9～13 层发生分支，第 10b～13 层的密度高于浅层[44]。

Ipc 和 SLu 的一个主要区别是 SLu 可上行投射到双侧的高阶丘脑圆核、顶盖前核（副视通路）和投射到 OT 的基底神经节输入源，而 Ipc 没有类似的投射[50]。

Florencia 等对投射到不同峡核的 Shc 神经元类型进行了探究[42]，在 Ipc 和 Imc 的相同拓扑区（即感受野相重合的 Ipc 和 Imc 区域），注射不同颜色的荧光示踪剂表明，绝大多数逆行标记的 Shc 神经元是被双重标记的，表明 Imc 和 Ipc 接受了高比例的共同神经支配。实验中将所有的 Shc 神经元轴突充分填充，均可以追踪至 Imc，且继续向其他核团延伸。在 80%情况下，经由 Imc 的 Shc 神经元投射可以在 Ipc 中观察到；在余下的 20%的情况中观察到了 SLu 内的投射。值得注意的是，没有直接投射到 Ipc 和 SLu 的 Shc 神经元。

Marin 等在关于鸽子的实验中证明[51]，Ipc 神经元对视觉刺激的反应是快速的爆发性放电，这些放电与 SLu 神经元发出的双 Spikes 紧密同步。实验同步记录了位于 Imc 和 Ipc 中拓扑连接对应区域的神经元对跨越其重叠视觉感受野的移动视觉刺激的响应。Imc 神经元的爆发性放电与鸽子和猫头鹰研究中所描述的 Ipc 神经元典型的爆发反应非常相似，并且爆发间期的 Spike 在相同的高伽马（Gamma，γ）、低贝塔（Beta，β）频率范围内变化。这种同步性进一步证明了 Shc 神经元共同支配三个峡核的神经元发放[41]。

从计算的角度来看，Shc 神经元可以充当信息整合的操作中枢：在接收顶端树突的视网膜输入和深层树突的其他输入的同时，它们驱动并同步三个并行的神经过程，每个过程具有不同的功能和 Spike 发放曲线。这一功能可以通过轴突形态的显著差异、Shc 神经元之间不同程度的同步性以及突触后机制来实现。

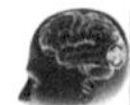 3.2.3 峡核与视网膜-顶盖-圆核通路的交互

由于第 3～6 层 Ipc 密集的轴突末梢，其轴突中包含的结构可能是 Ipc 主要作用位点。顶盖神经节细胞（tectal ganglion cell，TGC）即 OT 第 13 层 SGC 神经元，其远端树状树突末梢位于 OT 浅层。TGC 具有大的树突场，并在特定的顶盖层中产生大阵列的小柱状树突末梢（瓶刷末梢）[28, 52]。离顶盖的圆核主要接收来自 TGC 的上行输入，由于峡核参与 OT 活动的调节，峡核可能直接作用于 OT 的上行系统[44]。在雏鸡中，I 型 TGC 的刷状末梢终止在视网膜受体顶盖层 5a、5b 和

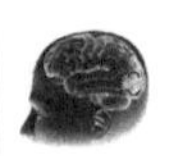

第 3 层[28]，Ipc 刷状末端在此处密集终止。II 型 TGC 的树突末梢分层在较深的第 9 层，也明显受到 Ipc 轴突末梢的调控[44]。

Wang 等对 Ipc 和 SLu 与 TGC 的作用模式提出假设[44]，如图 3-10（a）和（b）所示。由于 Ipc 神经元的单个刷状末梢宽度为 35～50μm，每个末梢（ending）在 OT 第 5a 和 5b 层直径 4～5μm，单个 TGC 的树突末梢在雏鸡体内的间距通常远大于 50μm[28]，所以单个的 Ipc 末梢可能仅终止于单个 TGC 的单个树突末梢，而在同一亚型的不同 TGC 的多个末梢处终止。由于单个刷状末梢的垂直分布，Ipc 末梢可以作用于剩余的、与空间相关的 I 型 TGC，这些 TGC 从视野的同一点接收输入，但来自不同的神经节细胞。

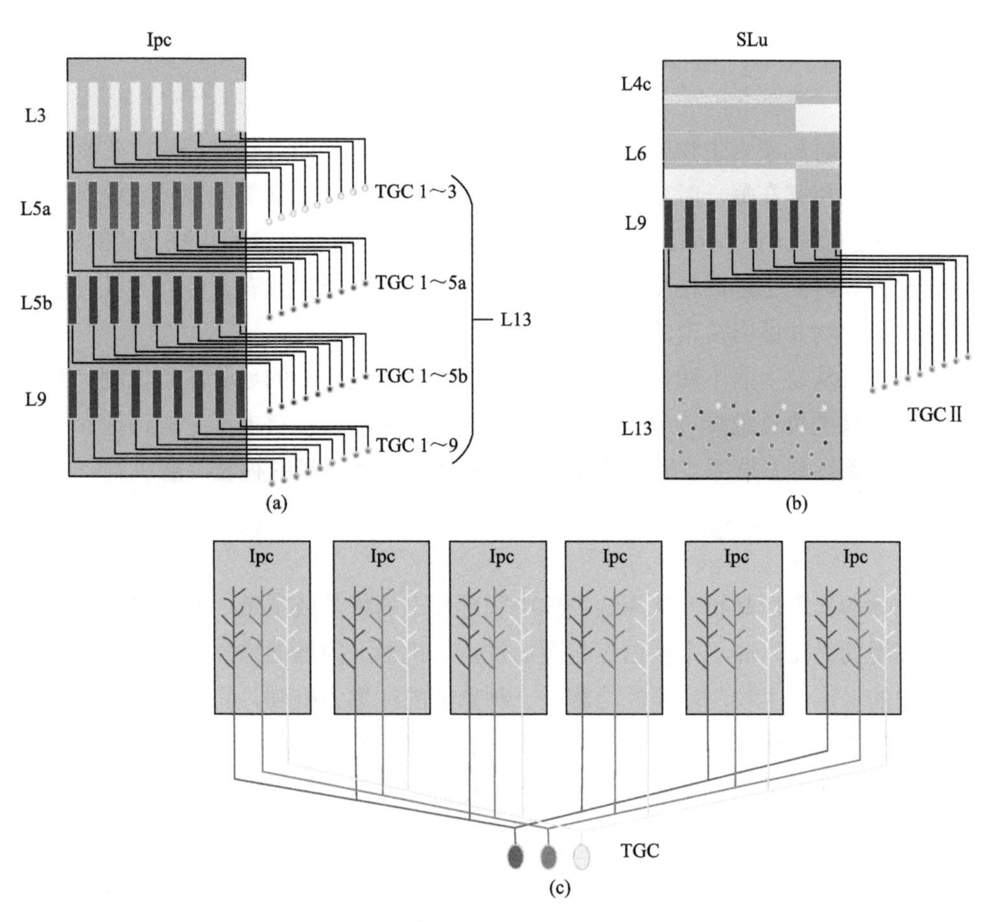

图 3-10　OT 和 Ipc、SLu 交互

SLu 轴突在 OT 第 3 层和第 5 层的主要部分没有分支，因此，它们与 I 型 TGC

刷状末梢的突触相互作用相当有限。然而，SLu 可能通过在第 9 层接触 II 型 TGC 的远端树突而参与 TGC 的调制。SLu 轴突末梢宽 120～180μm，可与单个 TGC 的多个刷状树突末梢接触。此外，SLu 在 OT 第 10b～13 层致密的分支可能会接触到这两类 TGC 的胞体和初级树突。

Ipc 和 SLu 神经元在其感受野相同的区域内，通过 I 型和 II 型 TGC 的处理通道在时域产生精确的协同激活。因为 TGC 的不同亚型投射到功能不同的圆核亚区[28, 50]，在给定的顶盖位点上，视网膜诱发的兴奋将传递到峡核的所有反馈回路，产生复杂的兴奋和抑制模式，该回路为离顶盖通路中的信息传递提供了可以保持空间相关性的早期跨信息处理流的交互。

3.3 鸟类的显著注意机制

自然界时刻在为生物提供丰富的感官输入，在长期的进化过程中，生物的显著注意机制使其在每一时刻对感知输入进行选择和决策。鸟类的视觉系统具有出色的显著注意机制。例如，猎鹰和猫头鹰能够远距离精确定位和跟踪伪装的猎物，并在空间和时间上以高精度捕捉猎物。同样，鸡和鸽子也具有在高度混乱环境下快速定位食物并做出决策的能力。

本节将从自上而下和自下而上两个方面介绍鸟类优异的显著注意机制，其中着重介绍鸟类负责选择“最高优先级”刺激的中脑网络。自上而下的调控和自下而上的显著性相互联系、互相作用，共同构成了鸟类卓越的视觉注意机制。

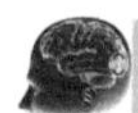

3.3.1 生物的视觉显著性

物体的显著性是指其从周边物体中脱颖而出的状态或质量，通常来自物体和周围环境的对比，如一个被白点包围的红点、机器上闪烁的信息指示器或者安静环境中的噪声。生物的显著性检测是一种重要的注意力机制，它通过使生物体将其有限的感知和认知资源集中在感知数据的最相关子集上，从而促进学习和生存。显著性检测通常是在视觉系统的背景下进行研究，但类似的机制也在其他感知系统中发挥作用[53]。

当注意力被显著的刺激所驱动时，是自下而上、无记忆的。研究表明，在如图 3-11 所示这样简单的示例中，不会发生视觉搜索：不管有多少干扰物出现，注意力会立即被吸引到突出的物体上[54]。这表明为了确定显著性，图像的每个位置是并行处理的，并朝向最突出的位置。

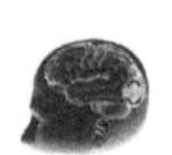

相反地，注意力也可以由自上而下的、依赖记忆或预期的机制来引导。例如，当你想寻找教室中穿绿色衣服的朋友时，会首先注意绿色衣服这个显著特征。

图 3-11　自下而上注意力机制的示例[55]

视觉突出是自下而上的刺激驱动信号，但这种自下而上的显著位置注意力可被强烈地调节，有时甚至被自上而下的驱动因素覆盖。人类和其他动物很难同时关注多个位置，因此他们面临着不断整合和区分不同自下而上和自上而下影响的挑战[53]。

在计算机视觉领域，研究者们对人的注意机制进行了建模，特别是包括空间注意和时间注意的自下而上的注意机制，这种过程也称为视觉显著性检测[53, 56, 57]。然而，由于自上而下对自下而上显著性机制有强烈的偏置作用，越来越多的研究者开始投入到认知因素引导的自上而下的注意机制的研究中来。

3.3.2　自下而上的刺激竞争机制

Itti 和 Koch[56]于 2001 年提出对所有位置刺激的物理显著性的系统表示显著图。研究表明，在鸟类的顶盖中深层（第 10～15 层，OTm）包含这样的显著图[58]。意外的、强烈的或移动的刺激可强有力地驱动 OTm 神经元，这样的刺激可能会立即对动物产生重要的影响[24, 59]。OTm 神经元对这些物理特性的响应反映了对感知输入的选择性[60]，体现了 OTm 中神经元具有对外界视觉刺激的滤波作用[24]。

1. 有效的显著刺激

Knudsen 在其研究中给出了可有效驱动 OTm 感觉响应的显著物理刺激[24]，OTm 神经元对这些刺激的总体响应随着这些物理特性综合强度的增加而增加[25]。因此，当前刺激的位置可由空间 OTm 图中感知神经元的位置来表示，整体物理显著性可由空间 OTm 图中感知神经元的发放率来表示。

1）新奇或强烈刺激

在自然界中，生物对首次呈现的新刺激的反应要比对同一刺激的所有后续呈现的反应强烈得多。对特定位置和物理特性的刺激响应适应性，被称为刺激特异性适应[61]，当刺激的特征或其位置被充分改变时，响应强度就会恢复。OT 内在的这种特殊的显著性机制使 OTm 神经元能够对各种各样的刺激特性做出强有力的反应，特别是新奇或意外的刺激。

2）运动刺激

运动刺激可有力地驱动几乎所有 OT 感知神经元[25]。虽然大多数 OTm 神经元对运动非常敏感，但没有证据表明它们会像前脑中的运动处理区域一样分析运动的方向或速度。一些 OTm 神经元确实表现出对运动方向的选择性，但这种选择性可能反映了来自视网膜或前脑的输入[59, 60]。因此，虽然一些 OTm 神经元可能向前脑传递有关运动速度和方向的参数信息，但作为一个整体，OTm 神经元代表了运动在每个位置的强度（显著性）。

迫近（looming）刺激是驱动 OTm 神经元最有效的、受响应适应性影响最小的刺激特性之一[62]，OTm 神经元对迫近刺激的响应有效性反映了对逼近的刺激立即做出反应行为的重要性。

3）多模态刺激

OTm 从所有为生物提供有关环境刺激位置的信息感知系统接收拓扑的空间信息[62-64]。多模态 OTm 神经元对局部多模态刺激有强烈的响应，能够将空间和时间上一致的所有感觉模态的输入结合起来，使 OTm 对环境中的任何刺激事件都非常敏感[65]。

在不同的物种中，不同的感官模态在驱动 OTm 响应方面的相对有效性是不同的，对于绝大多数物种来说，视觉是驱动 OTm 中神经反应的主要方式，因为视觉提供了最高的空间分辨率和关于刺激位置最可靠的信息。但在许多情况下，其他感知输入对刺激的检测和定位是至关重要的，例如，猴面鹰依靠听觉输入在夜间寻找猎物等。

4）弹出式刺激

在灵长类动物中，分布较为稀疏的视觉特征值，如众多绿色刺激中的红色刺激，或水平线中的竖线，会在视觉上有弹出（pop out）的效果。在这种情况下，特征值之所以在物理上变得突出，是因为它很少在视觉空间中出现（与新奇或强烈的刺激具有不同的属性）。对这种弹出式刺激的检测，首先要求大脑分析每个位置的特征值（如颜色），然后计算空间中每个特征值的稀疏性。灵长类动物的前脑网络执行这些分析功能[66]，并向 OTm 发出弹出式刺激的地理位置信号[67]。研究者曾在猫头鹰视觉搜索实验中使用过弹出式刺激[68]。

2. 中脑刺激选择网络

中脑刺激选择网络（the midbrain stimulus selection network）是指 OT 和与其

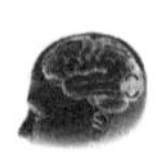

相互连接的峡核组成的结构。其中，OTm 为中脑网络的核心，峡核位于 OT 下方，对 OT 中的刺激竞争有调控作用。

1）OTm 的刺激竞争机制

神经生理学实验表明，刺激选择是一个竞争过程[69-71]，当不受自上而下影响的时候，基于刺激的物理显著性构成竞争，确定下一个最显著刺激。由于 OTm 有助于选择下一个凝视和注意的刺激[72]，也就是说，OTm 可能含有显著性图。

OTm 神经元介导的选择最显著刺激的功能特性称为全局竞争抑制[24]。全局竞争抑制使位于感受野内部的刺激的神经响应被位于感受野外部的第二种更强的竞争刺激所抑制，如图 3-12 所示。

经典线性外周抑制（inhibitory surround）是在一个神经元感受野内给出强度逐渐增加的单一刺激，抑制强度随着刺激的增加和感受野中心距离的增加而降低的现象。与经典的外周抑制相比，刺激在竞争周边（competitive surround）中的效果是不同的，它不随与感受野中心距离的增加而减弱[72]，即在 OTm 中的竞争性抑制是全局的[24]。

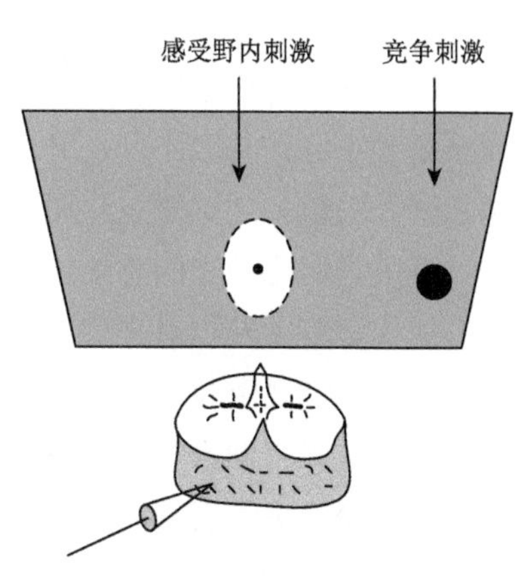

图 3-12　刺激竞争实验

OTm 中全局抑制的特性非常适于计算空间图中刺激的相对显著性。创建显著图的一个关键要求是，需要一种比较空间中多个位置处呈现的刺激表示的方式，OTm 中的全局相互抑制满足这一要求。

生成显著图的另一个关键是，随着刺激的相对强度发生变化，神经元的响应会发生系统变化，从而允许其表示相对强度[56, 72]。Mysore 等[73]研究发现 OTm 在刺激竞争选择中存在两种不同类型的神经元，分别为渐变类（gradual）和开关类（switch-like）神经元，如图 3-13 所示。首先给出感受野内单独的恒定刺激强度 S_{in}，变量为感受野外刺激 S_{out} 的迫近速度，记录感受野内 OTm 的神经元响应。定义使神经元响应改变较大的迫近速度区间为转变范围（transition range），即图 3-13 中灰色箭头中间的范围。当转变范围＜0.4°时，被认为是开关类，当转变范围＞0.4°时，被认为是渐变类。

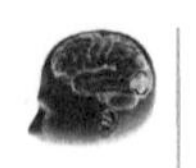

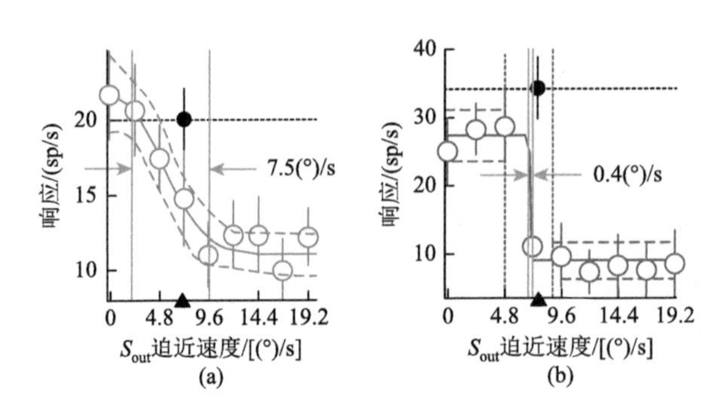

图 3-13　OTm 中渐变类神经元（a）和开关类神经元（b）[73]

渐变类和开关类神经元对竞争刺激的响应在速度、时间进程和刺激辨别能力方面表现出不同的特征，因此它们可能对应于功能不同的 OTm 神经元子集。渐变类神经元响应在编码追近速度的整个范围内，随着竞争刺激的强度 S_{out} 的增大而系统地下降；与之不同，开关类神经元响应的竞争结果在两种刺激相对强度的阈值（开关值）处突然发生变化，增强了最强刺激的表征。

开关类响应独立的感知模态表明 OTm 抛弃了刺激的特性，仅以相对发放率的形式保留有关其相对强度（显著性）的信息[73]，OTm 这一特性符合生成显著图的第二个关键要求。

当存在多个刺激时，代表最高优先级刺激的 OTm 神经元比代表较低优先级刺激的神经元更为活跃，从而在 OTm 空间图上创建最高优先级刺激的明确分类表示。如图 3-14 所示，当位置 1 刺激的物理显著性强于位置 2 的刺激显著性时，位置 1 刺激的神经元集群的响应更强，而位置 2 的神经元集群响应始终较弱。然而，当位置 2 的刺激显著性有小的增量导致位置 2 的刺激显著性大于位置 1，使该模式突然逆转时，位置 2 的神经元集群响应变成持续强健，而位置 1 刺激的神经元集群的响应持续变弱。集群响应的突变是由于许多 OTm 神经元对竞争性刺激的响应发生了类似开关的变化，从而成为更显著的刺激[24]。

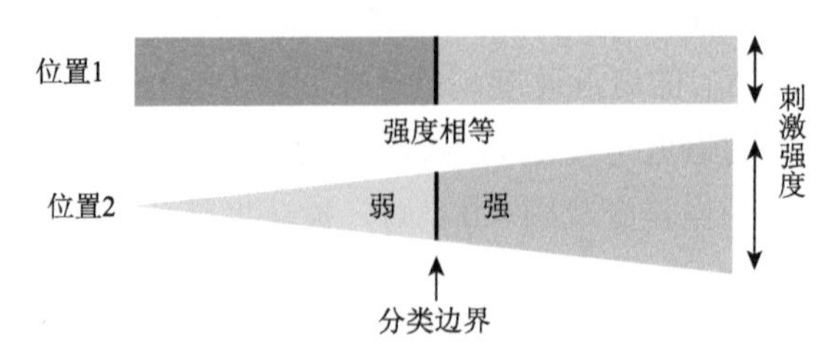

图 3-14　OTm 神经元对刺激的分类[24]

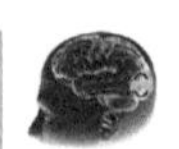

Mysore 和 Knudsen[74]在后续的研究中，去除 OTm 中与理想分类器有绝对相关性的 10%～30%开关类神经元，OTm 神经元集群对刺激的分类效应消失。这表明，OTm 对相对刺激强度进行分类的能力依赖于 OTm 中 20%左右的开关类神经元。

虽然下游解码器必须接收类似开关的输入来实现显式分类，但渐变类神经元的存在说明解码器不是只接收类似开关的输入来实现分类的。所以在刺激竞争的过程中，随着竞争性刺激的相对强度变化，为了分类，一部分神经元必须显示出类似开关的反应，同时，神经元响应发生开关式下降时的值会随着最强刺激强度的变化而系统变化。

开关类响应让人联想到赢者取全（winner-take-all）的过程[73]，但严格来说，OTm 的响应属性并不是赢者取全的过程，因为开关类神经元的响应水平随着感受野刺激绝对强度的变化而变化，而不是固定不变的。因此，开关类神经元的反应继续编码感受野内的刺激强度，即使它是竞争失败的刺激[73]。

尽管 OTm 神经元的响应与赢者取全规则相似却不同，但 OTm 中的显式和灵活的分类与经典的赢者取全计算的三个特性相同：类别内的响应相似；类别间的反应明显不同；类别边界会随着获胜刺激方案的强度而变化。因此，虽然不是赢者取全，OTm 神经元明确灵活的分类仍然成功地实现了最强刺激信号选择的功能[74]。

2）中脑网络中的重要回路

中脑刺激选择网络中包含两个对计算刺激优先级至关重要的回路，它们代表了最高优先级的刺激。首先，包含 GABAergic 神经元的被盖细胞群为 Imc，它从 OT 接收拓扑投射，但在 OT 空间图上反向广泛投射[43, 75, 76]。其次，包含胆碱能神经元的被盖细胞群为 Ipc，它从 OT 接收拓扑投射并从拓扑地投射回 OT 的同一位置[44]。鸟类中，这两个细胞群形成的专门回路分别负责网络中的竞争性刺激选择和放大 OTm 选择信号并对其进行时间模式化[24]。

a. GABA 回路介导的竞争性刺激选择

Imc 回路的结构非常适合产生全局竞争，这在许多脊椎动物物种的 OT 中都可以观察到。介导刺激竞争选择的 Imc 神经元的主要神经递质是具有抑制性的 γ-氨基丁酸（γ-aminobutyric acid，GABA）。由于 Ipc 和 SLu 富含 $GABA_A$ 受体，且 Ipc 和 SLu 神经元的胞体非 $GABA_A$ 免疫反应，所以其 GABA 能最可能来源于广泛投射的 Imc 末端。此外，OTm 第 10～11 层也含有 GABAergic 纤维[43]。

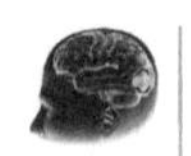

Imc 神经元的功能和结构特性说明了全局竞争抑制的特征。Imc 神经元由 OT 中的第 10b 层 Shc 神经元驱动，通常以异常高的频率放电。其高放电率导致 Imc 神经元释放出一种连续的 GABA 流，这种 GABA 流可以按照竞争性抑制的要求，对其靶神经元产生潜在的抑制作用[24]。

Mysore 和 Knudsen[24, 77]设计实验测量了 Imc 中空间特异性兴奋性突触的阻断对 OTm 中竞争刺激强度响应曲线的影响，如图 3-15 所示。离子型谷氨酸受体抑制剂阻断了 Imc 的传递。使用竞争刺激强度响应曲线量化阻断传输之前、期间和之后的竞争抑制强度。在 Imc 阻断之前和之后，增加竞争性刺激（视觉或听觉）的显著性会导致对 OTm 中响应强烈的开关样（switch-like）抑制，如图 3-15（b）中的黑色曲线。然而，在阻断期间，类似开关的竞争性抑制被消除，如图 3-15（b）中的蓝色曲线。因此，Imc 回路对 OT 中刺激驱动的竞争抑制起作用，且只有当竞争刺激与 Imc 空间图中的位置相对应时，竞争抑制才会消除，当在其他位置时，Imc 阻断对 OTm 的竞争抑制没有作用。

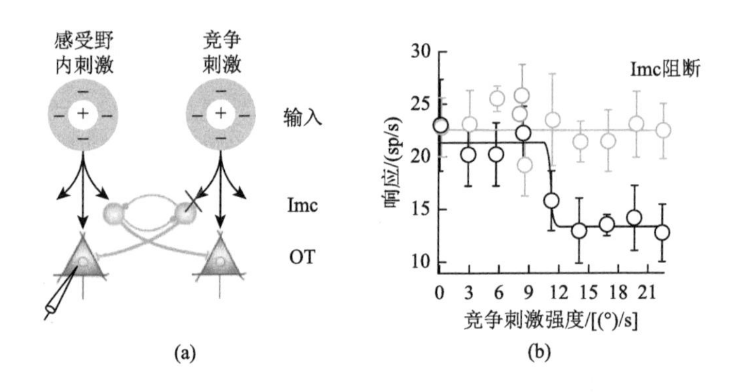

图 3-15 Imc 阻断实验[24]

（a）Imc 回路示意图。Imc 内反馈的全局抑制连接用蓝线表示，显示了离子电流、兴奋性传输阻断（红色×）的位置和 OTm 中的记录位置（电极符号）；（b）阻断（蓝色）和不阻断（黑色）Imc 兴奋性传输与竞争刺激强度的关系。在 Imc 中传播的阻断消除了对 OTm 的竞争抑制，表示灰色：单独对感受野内刺激的响应

Mysore 等进一步证明较少数量的 Imc 神经元（＜OT 第 13 层细胞数的 4%）调控整个 OTm 空间图上的竞争交互。Imc 回路主导的刺激竞争回路的作用是通过在外源性（自下而上的显著性）和内源性信号（自上而下的信号）之间的调节，在 OTm 中呈现刺激优先级的表示。此外，由于类似开关的竞争抑制，Imc 回路在 OTm 中创建了最高优先级刺激的分类表示，该回路对多种竞争刺激强度之间的差异极为敏感。

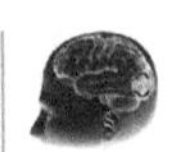

b. 胆碱能回路放大和同步顶盖的响应

Asadollahi 等[78]设计实验对中脑网络中的胆碱能核 Ipc 的响应特性进行了探索。首先给鸟类呈现不同特征的刺激，如刺激的视觉对比度、方向、运动速度和刺激点大小，记录 Ipc 内对应位点的响应。对于每一组特征实验，刺激均在此位点的感受野中心进行。实验结果表明，Ipc 神经元对特定的刺激特征没有选择性，而通过增加内在显著性特征的强度来增强反应，所以它本质上对刺激的对比度和运动的反应比较显著。

在竞争刺激的实验范式下，S_{in} 追近速度不变，在增大 S_{out} 强度的过程中，Ipc 神经元呈现逐渐或突然变小的趋势，即 Ipc 中也存在与 OTm 中相同的渐变类（gradual）和开关类（switch-like）神经元，如图 3-16 所示，且其转换范围的区分与 OTm 中神经元相同（<4°的值定义为开关神经元，>4°的为渐变神经元）。

实验结果表明，开关类神经元响应编码 S_{out} 刺激的强度与感受野内的刺激强度相等，那么增加 S_{in} 的强度应该会导致开关值（switch value）的增加，当 S_{in} 强度由 4(°)/s 变为 8(°)/s 时，开关类神经元响应曲线的转换范围也相应增加，且编码 S_{out} 与 S_{in} 强度相等，如图 3-17 所示。随着竞争刺激 S_{out} 强度的增加，当刺激竞争强度差异较小时，开关类神经元对 S_{out} 变化更敏感，而当 S_{out} 比 S_{in} 大得多时，开关类神经元较渐变类神经元更不敏感[78]。

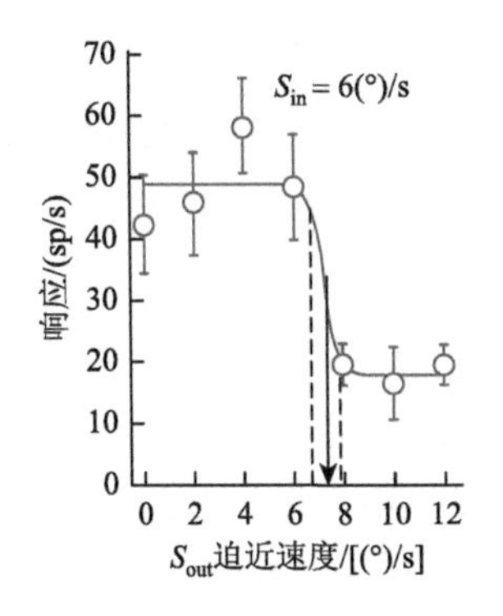

图 3-16 Ipc 中开关类神经元响应[78]

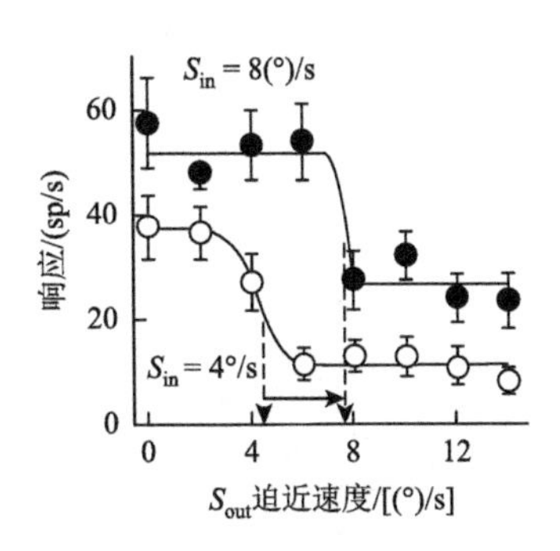

图 3-17 S_{in} 强度与转换值的关系[78]

Ipc 神经元在中脑网络中具有放大响应和驱动刺激活动周期同步的作用。与前文中 OTm 神经元的特征相似，Ipc 神经元是多模态的，并且受到来自 Imc 的强的、开关样的、全局竞争性抑制[77]。Ipc 的失活显著降低 OT 相应部位的刺激驱动反应，

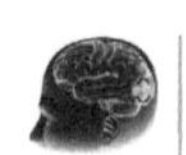

导致投射到 Imc 的 10b 层神经元的兴奋性驱动减弱，进而减少对 Imc 神经元的兴奋性驱动，将竞争平衡从 Ipc 失活位置的刺激转移到有利于非激活位置的刺激。因此，OT 空间图中每个位置的 Ipc 活动水平通过 Imc 回路控制该位置竞争最高优先级位置的能力[24]。

在进行“最高优先级”刺激选择时，Ipc 中的周期性脉冲与 SLu 中的脉冲同步[51]，生成一个分类选择信号，该信号在 OT 空间图中表示“最高优先级”刺激的位置处有差异地增强响应增益，并与 Gamma 周期同步，降低所有其他位置处的响应增益，并通过 Imc 回路产生 Gamma 振荡[24]。

c. 中脑网络中的 Gamma 振荡

Gamma 波是生物体神经振荡的一种模式，频率在 25～140Hz，Gamma 节律与大规模脑网络活动和认知现象（如工作记忆、注意力和知觉分组）有关，并且可以通过神经刺激来增加振幅[79]。

根据诱导产生的条件不同，Galambos 将 Gamma 神经振荡分成三种类型[80, 81]：①自发 Gamma（spontaneous Gamma），大脑许多区域，在没有外界刺激的情况下，自发产生的 Gamma 频率的节律活动。②锁时 Gamma 或诱发 Gamma，由刺激或任务诱导的、与刺激呈锁时关系的 Gamma 节律成分；事件相关电位（event related potential，ERP）的 Gamma 神经振荡就是一种锁时 Gamma。③非锁时 Gamma（induced Gamma）或引发 Gamma，是与刺激或事件呈现非锁时关系的 Gamma 节律。

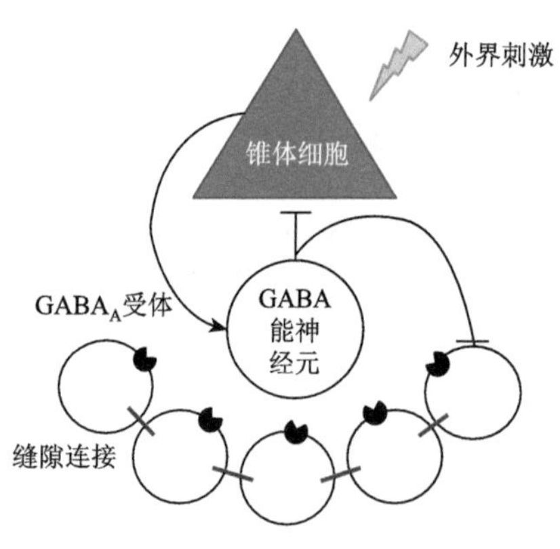

图 3-18　Gamma 振荡产生的细胞机制

Gamma 振荡的产生机制可简要概括为图 3-18。外界刺激或者兴奋性输入，导致锥体细胞兴奋，释放 AMPA 等兴奋性递质，这些递质的作用使得一种能够快速放电，且有小清蛋白表达的篮状细胞（GABA 能神经元）兴奋，这种篮状细胞通过缝隙连接和 GABA 突触形成一个产生 Gamma 节律性的中间神经元网络，并使锥体细胞也受到 Gamma 节律的调节，进而形成新一轮的 Gamma 神经振荡[80]。

局部场电位（local field potential，LFP）是介于单细胞和皮层脑电活动之间的局部多个神经元集群活动，是由单电极或多电极记录的突触后电位的整合，反映的是局部神经元集群整体的高频节律活动，也称为介观的 Gamma 活动[80, 82]。

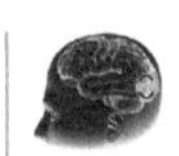

研究表明，OT 在感知刺激下也表现出依赖于刺激的位置和强度的大幅度空间局部 Gamma 振荡。OT 与鸟类选择最显著刺激的过程密切相关，OT 神经元中胞体 Spike 与 Gamma 振荡同步有助于 OT 的信息处理，即通过提供高分辨的同步编码，实现刺激位置的标识。

Sridharan 等[26]在猫头鹰感受野内进行视觉刺激，记录其 OT 内神经元振荡情况。在浅/深层中测量的平均功率谱，绘制为相对于刺激开始的频率和时间的函数，如图 3-19 所示。颜色表示相对于基线的功率（颜色越亮响应越强）。频谱图下的黑色条表示刺激呈现的持续时间。由图 3-19（a）可知，在浅层，刺激使 LFP 在低 Gamma 带（25～90Hz）有爆发［（a）中红色区域］，而在图 3-19（b），深层爆发低频高频均有。

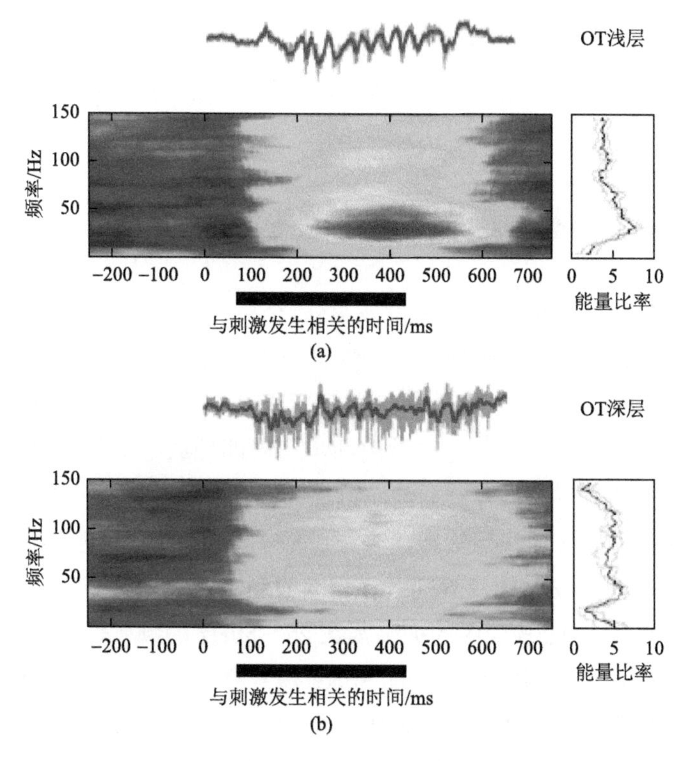

图 3-19　刺激引起的（a）浅层和（b）深层的 Gamma 振荡[26]

在鸟类中，显著刺激位置由 OT 空间图中 LFP 的高功率 Gamma 振荡以及从 OT 到前脑的活动中的 Spike 场的相干性（spike-field coherence，SFC）表示。视觉刺激呈现在记录位点感受野中心，视觉诱导的神经元集群响应 SFC 的平均值如

图 3-20 所示。在浅层中，有 92%位点表现出最高 SFC，在深层中，有 56%位点表现出最高 SFC。

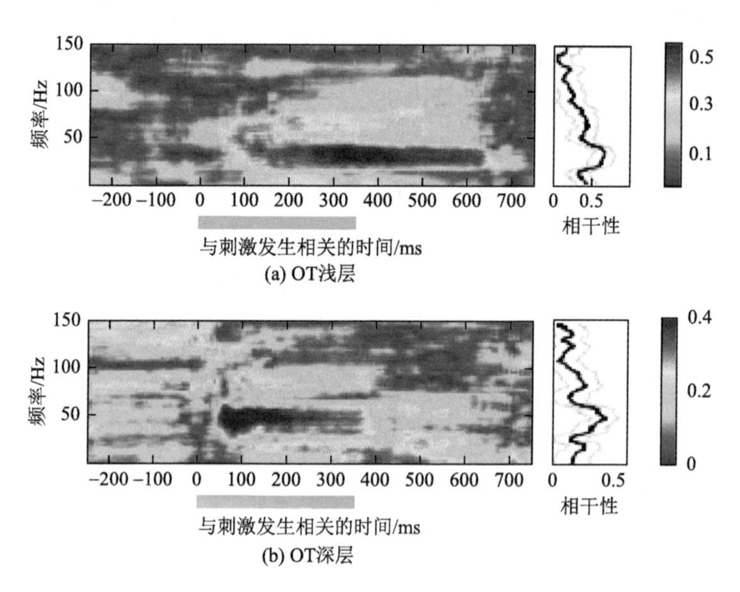

图 3-20 视觉诱导的神经元集群响应 SFC[26]

深层中的 SFC 表明除了 Spike 发放率外，信息还包含在 Spike 同步中。Gamma 振荡是高度局部的，只有当刺激位于感受野中心附近时，Spike 才与振荡同步，包含在同步放电中的信息的空间分辨率明显高于包含在 Spike 感受野中心附近的 Spike 中的信息空间分辨率[26]。这种由同步、周期性放电编码的信息包含显著刺激信息，可以被 OT 下游具有共振滤波特性的神经元和回路选择性地解码[26]。

Sridharan 等[83]对 OT 浅层的振荡来源进行了进一步探索。对生物在体（*in vivo*）与其 OT 离体（*in vitro*）切片分别进行相同的刺激，记录其振荡。结果表明，无论是在体还是离体，OT 浅层中的振荡都在 25～50Hz 的频率范围内表现出最高频谱功率，并且在这个范围内精确地与 Spike 爆发锁相。在体、离体的显著相似性说明，中脑本身包含一个当传入输入时产生 Gamma 振荡的网络。

因为 Ipc 神经元在 OT 浅层的 2～6 层有密集的投射且呈 Gamma 周期爆发，所以 OT 浅层中检测到的 Gamma 振荡很可能是 Ipc 神经元的爆发[74, 83]。相关实验如图 3-21 所示，制作两个不同的切片，一个保留 OT 浅层和 Ipc 神经元的连接，一个切断连接，切断连接后，OT 浅层中的 Gamma 振荡消失，说明在 OT 浅层中的 Gamma 振荡是由 Ipc 输入引起的。

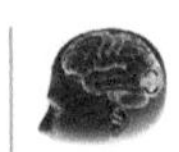

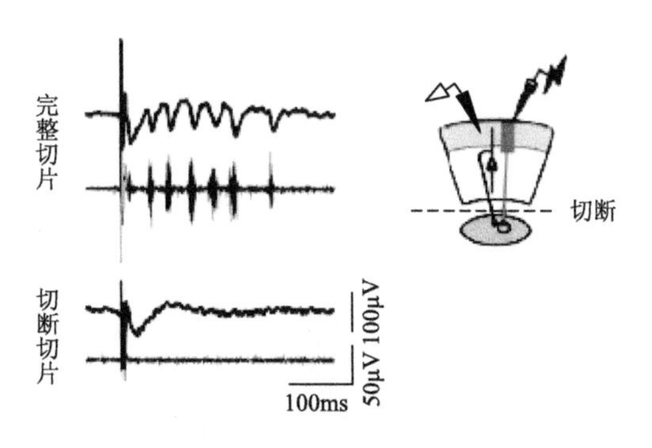

图 3-21 保留和切断 Ipc 和 OT 浅层神经元连接后的 Gamma 振荡[83]

但是，Ipc 本身就是 Gamma 生成器吗？实验测试了 Ipc 神经元是否能在细胞内固有地产生振荡活动。在切片上直接用电微刺激激活了分离的 Ipc，这一操作并没有导致神经元持续放电，表明仅 Ipc 的瞬时激活不足以产生持续的振荡。

由于切片中 Ipc 的唯一剩余输入源是 OTm 中的第 10 层神经元，切断 OT 与 Ipc 的连接并没有影响 OTm 对视网膜刺激的持续 Gamma 振荡，表明 Ipc 神经元响应是由于 OTm 的节律输入而持续不断地爆发。

作为中脑网络中另一重要核团，Imc 的放电性质随后被研究。Mysore 等设计了离体实验，证明与 Ipc 神经元所表现出的爆发性放电相比，Imc 神经元对阶跃去极化表现出高强度、高放电率的响应，说明 Imc 神经元必须接受高发放率输入。由于 Imc 不会自发产生 Gamma 振荡，且 Imc 接收来自 OT 第 10 层 Shc 神经元的输入，因此，Imc 神经元持续的、高的放电率并不是 Imc 神经元发生转化的结果，而是来自 OT 的刺激输入。

综上所述，在 LFP 中以及在第 10 层中各个神经元均观察到持续的 Gamma 节律，说明 OTm 中存在 Gamma 生成回路。OTm 的第 10a 层中聚集了抑制性蛋白阳性神经元，第 10b 层中存在兴奋性的 CaMKII 阳性神经元，第 10b 层中的 Shc 神经元向 Ipc 和其他下游核团投射，Ipc 神经元通过密集的分叉轴突末端将该信号投射给 OT 浅层神经元。这些抑制性和兴奋性神经元的相互作用构成了中脑 Gamma 发生器，实现最显著刺激位置的标识。

与前述同一个 Shc 神经元同时投射到 Imc、Ipc 和 SLu 的解剖学观察不同，不同核团有相异的放电特性。因此，Goddard 等[45]根据他们的研究提出另一种假设：对于空间中的每个位置（紫色阴影），一组微回路接收视网膜拓扑输入并投射到不同的下行目标。如图 3-22 所示，左侧，一个 OT 微回路将传入的输入转换成高发射率输出进入 Imc，它在 OT 和 Ipc 空间图上传播高抑制率。右侧，另一个 OT 微回路将传入的输入转换为周期输入，传递给 Ipc，Ipc 将周期性的活动集中传递到 OT 空间映射中同一个位置[43, 45]。

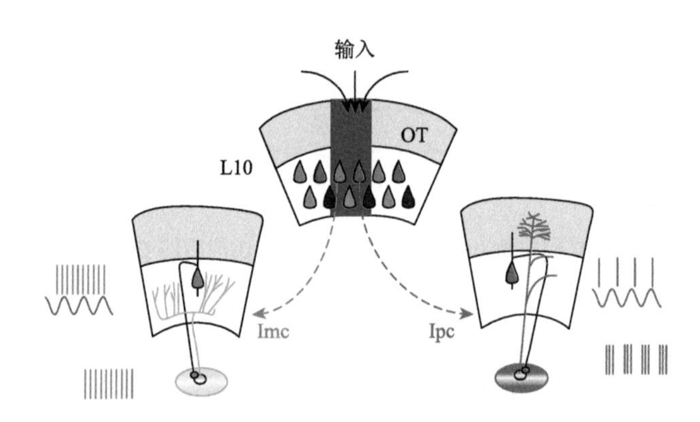

图 3-22　OT 中并行微电路原理图

由 Gamma 振荡的生成原理可知，产生 Gamma 振荡的许多大脑结构共有一个兴奋性和抑制性神经元的循环回路[84]。在这些回路中，兴奋性突触可提供持续的去极化驱动力，而抑制性中间神经元之间的同步激活可提供具有 Gamma 周期性的节律性抑制。胆碱能输入可以调节兴奋性神经元和抑制性神经元，但往往会增加网络的总体兴奋性[85]。那么在药理学上，有哪些因素控制 Gamma 振荡的产生与调整？

Sridharan 等[83]设计实验在体外切片中测试了 GABA、*N*-甲基-D-天冬氨酸（*N*-methyl-D-aspartic acid，NMDA）、乙酰胆碱（acetylcholine，ACh）受体阻滞剂对 OT 中 LFP 振荡频率、振幅和持续时间的影响。

首先加入 GABA 受体（GABA-R）阻滞剂，记录 OT 振荡的变化。Gamma 振荡的持续时间和功率都明显减小，这一结果表明 GABA 对产生 Gamma 周期性至关重要，它们调节振荡频率。其次，加入 NMDA-R 阻滞剂大大缩短了诱导的 Gamma 振荡的持续时间，且在刺激后没有观察到高于基线的 Gamma 功率，因此，NMDA-R 的活性对于在 OT 中持续存在 Gamma 振荡是必要的。最后，加入 ACh-R 阻滞剂，OT 和 Ipc 的振荡持续时间与功率均有部分下降，但频率没有明显变化，因此，ACh-R 调节了振荡器的兴奋性，但并非 OT 中产生或调整振荡所必需的。

Ipc 和 SLu 共同通过许多独立的机制调节 OT 中的响应增益，所有这些机制均涉及 ACh 受体 ACh-R 的激活。ACh-R 通过促进突触前谷氨酸从传入末端释放，来

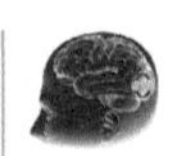

调节 OT 的传入的输入增益[85-87]。由于 Ipc 神经元在视网膜受体层中形成其最密集的突触末梢区[44]，因此它们可调节视网膜传入输入的增益。

综上，在鸟类中脑网络中，NMDA-R 使 Gamma 振荡持续存在，离子型 GABA-R 调节其周期性，而 ACh-R 调节总体兴奋性。

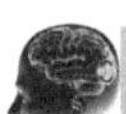

3.3.3　前脑介导的自上而下最高优先级选择

研究者在猴子前脑的注视控制区施加微电刺激脉冲，前额眼动区（frontal eye field，FEF）使猴子的眼球在方向和幅度上的运动高度一致，定义为 FEF 部位的运动区[88, 89]。当 FEF 部位受到远低于诱导眼球运动所需电流的刺激时，猴子对刺激部位运动区内的刺激行为敏感性增加，即对 FEF 的微刺激会引发一种内源性信号，将空间注意力转移到 FEF 刺激位点编码的位置[78, 90]。前脑的这种下行活动对中脑选择网络中进行的全局竞争产生偏置，下行活动使位于前脑信号对应位置的刺激具有竞争优势[91]。

利用注视控制（gaze control）和空间注意（spatial attention）之间的紧密联系[90]，Winkowski 和 Knudsen[91]使用相似的实验方法，对鸟类感觉响应的自上而下的调制进行了研究。在鸟类中，前脑注视控制野（arcopallial gaze field，AGF）与哺乳动物 FEF 同源，其中神经元投射到 OTm，是 OTm 运动神经前指令和空间工作记忆信息的来源[24, 91]。

1. AGF 刺激对 OTm 神经元响应的影响[91]

通过电刺激猫头鹰的 AGF，测量 OTm 中竞争刺激位点的响应，证明了前脑对中脑竞争选择的影响。实验中分别调整视觉刺激的方位角和仰角，在有或无 AGF 电刺激的情况下，收集 OT 处神经响应，实验结果如图 3-23 所示。图中实心、空心圆分别为加入、未加入 AGF 电刺激时，视觉刺激使 OT 的归一化响应。在神经元响应中，对齐可定义为具有与 AGF 电刺激位点上的感受野相一致的 OT 神经元。在一对对齐的 AGF-OT 位点中，自上而下的 AGF 电刺激使 OT 神经发放率较无电刺激时明显升高。

上述结论基于一对实验 AGF-OT 位点的投射是对齐的。然而，一对不对齐的位点，电刺激的存在倾向于抑制 OT 响应，如图 3-24 所示，即 AGF 电刺激（电流低于引起视线转移所需的电流）会增加 OTm 空间图中对齐的感知响应，所有其他位置的 OTm 中的感知响应都被这种自上而下的信号所抑制。

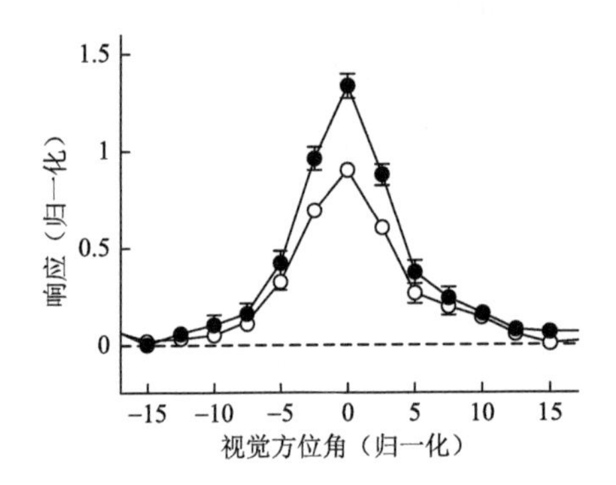

图 3-23　位点对齐的电刺激与刺激结合显著增强 OT 响应[91]

实心、空心圆曲线分别表示加入、未加入 AGF 电刺激

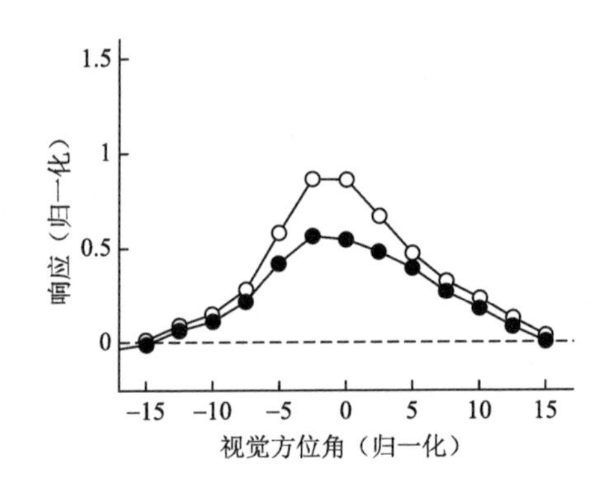

图 3-24　AGF-OT 为非对齐时抑制 OT 响应[91]

实心、空心圆曲线分别表示加入、未加入 AGF 电刺激

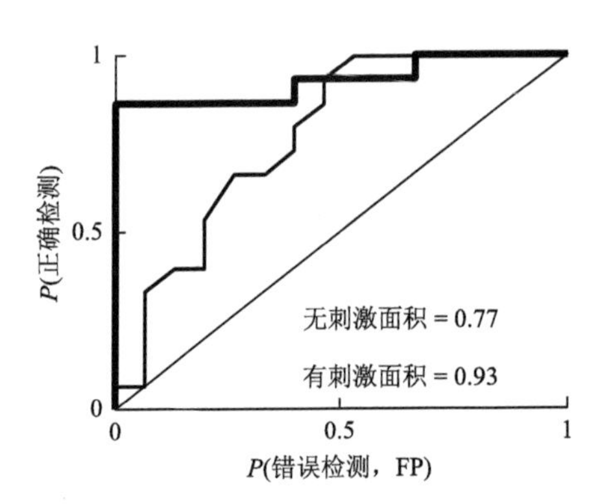

图 3-25　AGF 电刺激对 OT 位点对刺激的识别能力的影响[91]

AGF 电刺激同时提高了 OT 位点对刺激的识别能力。识别能力被量化为靠近感受野中心的刺激的 OT 响应分布的最大值与产生大约一半最大响应值的刺激的 OT 响应分布被正确检测的概率。使用 ROC 曲线分析来确定 AGF 电刺激是否对 OT 感受野内的感知刺激的可辨别性有影响，结果如图 3-25 所示，粗线为有 AGF 电刺激，细线为无 AGF 电刺激时的识别情况，在使用曲线下面积（area under curve，AUC）测评检测结果好坏时，AGF 电刺激显著提高了 OT 位点对视觉刺激的识别正确率。

2. AGF 刺激对中脑刺激竞争的影响[24, 92]

前脑的下行活动引起的竞争偏置改变了前脑指定位置刺激的分类边界，如图 3-26 所示，给定一个位于位置 1 的感受野内刺激，位置 2 处为竞争刺激，在 OTm 中记录响应，在位置 1 对应的前脑区域施加信号，使本应在两个位置等强度时出现的分类边界后移。

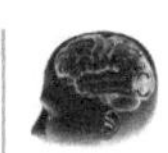

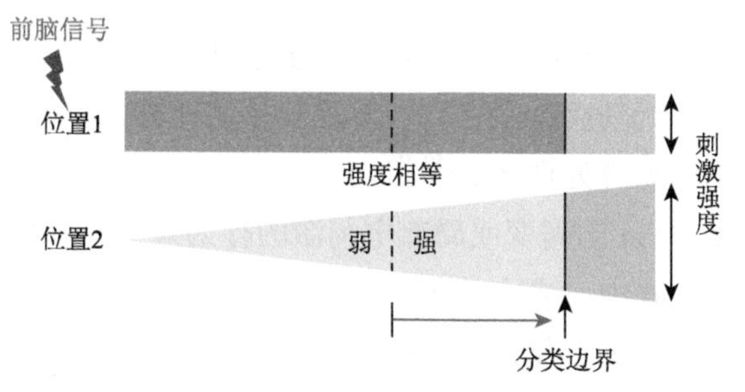

图 3-26　前脑信号改变了指定位置的刺激分类边界[24]

对于位于前脑信号位置的刺激，即使与竞争性刺激相比，其为较不显著的感受野内刺激，但仍然可以驱动 OTm 中稳健的响应，即竞争函数曲线向右移动，如图 3-27 所示，黑色曲线为没有电刺激时的 OTm 响应，红色曲线为对位于位置 1 的 AGF 施加电刺激时的响应曲线。同时，在 OTm 空间图中所有其他位置的表征中，即使这些位置的刺激远比前脑特定位置的刺激更为显著，反应也会受到抑制。前脑的下行活动引起的刺激的分类边界的改变说明，下行前脑信号将原本基于刺激物理显著性的 OTm 中的竞争转化为基于刺激优先级的竞争。

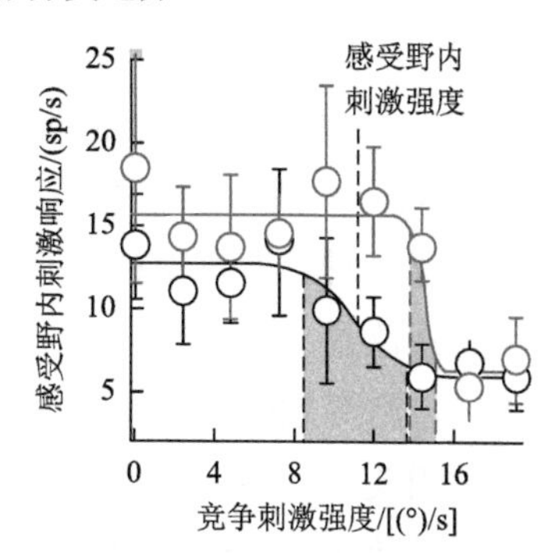

图 3-27　前脑信号对感受野内刺激响应的改变

红色/黑色曲线分别表示加入/未加入前脑信号

虽然下行的前脑信号改变了 OT 中竞争的平衡，但它实际上并没有指定最优先的刺激。如果一个竞争性刺激足够显著，即使对前脑指定的位置也能有力地抑制，它也将赢得竞争，即图 3-27 红色曲线的右边缘。这一特征与我们的日常经验一致，即一个足够突出的刺激可以覆盖自愿的（自上而下的）刺激选择[93, 94]。

此外，当在前脑信号位置有刺激时，OTm 空间图中竞争刺激的显著性逐渐增强，从而导致从强到弱的反应，而前脑的下行活动也随之增强，使最高优先级刺激和其他刺激之间的类别边界更清晰（如图 3-27 红色与灰色阴影区域的比较），从而提高了下游线性解码器的类别识别精度[24]。

3. 最高优先级刺激的传递

鸟类中，OT 浅层输出投射到脑干和丘脑中参与视觉处理的区域，包括调节视网膜反应的峡视核（isthmo-optic nucleus）和主视核（principal optic nucleus，OPT），即与哺乳动物的外侧膝状体同源，后者驱动视觉背皮层或亢皮质（哺乳动物称为初级视觉皮层）的响应[62, 95]。

OTm 的输出包括两个主要途径：①下行到脑干和脊髓中运动前核的通路，产生定向、进食或防御运动；②上行到前脑丘脑核的通路，将输入发送到涉及感知分析和注意力控制的高阶处理区域[59, 96]。

研究通过造成 OTm 的病变或局部电刺激的行为效应来探索下行通路的功能。在所有类别的脊椎动物中，结果高度一致：OTm 的损伤导致对离散刺激的快速定向反应丧失[59, 62, 96]。相反，施加于 OTm 的电刺激会引起快速、短时延的朝向运动或防御运动[59, 97]。随着电刺激电流强度的增加，诱发的运动逐渐涉及更多的动物肢体：耳朵、眼睛、头部，最后是整个身体[59]。这种随着电流强度的变化意味着 OTm 中神经激活的数量与刺激的绝对重要性相关。

OTm 中的特定位置是引发朝向运动还是防御运动，取决于被激活的空间图中的位置。对于所有物种，空间图的某些部分通常代表与食物或其他感兴趣的物品相关的位置（如视野中心附近的位置），会引起朝着受刺激位置的快速朝向运动。另外，将等效强度的电刺激应用于侧面或上方位置的部分，通常与意外的威胁性刺激相关联，会引起快速的防御运动[24]。

目前对 OTm 到前脑的上行通路的功能研究较少。OTm 中的神经元双向投射到高阶丘脑核（鸟类的圆核、哺乳动物的髓核）中的神经元[59, 62, 96]。这些丘脑核反过来输入到各种高阶前脑区域（鸟类的外纹体）[25, 98]，这些高阶结构是前脑和中脑信息融合的场所。

OT 的损伤对感知和认知功能的影响程度在非灵长类中较大，而在灵长类中则很小[12, 99]，这种明显的跨物种差异使一些人得出这样的结论：视觉特征处理是由低等物种的 OT 完成的，而灵长类动物的新皮层已经接管了这一功能。根据这种解释，OT 负责选择最高优先级的刺激，并将该刺激的位置发送到进行参数特征分析的前脑。上行的 OT 信号使特征信息能够进入前脑决策回路，这是注意力的基本机制。因此，OTm 传递到高阶前脑区域信号的功能使动物能够在混乱的环境中注意到特定的刺激[24]。

3.4 其他机制

SGC 神经元是 OT 中的接收视网膜神经节细胞信息输入和将顶盖及核团进行信息处理的结果进行输出的神经元。该神经元具有非常大的感受野，接受顶盖-峡核构成的中脑网络的显著性表征结果的调制（3.2.1 节和 3.2.3 节），对运动的小目标敏感，是 OT 中极其重要同时非常有特色的一类神经元。但是目前对该类神

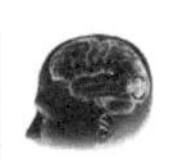

经元进行信息处理的机制还不是非常清晰，这里对其已发现的一些运动目标检测机制进行介绍。

3.4.1　SGC 神经元的运动检测机制

运动敏感细胞在整个视网膜-顶盖-圆核通路中都保持非常高的空间分辨率，在圆核中的运动细胞以及在 SGC 中的运动神经元对其感受野中极小点的运动有反应[34]。考虑到 SGC 神经元树状树突的综合特性，有推测称运动敏感性是在 OT 生成的[28, 34]。

Luksch 等[52]对 SGC 中运动敏感神经元的性质进行了研究。在雏鸡体外的大脑切片中，于顶盖第 3 层放置了一个刺激电极，用于刺激 RGC 轴突输入，并在顶盖第 13 层 SGC 神经元胞体处放置记录电极。实验表明，当 RGC 输入刺激时，SGC-I 神经元对突触刺激的反应是急发兴奋性突触后电位（excitatory postsynaptic potential，EPSP）或爆发，当胞体超极化时，I 型神经元对突触刺激的尖锐性反应持续存在，而 SGC-II 神经元对突触刺激的反应是缓慢而持久的 EPSP，如图 3-28 所示。

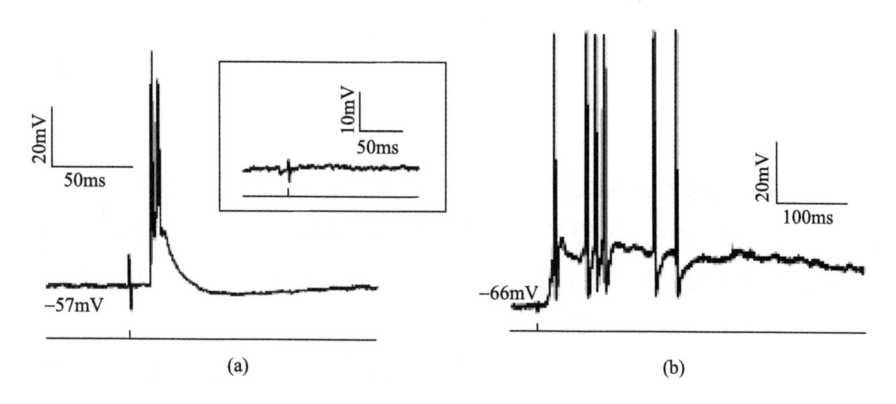

图 3-28　SGC-I 型（a）和 II 型（b）神经元对输入刺激的响应[52]

SGC 神经元有较大的感受野（20°～40°），它们对极小的、高速的运动刺激有反应。大的感受野和对小的、移动的刺激的反应能力表明单个小 RGC 的输入足以激活 SGC 神经元；而瓶刷树突末梢之间的宽间隙所导致的小的、不连续的感受野二者共同形成运动检测的生理学基础[28]。

在一个小的移动光点的作用下，鸽子的顶盖深层神经元可以观察到高频脉冲，且爆发频率随刺激速度线性增加，感受野对持续移动的光点产生可重复的不连续响应[52, 100]。结合对突触刺激尖锐的 EPSP/爆发响应的观察，可给出如下假设：一个移动的光点依次激活树突末端，每个树突末端接收来自一个小的感受野范围的输入，激活后，树突末端产生一个爆发，长长的树突将爆发从树突末端传递到胞体，使胞体对一个移动的光点有一系列的爆发响应。

由于每个树突末端都对应一个 RGC 感受野范围，其半径估计为 0.5°[34]，因此 SGC-I 型神经元平均 160 个树突末梢的填充面积不到单个直径为 40°的 SGC-I 感受野面积的 10%。为什么 SGC-I 神经元有如此广泛和稀疏分布的树突场呢[100]？

Mahani 等[33]为了研究树突末端的空间密度在检测时空刺激变化中的作用，构建了视网膜输入和 SGC-I 神经元的简化模型，如图 3-29 所示。由于每个模型细胞的 160 个树突末梢数量恒定，细胞的树突末梢的最大空间密度随着感受野直径的增加而减小。

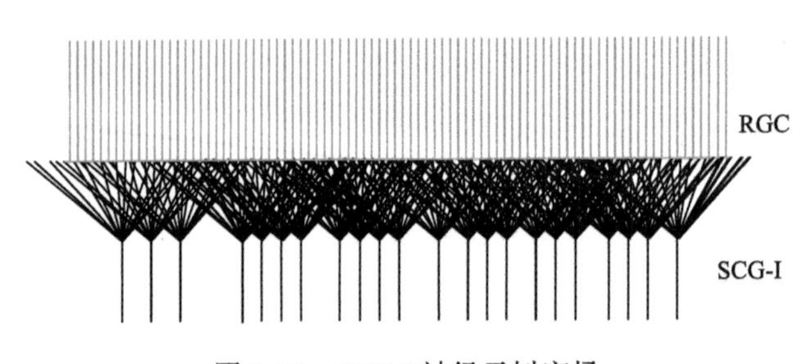

图 3-29　SGC-I 神经元树突场

利用上述简化模型对 SGC-I 神经元进行静态和移动的光棍刺激分类任务。实验表明，对于一个 SGC-I 神经元，随着树突末端的最大空间密度的增加，对静态和运动刺激的分类性能降低。所以，SGC-I 稀疏采样增强了对变化目标的敏感性，同时在其集群响应中保留了刺激位置信息[33]。

顶盖 SGC 神经元向丘脑圆核投射[28, 31]，圆核神经元根据 SGC 集群响应计算运动方向[101, 102]。研究发现，圆核中的每个位点都接收来自整个视野的输入，相邻的两个位点接收来自两个交叉 SGC 神经元集群的输入。

这些解剖学上的发现提出了这样一个问题：OT 和圆核之间的拓扑交错映射对运动方向估计的影响如何？

为解决上述问题，Mahani 等[33]提出可将 SGC-I 神经元分成几个子集，每个子集具有两个属性：①它们都具有相同的采样距离；②每个 SGC-I 细胞仅由一个子集采样。然后提出了一种顶盖-圆核的 2-阶段结构，如图 3-30 所示。

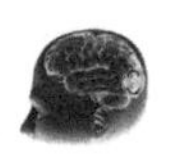

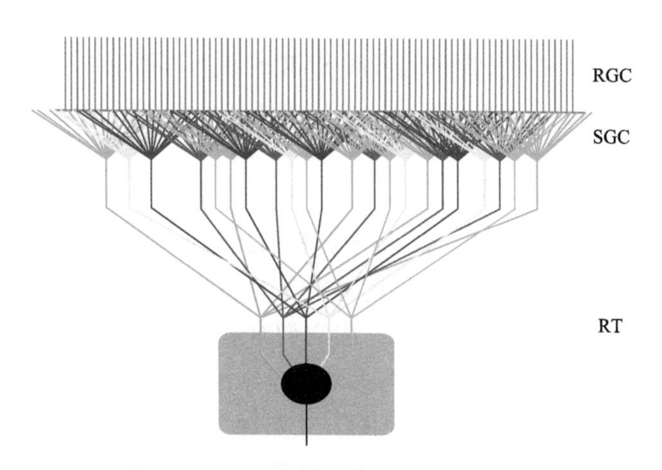

图 3-30　顶盖-圆核的 2-阶段结构

SGC-I 神经元子集投射到中间的圆核位点，而这些位点又汇聚在圆突的输出神经元上。图 3-31 为 SGC-I 层和中间圆核层之间的连通简图，在生理上，中间圆核位点可以是中间神经元或树突分支，使整个 SGC-I 集群投射到较小的圆核中间位点集群。

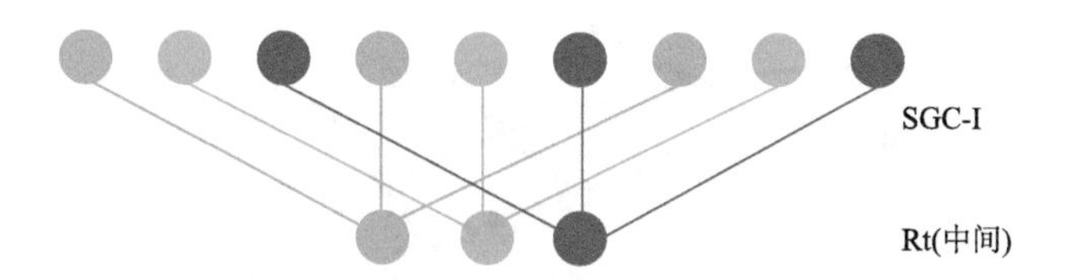

图 3-31　SGC-I 层和中间圆核层之间的连通简图

在 2-阶段结构上的运动方向估计算法称为先求和后估计（sum then estimate）。其中，中间圆核位点仅将其输入求和，然后突触后圆核输出神经元进行运动估计。如果采样距离足够大且几乎恒定，则在此算法中可以保存目标相对但不是绝对的位置信息，即中间圆核位点的数量表示相对位置的压缩图。假定基于圆核神经元的运动感知算法随后应用于这组中间圆核位点，其输出是其正在采样的所有 SGC-I 活动的总和。使用向量法以循环方式处理中间圆核位点的总体，可估计相对位置。然后将线性回归作为时间的函数应用于相对位置估计，以估计刺激速度，重复试验可产生速度估计值的分布[33]。

运动方向估计性能的度量方法是信噪比（signal-noise ratio，SNR），它定义为速度估计值分布的均值与分布的标准偏差的比率。实验表明，从感受野直径的一半开始，SNR 随采样距离的增加而增加（即顶盖-圆核的投射越来越稀疏）。此外，当采样距离等于 SGC-I 感受野的直径时 SNR 饱和，与稀疏的顶盖-圆核投射的解剖学证据一致[33]。

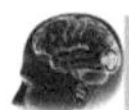 3.4.2 SGC 独立于定义运动目标的各种提示信息的运动感知

动物具有不依赖于定义运动目标的各种形式信息（如颜色、纹理和尺寸等）去感知运动的能力。鸟类顶盖深层的神经元对小的运动物体的反应在很大程度上独立于上述物体定义的形式提示，但它们对静止的刺激没有响应。鸟类顶盖深层中央灰质层 SGC-I 细胞的形态学和生理学结构特别适合于这种时空信息的处理[28, 52]。SGC-I 神经元与视网膜只相隔一个突触，可以清楚地表现出形式提示不变性的运动敏感性。意味着形式提示不变性的运动敏感性可能是由细胞调制完成的，而非网络调制。

为了研究视网膜神经节细胞 RGC 轴突向 SGC-I 胞体的信号传递，2004 年 Luksch 设计了三种刺激模式，用刺激电极分别刺激顶盖不同层的神经元（图 3-32），并记录了 SGC-I 胞体的响应[103]。具体方法和结果如下：

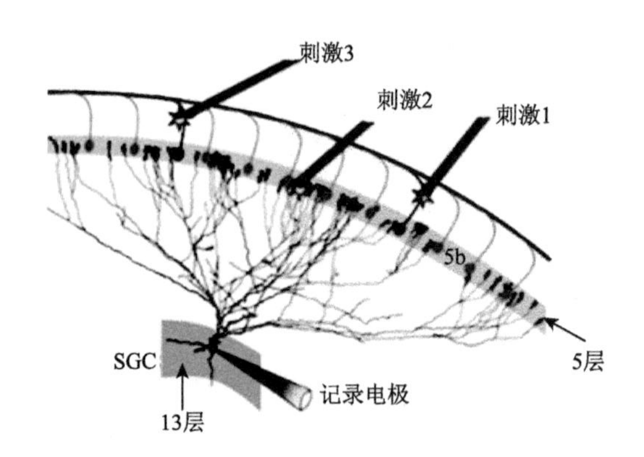

图 3-32 三种刺激模式示意图[103]

刺激 1：RGC 轴突附近的单位点连续规则的直接电刺激。

使用短电流脉冲局部刺激一小群 RGC 轴突，刺激电极在顶盖 2～4 层，记录电极位于顶盖 13 层。单位点的脉冲刺激会使 SGC 胞体产生 1～3 个动作电位。然后进行单位点规则脉冲突触刺激实验，脉冲刺激时间间隔为 15ms。神经元对每一个刺激脉冲的快速响应都是概率性的。神经元对脉冲 1 的响应概率接近 1，但是从脉冲 1 到脉冲 2，响应概率显著下降，而对于脉冲 2～10，响应概率基本保持不变。由此可见，响应概率在第二刺激脉冲之后达到稳定状态。该刺激间隔的平均

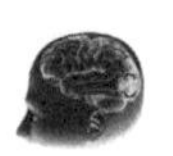

稳态响应概率呈指数时间依赖性，形式为$P(\Delta t)=P_{\max}(1-e^{-\Delta t/t_0})$，$\Delta t$为时间间隔，两个拟合参数$P_{\max}=0.87$，$t_0=2025\text{ms}$。实验结果表明 RGC-SGC 胞体的信号传播是按照刺激间隔分相位传递的，刺激时间间隔越长，响应概率越大，当刺激间隔达到6000ms时，响应概率达到0.8。

刺激 2：SGC 树突的连续规则的单位点成对电刺激。

这种分相的响应属性可能源于突触，也可能源于 SGC 的树突到胞体的通路。为了确定分相信号传递发生的位点，直接在第 5 层刺激 SGC 树突的顶端，绕过了RGC 突触与 SGC-I 细胞树突的连接，这种对树突顶端的直接电刺激产生了一种与突触刺激反应基本相同但潜伏期较短的快速响应。对树突末端进行了一个位点的成对脉冲直接电刺激，并测量了不同刺激间隔下第二个脉冲的 SGC-I 响应概率。响应概率为：$P_{\text{direct}}(\Delta t)=P_{\max 2}(1-e^{(t_1-\Delta t)/t_2})$。式中，$\Delta t$为刺激间隔，拟合参数为$P_{\max 2}=1.0$，$t_1=4\text{ms}$，$t_2=12\text{ms}$。时间偏移常数为$t_1$和指数时间常数$t_2$之和，即$\tau_{\text{direct}}=t_1+t_2=16\text{ms}$。结果显示，SGC-I 细胞内信号的传递的时间尺度比视网膜-顶盖轴突上的信号传递要快上两个数量级。因此，分相的信号传递源于视网膜-顶盖突触的连接。

刺激 3：RGC 轴突附近的双位点成对交替直接电刺激。

为了研究细胞对时空突触输入的反应并测试相互作用的潜在距离依赖性，将两个刺激电极分别放置在相距 250～1500μm 的顶盖 2～4 层，从而刺激两组不同的 RGC 轴突。因为树突末端的空间分布稀疏，对于一个 SGC-I 神经元，每组受刺激的 RGC 轴突通常只激活 SGC-I 神经元的一个树突末端。记录了一个SGC-I 细胞，它接受两组轴突的输入，并以不同刺激间隔的时间序列刺激两个部位，在一个刺激间隔内测量到的对第二刺激脉冲的反应概率显示，两个部位的突触没有统计上显著的距离依赖性刺激。逆转刺激部位的顺序对反应没有影响。因此，汇集了来自不同距离的双位点突触刺激的数据，以得出每个刺激间隔对第二脉冲的平均响应概率。得出每个刺激间隔对第二脉冲的平均响应概率：$P_{2\text{-site}}(\Delta t)=P_{\max 3}(1-e^{(t_3-\Delta t)/t_4})$，其中，$\Delta t$为刺激间隔，拟合参数为$P_{\max 3}=1.0$，$t_3=16\text{ms}$，$t_4=14\text{ms}$。将时间偏移常数$t_3$和指数时间常数$t_4$之和称为相互作用时间，$\tau=t_3+t_4=30\text{ms}$。虽然后两种刺激情况下的指数时间常数相似，但直接刺激一个部位的时间偏移，$t_1=4\text{ms}$，连续刺激两个部位的时间偏移$t_3=16\text{ms}$似乎有所不同。

基于以上三种结果，发现 SGC-I 细胞具有两种非线性响应属性，即视网膜-树突终端突触连接具有大时间尺度的分相信息传递机制，SGC-I 细胞多突触信息传递具有互斥机制，利用这两种机制进行建模，解释了 SGC-I 细胞对于运动目标感知的机理。验证了此类细胞对同一位置的刺激不敏感，不应期较长，但是对不同位置的刺激很敏感，适于运动刺激的处理。

3.5 总　　结

鸟类在大场景和复杂背景下具有比哺乳类动物更加敏锐的视觉感知能力，这与它们视觉系统的工作机理与信息处理机制密切相关。鸟类具有三条视觉通路，它们协同工作完成环境中刺激优先级的评估，其中离顶盖通路是鸟类视觉信息处理的主要神经通路。OT 作为离顶盖通路中的关键结构，接收视网膜稀疏的、包含精确刺激位置信息的下行投射，并将视觉信息以交错投射的方式传递给丘脑圆核的不同子区。在上述过程中，OT 及其下方峡核所组成的中脑网络对传入信息进行最高优先级的计算，并将信号传递到视网膜-OT-圆核通路中，为离顶盖通路的信息传递提供了保持空间相关性的最高优先级信息。鸟类的视觉系统具有出色的显著注意机制，其自下而上的刺激竞争机制由中脑网络中两个对计算刺激优先级至关重要的回路共同作用来实现，其中 GABA 回路具有抑制性，介导竞争性刺激选择，胆碱能回路放大和同步顶盖的响应，两个回路共同作用，在 OT 空间图中表示出最高优先级刺激的位置。在选择最显著刺激的过程中，前脑下行信号对 OT 空间图中的刺激优先级产生偏置，实现自上而下驱动因素对显著注意的调节。自上而下和自下而上的相互作用，共同构成了鸟类卓越的视觉显著注意机制。此外，鸟类 OT 中的 SGC 神经元具有与运动目标相关的其他机制，具有重要的研究价值。解析鸟类视觉系统的工作机理与信息处理机制，对加深人们对生物视觉系统的理解具有重要作用，为类脑计算科学的研究奠定了基础。

参考文献

[1] Güntürkün O，Hahmann U. Functional subdivisions of the ascending visual pathways in the pigeon[J]. Behavioural Brain Research，1999，98（2）：193-201.

[2] Bagnoli P，Grassi S，Magni F. A direct connection between visual Wulst and Tectum opticum in the pigeon（*Columba livia*）demonstrated by horseradish peroxidase[J]. Archives Italiennes de Biologie，1980，118（1）：72-88.

[3] 沈端文. 爬行类，鸟类离顶盖通路和离丘脑通路的比较[J]. 广西师范大学学报（自然科学版），1993，11（3）：75-81.

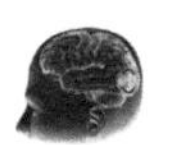

[4] Wylie D R W，Gutierrez-Ibanez C，Pakan J M P，et al. The optic tectum of birds：Mapping our way to understanding visual processing[J]. Revue Canadienne de Psychologie Expérimentale，2009，63（4）：328-338.

[5] Güntürkün O. Hemispheric asymmetry in the visual system of birds//Hugdahl K，Davidson R J.The Asymmetrical Brain[M]. Cambridge：MIT Press，2003.

[6] Jarvis E D，Güntürkün O，Bruce L L，et al. Avian brains and a new understanding of vertebrate brain evolution[J]. Nature Reviews Neuroscience，2005，6（2）：151-159.

[7] Remy M，Güntürkün O. Retinal afferents to the tectum opticum and the nucleus opticus principalis thalami in the pigeon[J]. The Journal of Comparative Neurology，1991，305（1）：57-70.

[8] Vallortigara G，Cozzutti C，Tommasi L，et al. How birds use their eyes：Opposite left-right specialization for the lateral and frontal visual hemifield in the domestic chick[J]. Current Biology，2001，11（1）：29-33.

[9] Karten H J，Hodos W，Nauta W J H，et al. Neural connections of the "Visual Wulst" of the avian telencephalon experimental studies in the pigeon（*Columba livia*）and owl（*Speotytocunicularia*）[J]. The Journal of Comparative Neurology，1973，150（3）：253-277.

[10] Miceli D，Reperant J，Villalobos J，et al. Extratelencephalic projections of the avian visual Wulst：A quantitative autoradiographic study in the pigeon Columbia livia[J]. Journal für Hirnforschung，1987，28（1）：45-57.

[11] Husband S，Shimizu T. Efferent projections of the ectostriatum in the pigeon（*Columba livia*）[J]. The Journal of Comparative Neurology，1999，406（3）：329-345.

[12] Karten H J，Hodos W. Telencephalic projections of the nucleus rotundus in the pigeon（*Columba livia*）[J]. The Journal of Comparative Neurology，1970，140（1）：35-51.

[13] Shimizu T，Cox K，Karten H J，et al. Intratelencephalic projections of the visual wulst in pigeons（*Columba livia*）[J]. The Journal of Comparative Neurology，1995，359（4）：551-572.

[14] Watanabe M，Ito H，Ikushima M. Cytoarchitecture and ultrastructure of the avian ectostriatum：Afferent terminals from the dorsal telencephalon and some nuclei in the thalamus[J]. The Journal of Comparative Neurology，1985，236（2）：241-257.

[15] Frost B J，Wylie D R，Wang Y C，et al. The processing of object and self-motion in the tectofugal and accessory optic pathways of birds[J]. Vision Research，1990，30（11）：1677-1688.

[16] Wylie D R，Glover R G，Aitchison J D，et al. Optic flow input to the hippocampal formation from the accessory optic system[J]. The Journal of Neuroscience，1999，19（13）：5514-5527.

[17] Wylie D R，Glover R G，Lau K L，et al. Projections from the accessory optic system and pretectum to the dorsolateral thalamus in the pigeon（*Columbia livia*）：A study using both anterograde and retrograde tracers[J]. The Journal of Comparative Neurology，1998，391（4）：456-469.

[18] Wylie D R，Frost B J. The visual response properties of neurons in the nucleus of the basal optic root of the pigeon：A quantitative analysis[J]. Experimental Brain Research，1990，82（2）：327-336.

[19] Frost B J，Wylie D R. A common frame of reference for the analysis of optic flow and vestibular information[J]. International Review of Neurobiology，2000，44：121-140.

[20] Wang Y，Gu Y，Wang S，et al. Modulatory effects of the nucleus of the basal optic root on rotundal neurons in pigeons[J]. Brain Behavior and Evolution，2000，56（5）：287-292.

[21] Diekamp B，Hellmann B，Troje N F，et al. Electrophysiological and anatomical evidence for a direct projection from the nucleus of the basal optic root to the nucleus rotundus in pigeons[J]. Neuroscience Letters，2001，305（2）：103-106.

[22] Wylie D R，Bischof W F，Frost B J，et al. Common reference frame for neural coding of translational and rotational optic flow[J]. Nature，1998，392（6673）：278-282.

[23] Cowan W M，Adamson L，Powell T. An experimental study of the avian visual system[J]. Journal of Anatomy，1961，95（Pt 4）：545-563.

[24] Knudsen E I，Schwarz J S. The optic tectum：A structure evolved for stimulus selection[J]. Evolution of Nervous Systems，2017，1：387-408.

[25] Knudsen E I. Control from below：The role of a midbrain network in spatial attention[J]. European Journal of Neuroscience，2011，33（11）：1961-1972.

[26] Sridharan D，Boahen K，Knudsen E I. Space coding by gamma oscillations in the barn owl optic tectum[J]. Journal of Neurophysiology，2011，105（5）：2005-2017.

[27] Hunt S P，Webster K E. The projection of the retina upon the optic tectum of the pigeon[J]. The Journal of Comparative Neurology，1975，162（4）：433-445.

[28] Luksch H，Cox K，Karten H J. Bottlebrush dendritic endings and large dendritic fields：Motion-detecting neurons in the tectofugal pathway[J]. The Journal of Comparative Neurology，1998，396（3）：399-414.

[29] Benowitz L I，Karten H J. Organization of the tectofugal visual pathway in the pigeon：A retrograde transport study[J]. The Journal of Comparative Neurology，1976，167（4）：503-520.

[30] Wang Y C，Jiang S，Frost B J. Visual processing in pigeon nucleus rotundus：Luminance，color，motion，and looming subdivisions[J]. Visual Neuroscience，1993，10（1）：21.

[31] Karten H J，Revzin A M. The afferent connections of the nucleus rotundus in the pigeon[J]. Brain Research，1966，2（4）：368-377.

[32] Shimizu T，Karten H J. The avian visual system and the evolution of the neocortex//Vision Brain & Behavior in Birds[M]. Cambridge：MIT Press，1993.

[33] Mahani A S，Khanbabaie R，Luksch H，et al. Sparse spatial sampling for the computation of motion in multiple stages[J]. Biological Cybernetics，2006，94（4）：276-287.

[34] Marín G，Letelier J C，Henny P，et al. Spatial organization of the pigeon tectorotundal pathway：An interdigitating topographic arrangement[J]. The Journal of Comparative Neurology，2003，458：361-380.

[35] Karten H J，Cox K，Mpodozis J. Two distinct populations of tectal neurons have unique connections within the retinotectorotundal pathway of the pigeon（*Columba livia*）[J]. Journal of Comparative Neurology，1997，387（3）：449-465.

[36] Gruberg E，Dudkin E，Wang Y，et al. Influencing and interpreting visual input：The role of a visual feedback system[J]. Journal of Neuroscience，2006，26（41）：10368-10371.

[37] Luiten P G M. 1981. Afferent and efferent connections of the optic tectum in the carp（*Cyprinus carpio*）[J]. Brain Research，1981，220：51-65.

[38] Sereno M I，Ulinski P S. Caudal topographic nucleus isthmi and the rostral nontopographic nucleus isthmi in theturtle，pseudemys scripta[J]. The Journal of Comparative Neurology，1987，261（3）：319-346.

[39] Wang S R. The nucleus isthmi and dual modulation of the receptive field of tectal neurons in non-mammals[J]. Brain Research Reviews，2003，41（1）：13-25.

[40] Graybiel A M. A satellite system of the superior colliculus：The parabigeminal nucleus and its projections to the superficial collicular layers[J]. Brain Research，1978，145（2）：365-374.

[41] Katharina L，Simone L，Harald L，et al. Expression patterns of ion channels and structural proteins in a multimodal cell type of the avian optic tectum[J]. Journal of Comparative Neurology，2018，526（3）：412-424.

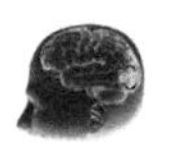

[42] Florencia G C，Tomas V Z，Cristián G I，et al. “Shepherd’s crook” neurons drive and synchronize the enhancing and suppressive mechanisms of the midbrain stimulus selection network[J]. Proceedings of the National Academy of Sciences，2018，115（32）：201804517.

[43] Wang Y，Major D E，Karten H J. Morphology and connections of nucleus isthmi pars magnocellularis in chicks（*Gallus gallus*）[J]. The Journal of Comparative Neurology，2004，469（2）：275-297.

[44] Wang Y，Luksch H，Brecha N C，et al. Columnar projections from the cholinergic nucleus isthmi to the optic tectum in chicks（*Gallus gallus*）：A possible substrate for synchronizing tectal channels[J]. The Journal of Comparative Neurology，2006，494（1）：7-35.

[45] Goddard C A，Huguenard J，Knudsen E. 2014. Parallel midbrain microcircuits perform independent temporaltransformations[J]. The Journal of Neuroscience，34（24）：8130-8138.

[46] Sorenson E M，Parkinson D，Dahl J L，et al. Immunohistochemical localization of choline acetyltransferase in thechicken mesencephalon[J]. The Journal of Comparative Neurology，1989，281：641-657.

[47] Medina L，Reiner A. Distribution of choline acetyltransferase immunoreactivity in the pigeon brain[J]. Journal of Comparative Neurology，1994，342（4）：497-537.

[48] Hunt S P，Künzle H. Observations on the projections and intrinsic organization of the pigeon optic tectum：An autoradiographic study based on anterograde and retrograde，axonal and dendritic flow[J]. Journal of Comparative Neurology，1976，170（2）：153-172.

[49] Güntürkün O，Remy M. The topographical projection of the nucleus isthmi pars parvocellularis（Ipc）onto thetectum opticum in the pigeon[J]. Neuroscience Letters，1990，111（1/2）：18-22.

[50] Hellmann B，Manns M，Güntürkün O. Nucleus isthmi，pars semilunaris as a key component of the tectofugalvisual system in pigeons[J]. Journal of Comparative Neurology，2001，436（2）：153-166.

[51] Marin G J, Duran E, Morales C, et al. Attentional capture? Synchronized feedback signals from the isthmi boost retinal signals to higher visual areas[J]. Journal of Neuroscience，2012，32（3）：1110-1122.

[52] Luksch H，Karten H J，Kleinfeld D，et al. Chattering and differential signal processing in identified motion-sensitive neurons of parallel visual pathways in the chick tectum[J]. The Journal of Neuroscience，2001，21（16）：6440-6446.

[53] WIKIPEDIA. Salience（neuroscience）[EB/OL].[2020-05-05]. https://en.wikipedia.org/wiki/Salience_（neuroscience）.

[54] Treisman A M，Gelade G. A feature-integration theory of attention[J]. Cognitive Psychology，1980，12（1）：97-136.

[55] Itti L. Visual salience[J]. Scholarpedia，2007，2（9）：3327.

[56] Itti L，Koch C. Computational modelling of visual attention[J]. Nature Reviews Neuroscience，2001，2（3）：194-203.

[57] Frintrop S，Rome E，Christensen H I. Computational visual attention systems and their cognitive foundations[J]. ACM Transactions on Applied Perception，2010，7（1）：1-39.

[58] Fecteau J H，Munoz D P. Salience，relevance，and firing：A priority map for target selection[J]. Trends in Cognitive Sciences，2006，10（8）：382-390.

[59] Stein B E，Meredith M A. The Merging of the Senses[M]. Cambridge：MIT Press，1993.

[60] Gollisch T，Markus M. Eye smarter than scientists believed：Neural computations in circuits of the retina[J]. Neuron，2010，65（2）：150-164.

[61] Netser S，Zahar Y，Gutfreund Y. Stimulus-specific adaptation：Can it be a neural correlate of behavioral habituation?[J]. Journal of Neuroscience，2011，31（49）：17811-17820.

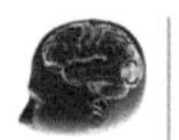

[62] Northmore D P M. The optic tectum[M]//Encyclopedia of Fish Physiology. Amsterdam：Elsevier，2011.

[63] Knudsen E I. Auditory and visual maps of space in the optic tectum of the owl[J]. The Journal of Neuroscience，1982，2（9）：1177-1194.

[64] Stein B E，Stanford T R. Multisensory integration：Current issues from the perspective of the single neuron[J].Nature Reviews Neuroscience，2008，9（4）：255-266.

[65] Meredith M A，Stein B E. Spatial determinants of multisensory integration in cat superior colliculus neurons[J]. Journal of Neurophysiology，1996，75（5）：1843-1857.

[66] Burrows B E，Moore T. Influence and limitations of pop out in the selection of salient visual stimuli by area V4 neurons[J]. Journal of Neuroscience，2009，29（48）：15169-15177.

[67] Lock T M，Baizer J S，Bender D B. Distribution of corticotectal cells in macaque[J]. Experimental Brain Research，2003，151（4）：455-470.

[68] Harmening W M，Orlowski J，Ben-Shahar O，et al. Overt attention toward oriented objects in free-viewing barn owls[J]. Proceedings of the National Academy of Sciences，2011，108（20）：8461-8466.

[69] Desimone R，Duncan J. Neural mechanisms of selective visual attention[J]. Annual Review of Neuroscience，1995，18（1）：193-222.

[70] Baddeley A. Working memory：Looking back and looking forward[J]. Nature Reviews Neuroscience，2003，4（10）：829-839.

[71] Knudsen I. Fundamental components of attention[J]. Annual Review of Neuroscience，2007，30（1）：57-78.

[72] Mysore S P，Asadollahi A，Knudsen E I. Global inhibition and stimulus competition in the owl optic tectum[J]. Journal of Neuroscience，2010，30（5）：1727-1738.

[73] Mysore S，Asadollahi A，Knudsen E. Signaling of the strongest stimulus in the owl optic tectum[J]. The Journal of Neuroscience：The Official Journal of the Society for Neuroscience，2011，31（14）：5186-5196.

[74] Mysore S，Knudsen E. Flexible categorization of relative stimulus strength by the optic tectum[J]. The Journal of neuroscience：The Official Journal of the Society for Neuroscience，2011，31：7745-7752.

[75] Faunes M，Fernάndez S，Gutiérrez-Ibáñez C，et al. Laminar segregation of GABAergic neurons in the avian nucleus isthmi pars magnocellularis：A retrograde tracer and comparative study[J]. The Journal of Comparative Neurology，2013，521（8）：1727-1742.

[76] Jiang Z D，King A J，Moore D R. Topographic organization of projection from the parabigeminal nucleus to the superior colliculus in the ferret revealed with fluorescent latex microspheres[J]. Brain Research，1996，743（1/2）：217-232.

[77] Mysore S P，Knudsen E I. A shared inhibitory circuit for both exogenous and endogenous control of stimulus selection[J]. Nature Neuroscience，2013，16（14）：473-478.

[78] Asadollahi A，Mysore S P，Knudsen E I. Stimulus-driven competition in a cholinergic midbrain nucleus[J]. Nature Neuroscience，2010，13（7）：889-895.

[79] WIKIPEDIA. Gamma wave[EB/OL]. [2020-05-06].https://en.wikipedia.org/w/index.php？title=Gamma_wave&oldid=950229677.

[80] 王静，李小俚，邢国刚，等. 神经振荡产生机制及其功能研究进展[J]. 生物化学与生物物理进展，2011，38（8）：688-693.

[81] Galambos R. A comparison of certain gamma band（40-Hz）brain rhythms in cat and man[M]// Induced Rhythms in the Brain. Boston：Birkhäuser，1992.

[82] Jensen O，Kaiser J，Lachaux J P. Human gamma-frequency oscillations associated with attention and memory[J].

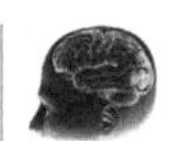

Trends in Neurosciences，2007，30（7）：317-324.

[83] Sridharan D，Goddard C A，Knudsen E I，et al. Gamma oscillations are generated locally in an attention-related midbrain network[J]. Neuron，2012，73（3）：567-580.

[84] Bartos M，Vida I，Jonas P. Synaptic mechanisms of synchronized gamma oscillations in inhibitory interneuron networks[J]. Nature Reviews Neuroscience，2007，8（1）：45-56.

[85] Hasselmo M E，McGaughy J. 2004. High acetylcholine levels set circuit dynamics for attention and encoding and low acetylcholine levels set dynamics for consolidation[J]. Progress in Brain Research，2004，145（145）：207-231.

[86] Binns K E，Salt T E. The functional influence of nicotinic cholinergic receptors on the visual responses of neurones in the superficial superior colliculus[J]. Visual Neuroscience，2000，17（2）：283-289.

[87] Dani J A，Bertrand D. Nicotinic acetylcholine receptors and nicotinic cholinergic mechanisms of the central nervous system[J]. Annual Review of Pharmacology and Toxicology，2007，47：699-729.

[88] Sridharan D，Knudsen E I. Gamma oscillations in the midbrain spatial attention network：Linking circuits to function[J]. Current Opinion in Neurobiology，2015，31：189-198.

[89] Robinson D A，Fuchs A F. Eye movements evoked by stimulation of frontal eye fields[J]. Journal of Neurophysiology，1969，32（5）：637-648.

[90] Moore T，Armstrong K M. Selective gating of visual signals by microstimulation of frontal cortex[J]. Nature，2003，421（6921）：370-373.

[91] Winkowski D E，Knudsen E I. Top-down control of multimodal sensitivity in the barn owl optic tectum[J]. The Journal of Neuroscience，2007，27（48）：13279-13291.

[92] Mysore S P，Knudsen E I. Descending control of neural bias and selectivity in a spatial attention network：Rulesand mechanisms[J]. Neuron，2014，84（1）：214-226.

[93] Fries P，Womelsdorf T，Oostenveld R，et al. The effects of visual stimulation and selective visual attention onrhythmic neuronal synchronization in macaque area V4[J]. Journal of Neuroscience，2008，28（18）：4823-4835.

[94] Bruce C J，Goldberg M E，Bushnell M C，et al. Primate frontal eye fields. II. Physiological and anatomical correlates of electrically evoked eye movements[J]. Journal of Neurophysiology，1985，54：714-734.

[95] Wilson M，Lindstrom S H. What the bird's brain tells the bird's eye：The function of descending input to the avian retina[J]. Visual Neuroscience，2011，28（4）：337-350.

[96] Shimizu T，Bowers A N. Visual circuits of the avian telencephalon：Evolutionary implications[J]. Behavioural Brain Research，1999，98（2）：183-191.

[97] Ewert J P，Buxbaum-Conradi H，Dreisvogt F，et al. Neural modulation of visuomotor functions underlying prey-catching behaviour in anurans：Perception，attention，motor performance，learning[J]. Comparative Biochemistry and Physiology Part A：Molecular & Integrative Physiology，2001，128（3）：417-460.

[98] Saitoh K，Menard A，Grillner S. Tectal control of locomotion，steering，and eye movements in lamprey[J]. Journal of Neurophysiology，2007，97（4）：3093-3108.

[99] Sun H，Frost B J. Computation of different optical variables of looming objects in pigeon nucleus rotundus neurons[J]. Nature Neuroscience，1998，1（4）：296-303.

[100]Lovejoy L P，Krauzlis R J. Inactivation of primate superior colliculus impairs covert selection of signals for perceptual judgments[J]. Nature Neuroscience，2009，13（2）：261-266.

[101]Troje N，Frost B. The physiological fine structure of motion sensitive neurons in the pigeon's optic tectum[J]. Society for Neuroscience Abstracts，1998，24：642-649.

[102]Revzin A M. Functional Localization in the Nucleus Rotundus[M]. New York：Neural Mechanisms of Behavior in the Pigeon Plenum Press，1981.

[103]Luksch H，Khanbabaie R，Wessel R，et al. Synaptic dynamics mediate sensitivity to motion independent of stimulus details[J]. Nature Neuroscience，2004，7（4）：380-388.

第4章 哺乳类视觉系统工作机理与信息处理机制

1965 年 Hubel 和 Wiesel[1]在猫的初级视觉皮层发现神经元对特定朝向的光棒敏感，在随后的几十年中，对哺乳类视觉系统的神经信息处理机制的研究始终是神经科学领域的热点。经过全世界范围研究者的不懈努力，涌现出诸如视觉注意、稀疏性等大量具有里程碑意义的神经科学研究成果。与此同时，信息科学领域的专家也被神经科学领域中的这些发现所吸引，利用各种数理方法对神经机制进行描述与建模。这些模型从更深的层面上解释了神经科学的现象，促进了神经科学的研究。信息科学与神经科学研究的交互过程，也给机器视觉中的目标识别任务带来了巨大的启示，其代表就是近年来出现的具有深远影响的深度学习——卷积神经网络等算法。同时机器视觉的进展也为哺乳类视觉通路的研究提供了新的思路。

本章对稀疏性、视觉注意以及目标不变性表征等跨信息科学领域和神经科学领域的研究成果进行了介绍。本团队基于这种交叉研究思路，开展了哺乳类离丘脑通路初级视觉皮层中，基于小世界动态网络的复杂场景信息的高效表征机制与编码模型的研究，相关内容在 4.3 节和 4.4 节中予以介绍。

4.1 哺乳类视觉系统的工作原理

尽管脊椎动物具有三条通路，但是现有解剖学和神经生理学研究成果表明，哺乳动物视觉系统最重要的两条通路为皮层通路和皮层下通路。外界视觉信息大部分经由视网膜神经节细胞的轴突传输到外侧膝状体，随后经过初级视觉皮层（primary visual cortex，V1）到达高级视觉区域从而形成第一条视觉通路，由于该通路经过 V1、V2、V4 等大脑新皮层，又称为皮层视觉通路。另一条视觉通路是视神经中的小部分纤维经过上丘臂到达上丘（superior colliculus，SC），经由 SC 神经元再投射到丘脑枕（pulvinar nucleus），最终传入到外纹体，由于该视通路不经过大脑皮层又称为皮层下视通路。上述内容如图 4-1 所示。本节将分别对哺乳动物的这两条视觉通路进行简要介绍。

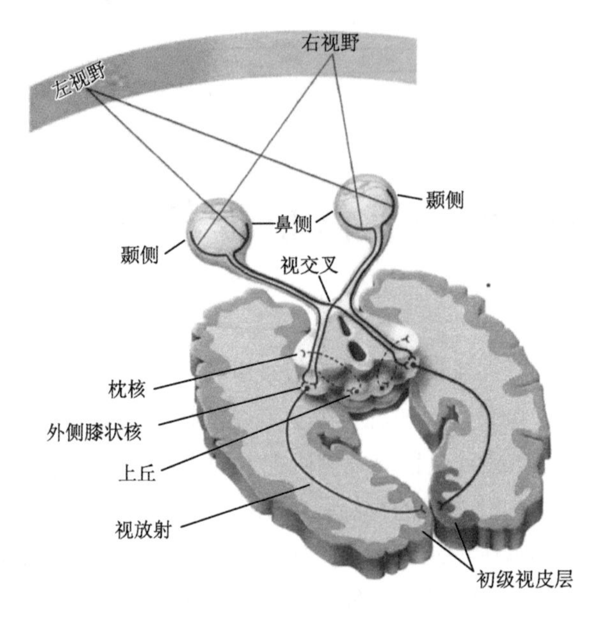

图 4-1 哺乳动物的视觉系统[2]

4.1.1 皮层下通路

哺乳类动物视网膜到 SC 的传输通路与鸟类离顶盖视觉通路同源，在目标搜索任务与眼动控制中发挥重要的作用。如图 4-2 所示[3]，来自视网膜的视觉空间信息拓扑对应地投射到 SC 上，SC 的浅层主要接收来自对侧视觉空间信息和 V1 的投射，这种投射呈现严格的空间拓扑映射关系[4]。

其中 SC 浅层每个神经元的响应独立于特定的视觉特征，表征了相应视觉空间刺激的物理显著性[5]，并且通过轴向细胞传递到了 SC 的深层，其响应强度几乎不受高级皮层调控注意目标的影响[6, 7]，SC 的这种响应机制是自底向上、显著性驱动视觉注意的神经生理学基础。

SC 的中深层不仅接收来自浅层的视觉相关信息输入，而且接收来自高级皮层的输入投射[8]，来自高级皮层的输入与视网膜的输入呈现一致的拓扑映射关系[9]。那么，上丘中间层（intermediate layer of SC，SCi）极有可能整合了视觉空间显著性和自上而下调控信息，从而构建了与视觉空间拓扑映射的优先级地图[4]。White 等最近的一系列研究也表明 SCi 能够表征生物注视点的位置，因此 SCi 实际整合了自底向上的显著性和自上而下的调控信息来指导生物的注意行为[5, 7]。

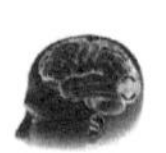

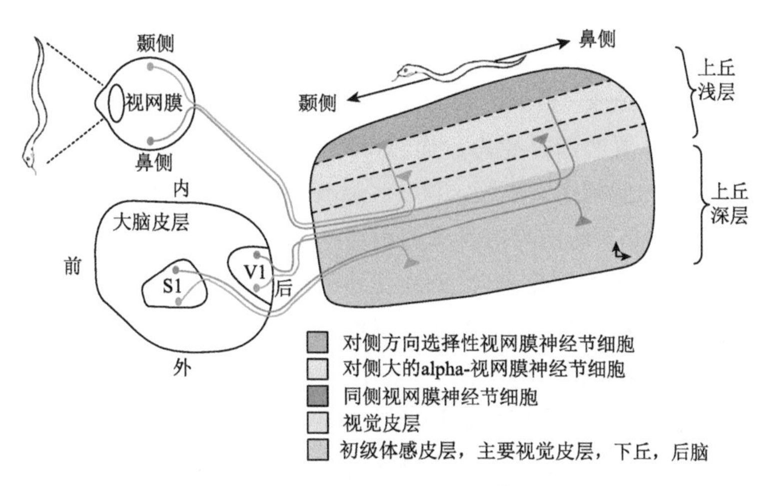

图 4-2　SC 的组织结构[3]

4.1.2　皮层视觉通路

皮层视觉通路接收了大部分视神经纤维投射，是哺乳动物中较为重要的视觉通路。视觉场景信息经视网膜处理后传递到 LGN，由后者作为中继上行传输至初级视觉皮层(V1)，再由 V1 传输到更高级别的处理中枢[10]。继 Mishkin 和 Ungerleider[11] 于 1982 年开创性地证实 V1 的两条不同投射路径分别在目标识别和空间定位中发挥重要作用之后，相关研究者将皮层视觉信息的处理分成两条相对独立的通道(如图 4-3 所示)，即皮层通路从 V1 区向后又可以分为腹部通道和背部通道[12]。

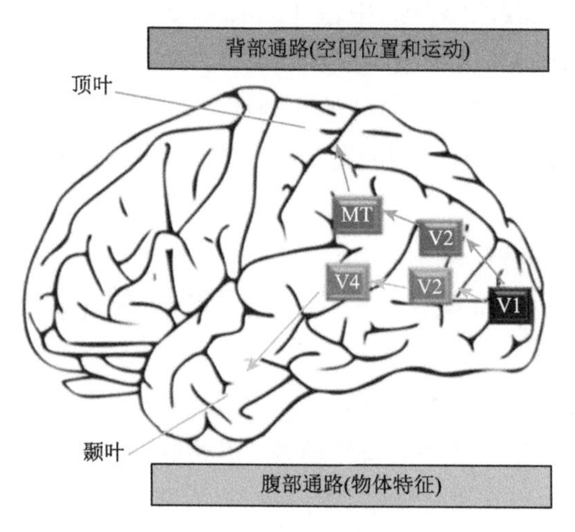

图 4-3　离丘脑通路背部和腹部通道[12]

secondary visual cortex，V2；visual areas4，V4

其中，腹部通道主要负责目标的识别，因此被称为“what”通道，下颞皮质（inferior temporal cortex，IT）的损伤会导致哺乳动物分辨目标能力的受损，但是不影响其对目标位置的选择能力。而背部通道则负责定位目标的确切位置，即“where”通道，与腹部通道不同，顶叶（parietal lobe）的损伤会严重影响生物对目标的定位功能但是不影响其对目标的识别。

在腹部通道中，V1 接收来自 LGN 传递的视觉感知信息，经过处理后将响应信号进一步传递到 V2、V4 和下颞皮质等更高级视皮层区域。从初级视皮层到高级视皮层，神经元感受野逐渐增大，体现出对更大视觉场景信息的整合作用，神经元所提取的视觉场景的特征由简单变得复杂。具体地，V1 神经元只对边缘信息比较敏感，并且相关的电生理实验数据表明 V1 神经元以稀疏编码的方式对自然场景进行编码[13]，即对于神经元集群来说，大部分神经元处于抑制状态，只有极少数神经元处于激活状态。从单个神经元的响应状态来看，其对大部分视觉刺激的响应强度较弱，只对部分刺激响应较强；并且 V1 神经元集群可以根据场景中目标的显著度动态调整小世界网络连接[14]；随着视觉信息的上行传输，V2 及 V4 区的神经元开始编码由边缘组合成的角点、连接点等相对高级特征[15, 16]，体现出了对视觉场景的分层感知特性；最高级的 IT 神经元体现出对人脸和肢体动作等高级特征敏感了，另外其对姿态、光照和位置等变化的容忍度也明显提高[17]。

在背部通道中从 V1 到更高级视皮层区域，神经元的感受野也同样逐渐增大，V1 神经元对局部方向、运动、视差等刺激比较敏感，V2 区神经元细胞对更复杂的特征及相对视差比较敏感[18]。中颞（middle temporal，MT）区包含两类神经元细胞：一类细胞与 V1 区细胞响应类似，但具有更大的感受野；另一类细胞对运动方向与空间速度的梯度方向间的夹角比较敏感[19]。顶叶神经元细胞具有最大的感受野，主要编码四种类型的运动：平移运动、螺旋运动、旋转运动和径向运动[20]。

4.2 视觉信息处理机制

哺乳动物经过优胜劣汰的自然选择，已经进化出了高度适应生存环境的视觉信息处理机制。面对复杂多变的自然场景，其进化出了视觉注意机制从环境中挑选出与生存最相关的目标进行精细化分析，有效解决了有限神经计算资源与海量视觉信息的矛盾；面对视觉系统前端传递的包含大量冗余的视觉信息，通过稀疏编码方式来获取视觉场景的关键信息，从而极大减小信号获取与处理过程中的成

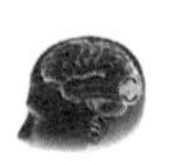

本；针对视觉目标存在的位置、光照和姿态等变化，视觉通路中不同阶段的神经元提取目标的不同特征，助力高级视觉皮层对目标的精准识别和分类。本节将简要地剖析这些优异的神经机制，力图加深非神经科学领域研究者对相关神经机制的了解。

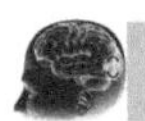

4.2.1　视觉注意机制

如前文所述，脊椎动物主要靠视觉来感知外部客观世界，生物依靠视觉注意机制来缓解有限计算资源与海量视觉信息的矛盾。大量认知心理学和神经生理学相关研究试图从心理学和解剖学角度揭示注意的心理和生物物理本质。1980 年，Treisman 和 Gelade[21]根据心理学实验结果提出了视觉注意的特征整合理论，该理论已经成为最具有影响力的人类视觉注意认知模型之一。Treisman 认为视觉加工的过程可以分为两个阶段：特征注册阶段或者前注意阶段，这个阶段是视觉系统从环境中平行地、自动地抽取视觉特征，知觉系统对各个维度的特征进行独立地编码，这些特征的心理表征被称作特征地图。第二个阶段称为特征整合阶段（物体知觉阶段），能够把相互独立的特征联系起来形成对某一目标的表征，该阶段要求对目标位置进行定位，能够形成与视觉空间对应的位置地图。如图 4-4（a）所示，1987 年 Koch 和 Uuman 首次提出了模拟人类注意机制并且具有生物学可解释性的计算模型架构[22]，并引入了“显著图”的概念，Itti 受前人工作的启发首次提出了可执行的显著性计算模型[23]。“显著图”是指将各个特征维度上的视觉显著性地图整合成一个包含全部特征的全局显著性地图，该地图中每个位置的颜色、朝向、运动和深度等特征与周围差异性越大，它的显著度越高。

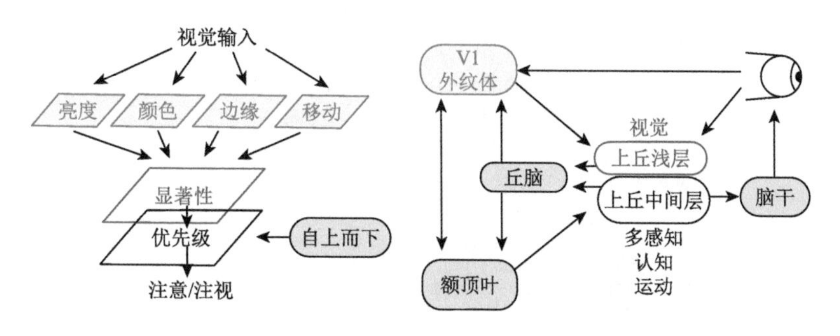

(a) 显著图与优先级地图　　(b) 哺乳动物视觉注意相关核团[5]

图 4-4　视觉注意理论框架及与之对应的哺乳动物视觉系统解剖学结构

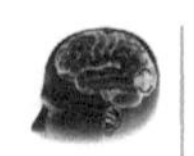

当前关于哺乳动物视觉注意的神经机制的研究存在较大分歧。一些研究者认为，V1 表征了视觉刺激的物理显著性[24-26]，例如，Li 建立了具有生物学依据的 V1 神经元模型，并将其应用到视觉搜索任务中，结果表明 V1 区能够产生显著图[24]；然而 2012 年，Zhang 等通过同时采集被试的事件相关电位（event related potentials，ERP）和功能核磁共振（functional magnetic resonance imaging，FMRI）信号，用生理学实验数据证实了 V1 区的神经活动构建了显著图[25]；此后为了探究 V1 能否编码复杂自然场景的显著性，2016 年 Chen 等使用 fMRI 技术记录了 V1 区的血氧水平依赖（blood-oxygen-level-dependent，BOLD）信号，结果证实自然场景的显著图同样能够在 V1 区内构建[26]。

另外，Fecteau 和 Munoz 提出显著性地图应该产生于视动神经网络，而该网络中最重要的两个核团即哺乳动物前额眼动区（frontal eye fields，FEF）或者鸟类前脑凝视野（arcopallium gazze field，AGF）和哺乳类 SC 或者鸟类视顶盖（optic tectum，OT），综合之前的电生理实验数据推测 SC 参与了显著图和优先级地图的产生[4]；这一推断后来得到了实验证实，2017 年 White 等[5]在猴子上开展行为学实验，并同时记录 SC 和 V1 神经元的电生理信号，证实了 SC 比 V1 更早地编码了显著性，而且显著图存在于 SC 浅层（superficial layer of SC，SCs）而非 SCi，如图 4-4（b）所示，SCi 更可能编码了指导动物行为反应的优先级地图，参与产生眼动、捕食和躲避等视觉诱发行为。2019 年 White 等[7]训练猴子对视觉刺激进行了平滑追踪实验（图 4-5）。

追踪的目标为图中黑色高斯点，右侧白色虚线表示电极记录的 SC 神经元感受野范围，并且对猴子眼睛平滑追踪过程中 SC 神经元响应特性进行了相关性分析。如图 4-6 所示，对于 SC 浅层神经元，当显著目标进入感受野内时其响应显著增强，

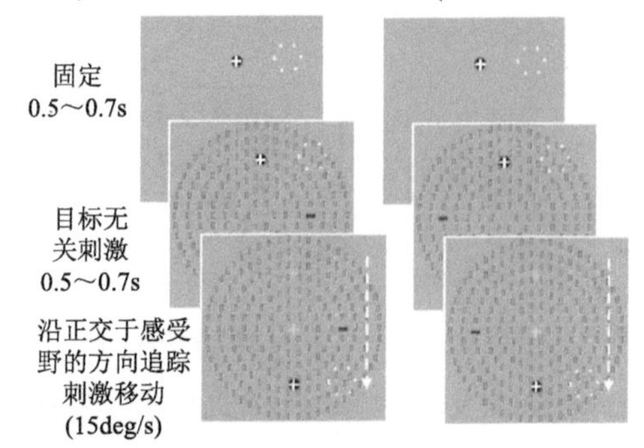

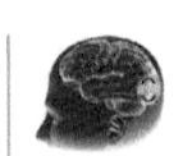

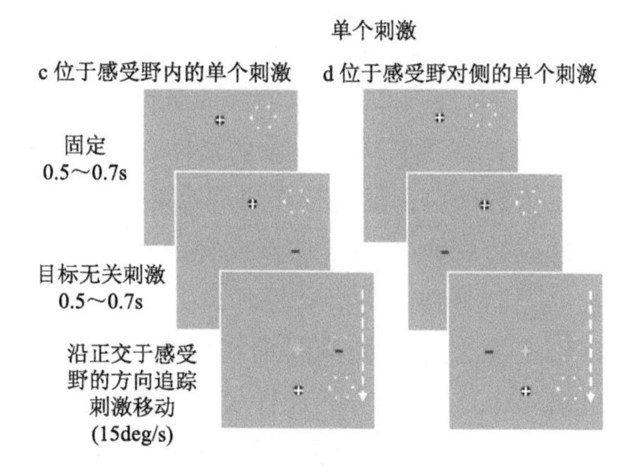

图 4-5　平滑追踪实验设计[7]

而当显著目标出现在其对侧时，其响应则明显减弱（$Z_{18}=39.38, P=0.00034$）。然而对于 SC 深层神经元，无论显著目标位于感受野内或者感受野对侧都对其响应强度影响极小。

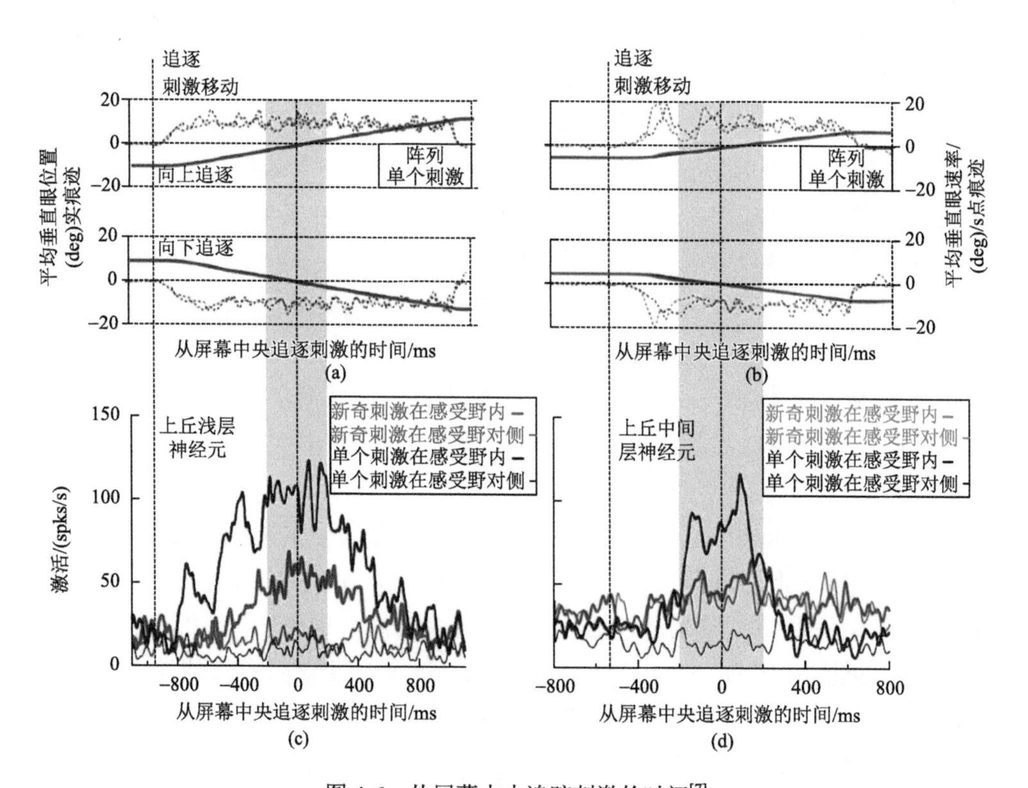

图 4-6　从屏幕中央追踪刺激的时间[7]

如前 3.3 节所述，鸟类视顶盖（optic tectum，OT）在调控其视觉注意中发挥着重要作用，而哺乳类 SC 与鸟类 OT 不仅同源而且在生物视觉注意中扮演的角色极为相似，同样发挥着计算视觉场景中显著目标、执行选择性注意和控制生物眼动等作用。区别在于猴子对目标进行平滑追踪的过程中，SC 浅层神经元能够对视觉场景的显著性进行表征，而 SC 中深层神经元响应则极少受到显著性目标的调制，其可能整合了自底向上的显著性和自上而下的高层调控信息，表征了与生物的注视点密切相关的优先级地图。而在鸟类 OT 中上述两张空间地图均由多模视顶层（multimodal OT，OTm）进行表征。总之，哺乳动物 SC 对调控生物的注意以及启动相应的朝向反射定向行为（orientation behavior）发挥了至关重要的作用，对其注意机制的深度解析能够为构建新的视觉注意计算模型提供理论支撑。

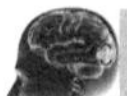

4.2.2 稀疏编码机制

Attneave 在 1954 年最先提出：视觉感知的目标是产生对外部输入信号的有效表征[27]。1959 年，Hubel 和 Wiesel[28]通过对哺乳动物初级视觉皮层简单细胞感受野的研究得出结论：初级皮层神经元能够实现对视觉信息的“稀疏表征”。1987 年，Field 提出初级视觉视皮层简单细胞比较适合学习视网膜成像的图像结构，因为它们可以产生图像的稀疏表征[29]，并于随后的研究中提出了稀疏分布式编码方法[30, 31]。Mitchison 于 1988 年提出了神经稀疏编码的概念[32]，同时灵长目动物颚叶视觉皮层和猫视觉皮层的电生理实验报告和一些相关模型的研究结果都说明了视觉皮层复杂刺激的表达是采用稀疏编码原则的[33]。1996 年，加州大学伯克利分校的 Olshausen 等通过最大化稀疏编码假说证实，自然图像经过稀疏编码后得到的基函数类似于 V1 区简单细胞感受野的局部性、朝向性和带通性等属性[34]，这在理论上证明了 V1 神经元对自然图像进行了稀疏编码。

2000 年，Vinje 和 Gallant[13]给出了稀疏编码的生理学实验数据支持，他们在两只清醒的猴子上记录到了 61 个 V1 神经元在自然视觉场景下的响应信号。如图 4-7 所示，采用的视觉刺激包括自由观察静态自然场景图片和模拟自由观察状态下相应的图像块序列，其中后者是顺序抽取动物对自然场景图片扫视路径中的图像块并将其转化为灰度图组成，能够模拟其在自由观看静态自然场景时出现在经典感受野内和外周的时空模式。图像块的大小设置为经典感受野直径的 1～4 倍。为了量化神经元对图像响应的稀疏性，引入非参数统计量：

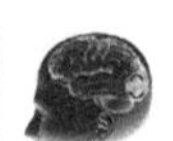

$$S=\frac{\left\{1-\left[\frac{\left(\frac{\sum r_i}{n}\right)^2}{\sum\frac{(r_i)^2}{n}}\right]\right\}}{\left[1-\left(\frac{1}{n}\right)\right]} \tag{4.1}$$

式中，r_i 为神经元对第 i 帧图像的响应；n 为图像序列的总帧数。当 S 接近 0 时表明其属于稠密编码，当该值达到 1 时表明其完全属于稀疏编码。

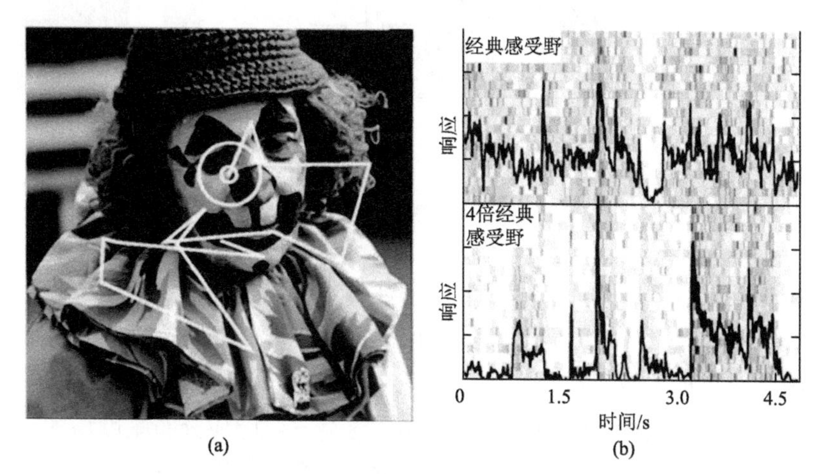

图 4-7　自然场景图像和典型的神经元响应[13]

（a）中的白色小圆代表经典感受野，小圆和大圆之间表示非经典感受野，白色轨迹表示神经元自由观察的路径

实验表明，V1 神经元响应的稀疏性程度随着图像块的增大而增强（图 4-8），表明 V1 神经元通过时域上稀疏的方式编码覆盖整个视觉场景的自然场景。为了探究非经典感受野内兴奋性或者抑制性对 V1 神经元编码的稀疏性影响，对 4 倍经典感受野大小的图像块刺激响应进行了分析，结果表明非经典感受野内的刺激通过兴奋和抑制作用增加了 V1 神经元对自然场景编码的稀疏性。另外，为了验证神经元编码的稀疏性是否依赖于自然场景，通过 V1 随机光栅刺激和自然图像刺激的稀疏性程度对比发现，两者的稀疏性值 S 并没有明显的不同，表明神经编码的稀疏性并不依赖于自然场景，同时表明稀疏性可能是由自然图像和光栅序列中的朝向成分导致的。

稀疏编码理论预测 V1 神经元集群中对视觉刺激响应的神经元也应该是稀疏的。为了对该假设进行验证，评估了不同尺度刺激图像块大小下响应分布的峭度。

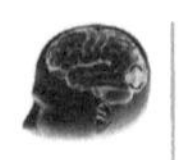

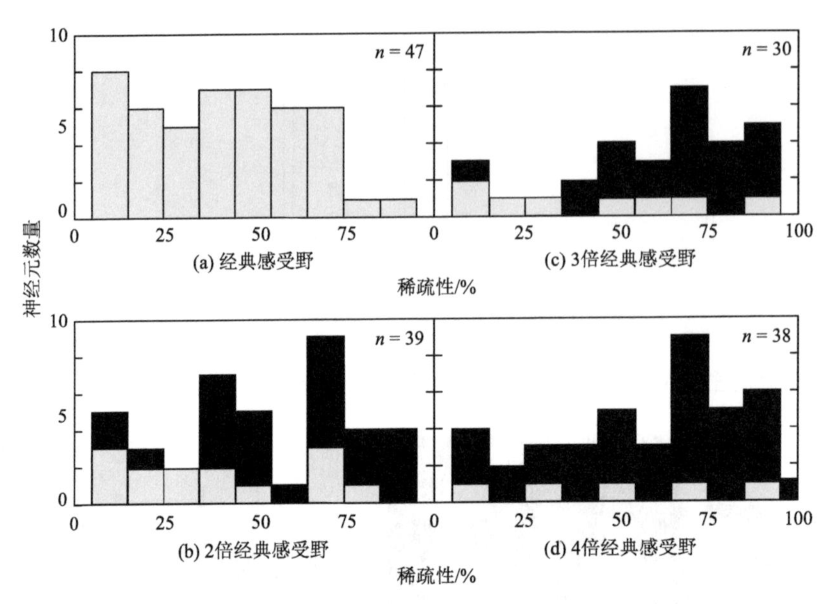

图 4-8　刺激非经典感受野增加了神经元响应的稀疏度[13]

响应分布是指所有细胞和所有刺激的响应（每一帧图像的动作电位）直方图，它是 V1 神经元对总的自然图像的集群响应的评估。峭度是反映随机变量分布特性的数值统计量，是 4 阶累积量。随着响应分布变得越来越稀疏，中间响应强度所占比例下降，较大和较小的响应比例增加，这会导致响应分布峭度增加，因此一般使用峭度作为衡量稀疏度的指标。当刺激呈现在 V1 经典感受野内时，峭度等于 4.1，当刺激呈现的范围分别为 2、3、4 倍经典感受野直径时，非经典感受野也同时受到了刺激，其峭度分别为 5.2、8.7 和 10.2（$P \leqslant 0.001$）。该结果也再次证明了非经典感受野的非线性交互增加了 V1 神经元集群响应的稀疏度。

Vinje 和 Gallant 的工作直接使用生理学实验数据证实 V1 使用稀疏编码来表征自然图像。在自然场景中，经典感受野和非经典感受野机制共同发挥一个计算单元的作用，虽然经典感受野对自然场景的响应已经表现出适度的稀疏度，非经典感受野与经典感受野的非线性交互能够显著增加其编码的稀疏性，因此每个神经元携带了统计上相互独立的信息。V1 通过稀疏方式对由视网膜和 LGN 传递的信息进行重新编码，因此这些神经元可能代表了自然场景的独立成分，这将促进高级视觉区域视觉刺激之间关联的确立并且提高模式识别的效率。

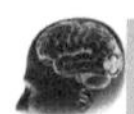

4.2.3　目标不变性表征机制

视觉目标在视网膜上的成像因位置、大小、姿态、光照、遮挡和背景噪声等

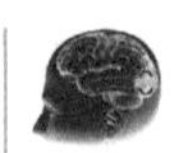

条件变化而产生较大差异，生物的视觉系统能够稳定地对这些目标进行精准表征与识别，但是现有计算模型的识别效果，尤其是在无约束的自然场景下，其性能还无法与生物系统相比拟[35]。加深对生物视觉系统目标不变性表征机制的理解将极大提升相关计算模型的研究水平和识别效果。

如 4.1 节所述，哺乳动物视觉通路主要分为皮层通路和皮层下通路，其中皮层通路接收的视觉信息从视网膜传递到 LGN，然后由 LGN 中继传递到 V1，自 V1 向后可以分为两条通道：腹部通道和背部通道。其中，腹部通道被认为参与目标识别，而背部通道则主要处理视觉场景的位置和目标的运动信息，而现有研究表明视觉系统对目标不变性表征与腹部通道的功能密切相关[36]。

腹部通道的目标识别是一个分级处理过程，该通道前端的初级视觉皮层神经元提取较简单的视觉特征[37]，而高级皮层提取复杂、抽象的特征，这些特征非常适合作为目标识别的候选特征。Hubel 和 Wiesel 用特定朝向光条刺激猫的视网膜，发现视网膜和 LGN 神经元的感受野呈现中心周围特性。而 V1 神经元呈现出两种不同的感受野特性，一种称为简单细胞的感受野，其只对特定朝向、特定位置的光条刺激敏感[1, 28, 38]。另一种复杂细胞对感受野内特定朝向的光条有最大的响应强度，且不依赖于光条的位置，即具有位置不变性表征。如图 4-9 所示，两类神经元存在感受野响应属性差异的原因是：简单细胞的感受野整合了多个 LGN 神经元的输入，而复杂细胞则接收了多个简单细胞的调制输出[1, 38, 39]。后续研究表明腹部通道的 V1 提取诸如不同朝向的条棒和边缘特征[40]，而中间层 V2 和 V4 神经元提取复杂特征[41]，最高级的 IT 神经元对整个目标比较敏感[42, 43]。因此，整个视觉通路是一个深层结构，由低层到高层分为 Retina、LGN、V1、V2、V4 和 IT 层等，每级也包含不只一层神经元。沿着视觉通路从低层到高层，神经元编码的信息逐步由简单变得复杂、由具体变得抽象、由局部变得全局，而这也是完成目标不变性表征的生理学基础。

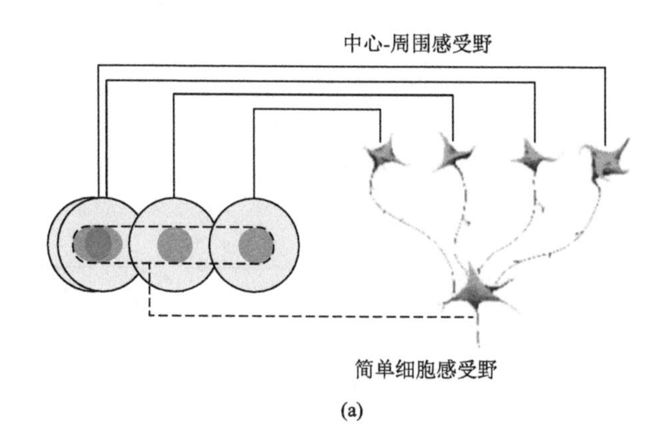

(a)

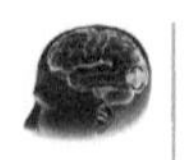

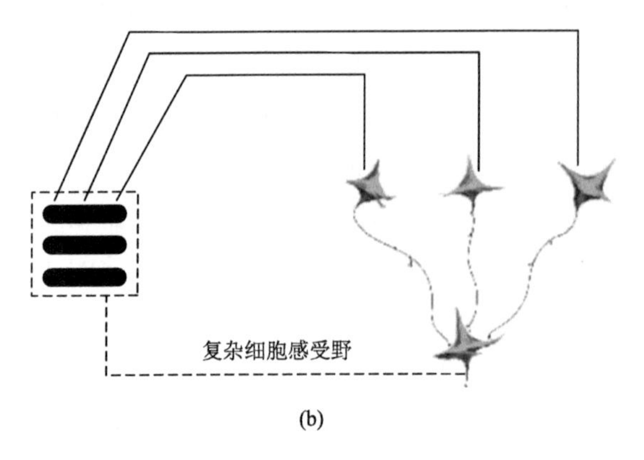

(b)

图 4-9　Hubel-Wiesel 模型

虽然之前研究表明腹部通道可能实现对视觉目标的不变性表征[1, 44]，但是当时缺乏相关环路直接的生理学实验证据。直到 2010 年，Rust 和 Dicarlo 为了探究 V4 和 IT 在视觉信息不变性表征中发挥的作用，在猴子上开展了一系列行为学和生理学实验。为量化相关神经元对图片目标表征的可分性，采用一个线性分类器对神经元集群响应进行分类。

使用如图 4-10 右上所示自然图形刺激实验动物，同时记录神经元集群的响应信号。首先统计出来 N 个神经元对呈现 P 次的 M 张图片的 Spike 发放数，则呈现的每张图片对应一个 $N\times1$ 的响应矩阵 $\boldsymbol{x}$，多次重复的图片刺激则对应 N 维特征空间中的“云”状分布（如图 4-10 左侧和中间所示）。线性分类器目的便是找到能

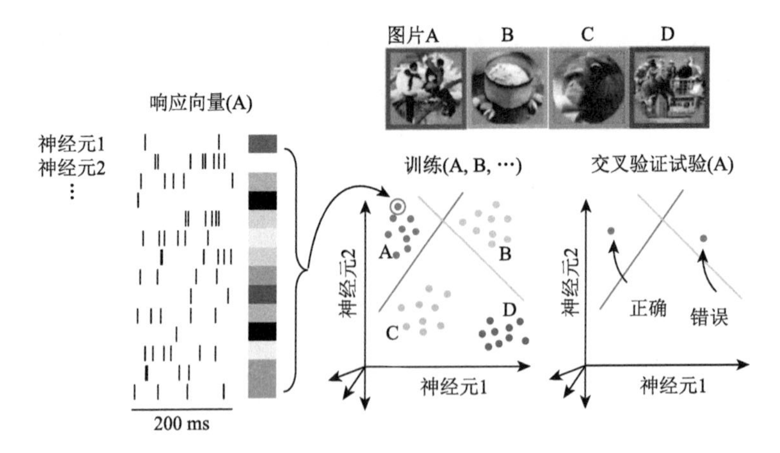

图 4-10　使用线性分类量化神经元集群对目标的表征能力[17]

够最优地将每张图片对应的响应“云”与其他图片分开的线性超平面。线性分类器表达式：

$$f(\boldsymbol{x}) = \boldsymbol{w}^{\mathrm{T}}\boldsymbol{x} + b \tag{4.2}$$

式中，$\boldsymbol{w}$ 为 $N\times1$ 维的每一个神经元对应的线性权重；b 为弥补超平面相对于原点的偏移量，充当阈值的作用。选取一部分神经响应数据为训练集，剩下神经响应数据为测试集，以最优化分类效果为目标对分类器的参数进行辨识。

实验部分首先使用 50 对自然图像和对应乱序图像（保留局部结构，但是将局部特征的位置随机打乱）进行视觉刺激。实验结果表明对于自然图像的表征，从 V4 到 IT 的表征能力没有显著差异。然而将相同图片的空间局部特征打乱后，从低级到高级皮层对乱序图片的表征可区分效果具有较大的差异。当参与编码的神经元数目相等时（如 140 个），V4 神经元对乱序图片的表征效果有相对低的下降（21%），相比之下在 IT 中这种减弱更加明显（39%）。当对自然图片的编码效果相当时，所用 V4 神经元和 IT 神经元的数目分别为 121 和 140。实验结果表明乱序图片对 IT 的目标的不变性表征影响更大，该结果也证实了之前研究提出的猜想，即腹部通道低级视觉处理神经元更多地编码了局部特征，而高级皮层的神经元对诸多局部特征的组合比较敏感。尤其是 IT 神经元不只是编码局部结构的任意组合，而且被自然图像的特定配置所调制。

为了验证高级和低级皮层区域对视觉目标变换的容忍能力，使用参考自然图像及经过尺度、位置和背景变化后的如图 4-11 所示图像集进行视觉刺激，记录相关皮层神经元的响应。经过对比分析，V4 对目标位置变换的表征效果高于随机概率但是仍然显著低于原始图片的表征效果（分别为 32%±9%和 69%±8%）。相比

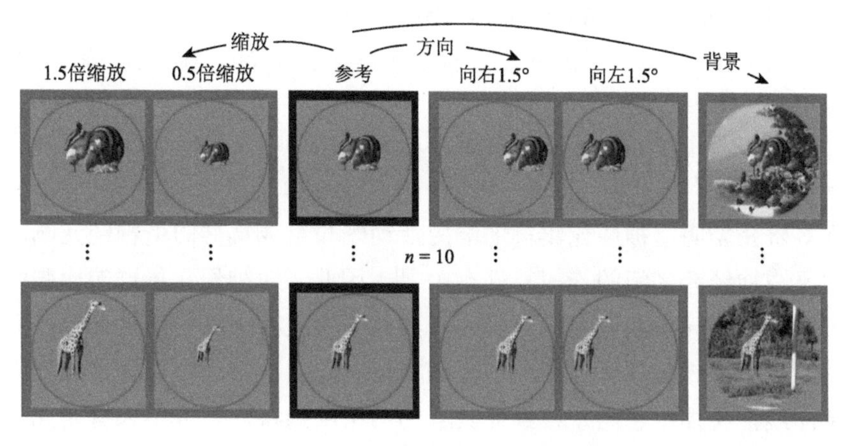

图 4-11　标准图片和变换后的图片[17]

之下，IT 神经元体现出较好的对目标位置变换的不变性表征性能（分别为 74%±9%和 81%±8%）。同样地，在对应环境变化图片的预测性能上，IT 神经元同样具有较 V4 神经元优异的表现。

上述分析结果表明 V4 和 IT 能够对目标进行一定程度的不变性表征，随着参与编码的神经元数目增加，其线性可分性越来越好。IT 神经元对目标变换的容忍性更高，对原始目标和变换目标表征几乎没有差异。从低级到高级皮层，神经元提取的特征复杂度、感受野大小和对目标变换的容忍性不断增加，凭借这种生理特性 IT 神经元能够对各种变换实现不变性表征[17, 37, 45, 46, 47]。

虽然上述研究只是在 V4 和 IT 两个节点进行了相关实验数据的分析，但为我们解开生物视觉系统对目标的不变性表征提供了一个崭新的视角，为搭建新的目标识别计算模型提供了新的启示。

4.3 初级视皮层小世界连接的神经元集群响应机制及量化框架

神经元集群的功能连接会随着外界视觉刺激的改变而发生变化，由此产生了一个疑问——神经元集群内存在的特定连接关系是否在信息传递和编码中起着一定的作用？许多研究表明，生物大脑无论是全局的大脑网络还是局部采集的神经元集群网络均呈现出显著的小世界特性。而这种特殊的连接结构是否在表征视觉信息上起着一定的作用？为了回答这些问题，本团队依据生物大脑自身具备的显著小世界连接特性，提出了一个小世界连接的神经元集群响应量化框架，简称为小世界框架（small-world framework，SWF），用于量化描述典型视觉刺激下神经元集群的响应强度，进一步地证明了神经元集群小世界的空间连接特性在集群信息表征上的关键作用。

4.3.1 小世界连接的集群响应量化框架构建原理

许多研究表明，神经元集群的响应活动既与组成集群的单神经元响应特性相关，又与神经元之间的连接特性有关[48]。因此，对神经元集群响应强度的计算涉及对单神经元响应强度的计算以及神经元间连接强度的定量计算。而目前无论是针对集群个体的神经元响应还是神经元间的连接强度，许多研究者多采用简单的线性叠加，忽略了神经元集群的网络结构特性。近年来有研究表明，神经元集群的拓扑结构能够影响单神经元的放电活动以及神经元集群整体的响

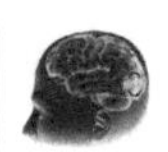

应特性[49, 50]。综合以上几点，本节依据神经元集群的小世界结构特性，提出了一个描述小世界连接集群响应的量化框架（简写为 SWF），用于量化描述特定刺激模式下 V1 区神经元集群的响应强度，该量化框架的各模块组成及实现流程如图 4-12 所示。

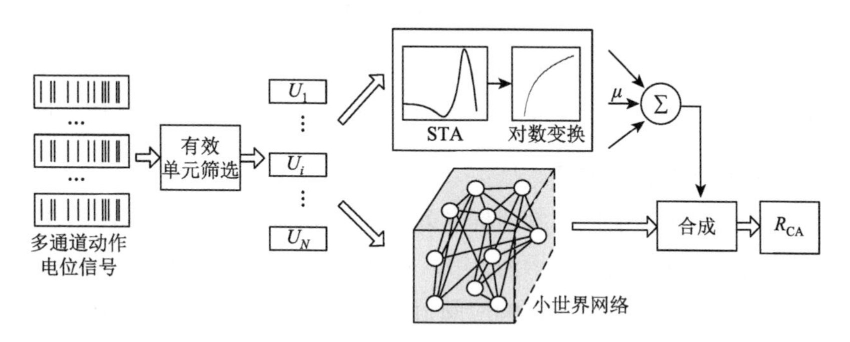

图 4-12　小世界框架的实现流程示意图

由图 4-12 可知，小世界框架处理的对象是多通道的神经元发放序列，输出的是量化的集群响应强度，即采用微电极阵列在 V1 区采集的特定刺激图像下的多通道神经元放电数据，首先经过有效单元筛选（详见 4.3.1 节第 1 小节），获得有效响应单元的发放序列（用 U 表示）。然后分别分成了两个分支：上面的分支用于定量计算单神经元的响应强度（详见 4.3.1 节第 2 小节），反映了单神经元对视觉刺激信息的表征作用；下面的分支用于定量计算神经元集群的连接强度（详见 4.3.1 节第 3 小节），涵盖了神经元集群小世界网络的相互作用关系所携带的视觉信息。最后，二者进行有机组合，最终实现对神经元集群整体响应的量化描述［表示为 R_{CA}，公式（4.10）］，详细计算步骤见 4.3.1 节第 1～5 小节。通过对比不同类型视觉刺激模式下集群响应强度的差异，证明小世界框架在表征特定类型视觉信息上的有效性。

1. 有效响应单元筛选

V1 区神经元具有稀疏的响应特性，每个神经元根据各自的特征调谐特性仅在它们偏好的视觉刺激特征出现时才有明显响应[51, 1]。对神经元集群响应进行量化描述的目的是分析神经元集群对视觉刺激的信息编码规律。因此，需要筛选有效响应单元，来构建神经元集群。对于有效响应单元给出如下定义：

定义 4.1（有效响应单元）：满足如下两个条件的初级视皮层神经元，在本节称为有效响应单元。

（1）神经元具有较为明显的朝向调谐特性，即朝向选择性指数 OSI＞0.5。计算公式[52]参见式（4.3）。

（2）神经元在最佳参数的光栅刺激下能产生显著性响应。

$$\mathrm{OSI} = \frac{\mathrm{RIpref} - \mathrm{RIorg}}{\mathrm{RIpref} + \mathrm{RIorg}} \tag{4.3}$$

式中，$\mathrm{RIorg} = \frac{\left(\mathrm{RIpref} - \frac{\pi}{2} + \mathrm{RIpref} + \frac{\pi}{2}\right)}{2}$，RIpref、RIorg 分别为最佳朝向与其正交方向光栅刺激下的有效响应。

关于是否有显著性响应的判断标准为：计算刺激后 0.5～1s 内的平均发放率作为神经元响应的基准线（表示为 R_b），定义该基准线的 5 倍水平为响应阈值，刺激后瞬时发放率的峰值大于该响应阈值，则认为该神经元在该刺激模式下有显著响应[53]，或统计每个神经元在特定刺激模式发生前后 0.5s 内的平均发放率，分别记为 r_b、r_s，采用 t 检验的方法测试多次重复刺激对应的 r_b 与 r_s 间的差异显著性，将 $P<0.01$ 的单元视为能够产生显著性响应的神经元。

具有朝向选择性的神经元在不同模式的刺激下具有较为明显的调谐特性，有助于显著区分不同的刺激模式，对集群响应的贡献相对较大[54]。

2. 单神经元响应强度的计算

对于每个有效响应单元，其响应强度的计算步骤如下：

首先，将其发放序列以 10ms 为间隔，统计每个时间间隔内的发放个数，并采用 Spike 触发刺激平均（STA）的方法绘制刺激后发放直方图（PSTH）。

然后，采用式（4.4）计算每个刺激模式下的响应指数（表示为 RI）：

$$\mathrm{RI} = 10 \times \left|\lg\left(\frac{R_s}{R_b}\right)\right| \tag{4.4}$$

式中，R_s 和 R_b 分别为刺激后 0～0.5s 和刺激后 0.5～1s 内的平均发放率。对数变换的引用主要是为了将抑制性单元（刺激后的响应弱于刺激前，即 $R_s < R_b$）的作用考虑在内[55]。

3. 集群各单元间交互作用强度的计算

本节的研究重点是神经元集群的响应强度，不考虑信息交互的方向。因此，这里侧重于计算神经元集群各单元间的交互作用强度，即无向连接。采用规则化互相关的方法，计算两两单元之间的交互作用强度。

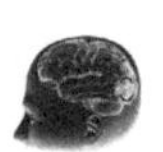

神经元间的同步化强度（或称为交互作用强度）衡量的是神经元之间发生信息交互的强度。由于不考虑方向性，同步化强度的计算相对简单，它也是神经科学领域常用于描述神经元集群连接活动的方法。

对于神经元间同步化强度的计算，最常用且简单的方法是通过计算互相关直方图[56-59]得到。在神经生物学领域，互相关表示的是一个神经元（目标神经元）相对于另一个神经元（参考神经元）的相对发放（概）率的函数。如果目标神经元在参考神经元发放后 t 秒发放的概率较高，则在这个时刻（t）互相关会出现一个峰值。因此，互相关在零时刻的峰值常作为描述两两神经元同步性强度的指标。另外，也有直接通过计算两时间序列的皮尔森互相关系数作为衡量两神经元放电间的同步化强度的[60]。

然而，从以上方法中计算得到的同步化强度，可能是由两神经元放电活动间的联系造成的，也可能是由序列中锋电位的偶然排列或共同受到外界非关联性的刺激引入的同步化成分造成的，而后者并不能反映神经元间的实际连接关系。因此，许多研究者在该方法的基础上进行了改进，比较典型的是对原始互相关直方图进行移位预测修正（shift predictor corrected）[61-64]，即将原始的互相关直方图减去移位预测子，其中移位预测子通过将两发放序列按照刺激周期进行移位重排后重新计算其互相关，并将多次移位得到的结果进行叠加平均得到。该方法等价于规则化联合刺激后直方图[63, 64]，也称为规则化互相关，是将两放电序列的刺激后直方图进行卷积后减去独立假设条件下的发放率，并除以二者发放率标准差的乘积，从而实现对原始互相关图的修正[65]。具体的实现步骤如下：

对于任意一对神经元 X 和 Y，它们在 M 次特定模式重复刺激下的发放序列分别表示为：$x_1(t_x), x_2(t_x), \cdots, x_M(t_x)$；$y_1(t_y), y_2(t_y), \cdots, y_M(t_y)$，其中，$t_x = 1, 2, \cdots, N_{mx}$；$t_y = 1, 2, \cdots, N_{my}$；$N_{mx}$ 和 N_{my} 分别代表神经元 X 和 Y 在第 m 次刺激下的发放个数。其中，设 X 为目标神经元，Y 为参考神经元，则两神经元间的交互作用强度采用如下步骤计算：

（1）设单位时间窗（bin）为 Δt，单次刺激时长为 T，则 Ts 内共有 $NT = T/\Delta t$ 个单位时间窗，对于互相关的时间轴长度则为 $2\times NT + 1$，即$[-NT\cdots NT]$。

（2）对于第 m 次刺激下的两组发放序列：$x_m(t_x)$：$x_m(1), x_m(2), \cdots, x_m(N_{mx})$和 $y_m(t_y)$：$y_m(1), y_m(2), \cdots, y_m(N_{my})$，统计 x_m（:）中所有发放时刻相对于 y_m（:）中的每一个发放时刻对应在时间窗$[-T, T]$（bin = Δt）内的共同发放个数，并除以 N_{mx}，其中每一次统计都是以 y_m（:）中的每一个发放时刻为 0 时刻，共统计 N_{my} 次，最后将 N_{my} 次的统计结果进行叠加平均。

（3）将 m 次刺激下对应的发放序列按照（2）给出的步骤分别进行计算，并将 m 次得到的结果进行叠加平均，得到原始的互相关直方图（raw correlagram）。

（4）将参考神经元在 M 次重复刺激下的数据按照瞬时次进行移位，即第 1 次刺激下的 Y 数据对应第 2 次刺激下的 X 数据，第 M 次刺激下的 Y 数据对应第 1 次刺激下的 X 数据，以此类推，根据步骤（2）、（3）计算一次移位后的互相关直方图。

（5）按照类似的方法进行 M–1 次移位，并将 M–1 次移位的结果进行叠加平均，最终得到规则化的互相关直方图（normalized correlogram）。

神经元由刺激引起的平均发放率并不会受移位的影响，移位仅仅会破坏神经元发放的单个 Spike 间生理上的联系。因为突触连接或者共模输入发生的时间尺度（time scales）相对于刺激间隔来说非常小，因此一个刺激周期内的 Spike 不会受到前面或者后面刺激周期内 Spike 序列的影响。

4. 神经元集群小世界连接结构的估计

对于任意一个由 N 个神经元构成的神经元集群，通过计算两两单元间的交互连接强度之后，则得到了一个 $N\times N$ 的交互作用矩阵，进一步采用动态阈值法将该交互作用矩阵转化为二值化矩阵 $\boldsymbol{A}$（包含元素 0 和 1），用来表示该集群的连接关系，其中 1 表示两个节点相连，0 表示不相连。这里，阈值（表示为 Tr）的设置是关键。

许多研究表明，皮层神经元集群呈现显著的小世界连接特性，即具有高的聚类系数和低的路径距离。本节根据 V1 区神经元集群的小世界连接特性，采用“迭代过阈值”法，估计了神经元集群的小世界连接结构，具体实现步骤如下：

（1）阈值的设置需要满足如下两个原则，以确保转换后的网络是“连接”的（即不会出现孤立的节点或者分离的两个集群）[66]：①阈值的设置需要保证余下的每一个节点要与至少一个其余的节点相连；②由 N 个节点构成网络的度要大于 ln（N）。

（2）挑选出所有满足以上两个原则的阈值（数值精度根据交互矩阵元素的最小间隔来确定），对交互作用矩阵中的每个元素按照式（4.5）进行变换，转化为二值矩阵 $\boldsymbol{A}$。

$$w_{ij}=\begin{cases}1 & I_{ij}\geqslant \mathrm{Tr}\\ 0 & I_{ij}<\mathrm{Tr}\end{cases} \tag{4.5}$$

式中，1 表示节点 i 与 j 之间是相连的，0 表示不相连。

（3）采用下述方法计算每个阈值对应二值矩阵 $\boldsymbol{A}$ 的小世界系数 S_{w}：

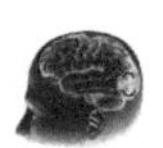

对于任意由 N 个神经元构成的网络，网络内总的连接数目设为 M，其小世界系数（表示为 S_{w}）通过如下方法计算：

（1）将 N 个神经元进行随机连接，构建 100 个与已知网络具有相同连接数量（M 个）的随机网络；

（2）分别计算已知网络和 100 个随机网络的平均路径距离[分别记为 L_{s} 和 L_{r}]和聚类系数[分别记为 C_{s} 和 C_{r}]，采用式（4.6）计算：

$$C = \frac{1}{N}\sum_{i=1}^{N}\frac{2E_i}{k_i(k_i - 1)} \tag{4.6}$$

式中，E_i 为第 i 个节点与跟它相连的所有节点所组成的子网络中连接的个数；k_i 为第 i 个节点的度。

（3）分别计算两个网络对应平均路径距离和聚类系数之间的比值，公式记为

$$\lambda = \frac{L_{\mathrm{s}}}{L_{\mathrm{r}}} \tag{4.7}$$

$$\gamma = \frac{C_{\mathrm{s}}}{C_{\mathrm{r}}} \tag{4.8}$$

在此基础上计算小世界系数，表达式如下：

$$S_{\mathrm{w}} = \frac{\gamma}{\lambda} \tag{4.9}$$

如果 $\lambda \approx 1$ 且 $\gamma > 1$，或者 $S_{\mathrm{w}} > 1$，则推论已知的神经元网络满足小世界的连接特性[67-69]。找出所有满足条件的 S_{w}，并将具有最显著小世界系数（S_{w} 最大）对应的神经网络确定为集群的最终连接关系。

5. 神经元集群响应的量化表示

在计算了单神经元的响应强度和神经元间的交互作用强度并确定了神经元集群的网络连接关系之后，采用式（4.10）来计算神经元集群整体的响应强度。该公式主要包含了两项：第一项综合了每个有效响应单元的响应强度，第二项则描述的是具有特定网络连接关系（连接矩阵用 $\boldsymbol{W}$ 表示）神经元集群间的交互作用强度。

$$R_{\mathrm{CA}} = \frac{1}{N}\left(\sum_{i=1}^{N}\mu_i[\mathrm{RI}]_i + \beta\sum_{i>j}^{N}\sum_{j=1}^{N}\omega_{ij}I_{ij}[\mathrm{RI}]_i[\mathrm{RI}]_j\right) \tag{4.10}$$

$$\beta = \frac{N}{\sum_{i>j}^{N}\sum_{j=1}^{N}\omega_{ij}} \tag{4.11}$$

式中，μ_i 为每个神经元的响应权值，由每个神经元的朝向选择性系数［OSI，

式（4.3）］确定；β 为集群交互作用强度对总体集群响应强度的贡献因子，主要为了确保具有不同连接密度的神经元集群响应强度之间具有可比性。

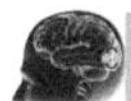

4.3.2 典型视觉刺激的电生理实验设计

实验总体方案、微电极阵列植入的手术步骤、神经电信号的采集及预处理微电极植入深度的组织学验证等实验条件的相关内容，可查看本书 2.1 节。下面重点给出视觉刺激实验的步骤以及相应的刺激模式参数和刺激方案。

首先，测定每个神经元的感受野位置和空间范围，并根据测定的结果调整屏幕与眼睛的相对位置，以确保神经元集群的感受野区域大致在屏幕的中心。

其次，采用如图 4-13 所示的刺激模式，测定每个神经元的朝向选择性，按照 4.3.1 节中第 1 小节给出的定义，筛选有效响应单元构建神经元集群。

图 4-13　不同朝向光栅

全屏光栅的参数为：最佳空间频率（0.02～0.08cpd）、时间频率 2Hz、对比度为 100%，12 个不同朝向（0～330°，30°为间隔），每个朝向光栅随机出现 1s，中间灰屏 1s，每个朝向共重复出现 20 次。

最后，采用图 4-14 和图 4-15 所示的刺激模式，验证小世界框架在表征神经元集群响应上的有效性。

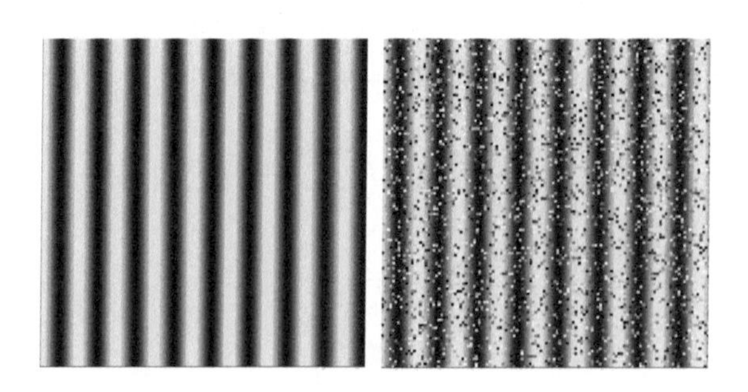

图 4-14　加入不同程度空间白噪声的光栅

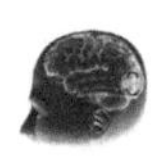

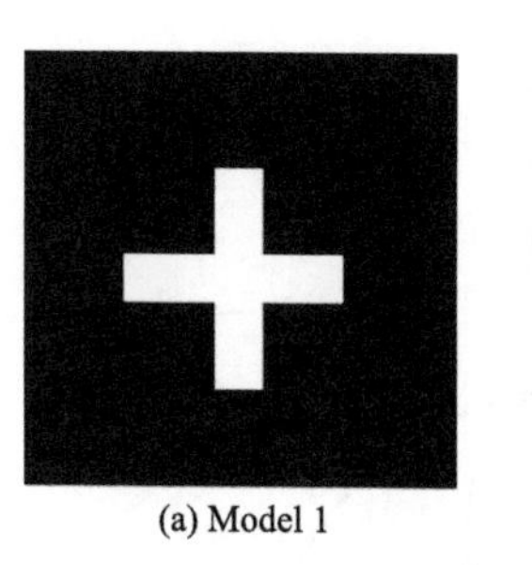

(a) Model 1

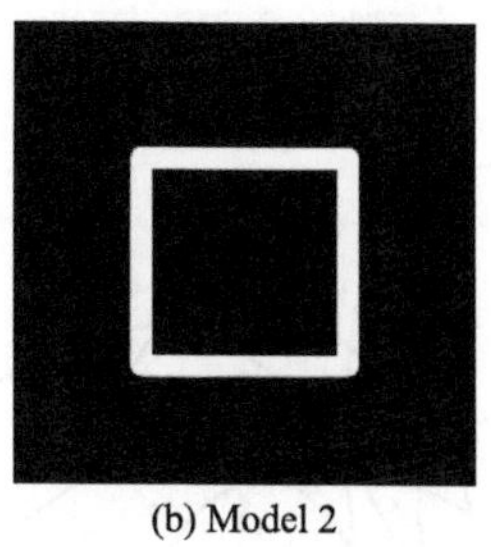

(b) Model 2

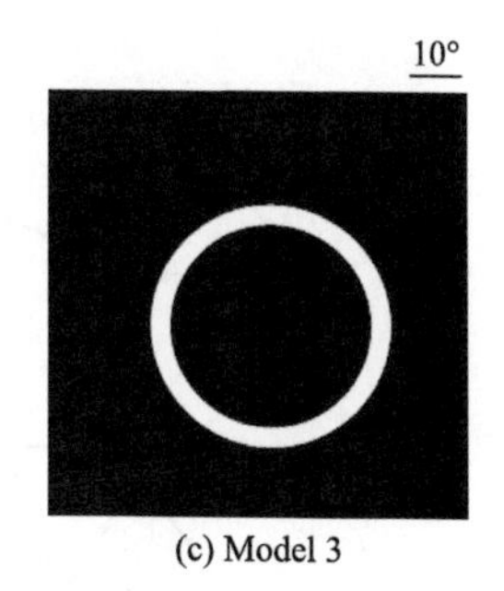

(c) Model 3

图 4-15　不同拓扑结构的形状图形

图 4-14 所示刺激模式为加入不同程度空间噪声的全屏光栅，空间噪声能够破坏光栅的整体结构，从而改变它的整体性信息[64]，该刺激模式用于验证经小世界框架输出的集群响应对刺激图像整体性信息的依赖性。图像中噪声块的位置随机生成，噪声面积与全屏光栅的面积之比定义为空间噪声的程度，以百分比的形式给出，共分 6 个等级：0、5%、10%、15%、20%、25%，其中每个噪声块大小为 3 像素×3 像素。图 4-14 中给出分别是无噪声和 15%噪声的光栅。刺激过程中，每幅图像随机出现 1s，中间灰屏 1s，每种模式重复出现 20 次。

图 4-15 为不同拓扑结构的形状图形，用于验证经小世界框架输出的集群响应强度对图像拓扑形状信息的区分能力，其中（b）、（c）为拓扑等价，分别与（a）图形拓扑不等价，三幅图像中白色的区域面积保持一致，背景的圈圈表示一个示例神经元集群的感受野范围。刺激过程中，每幅图像随机出现 1s，中间灰屏 1s，共重复出现 50 次。

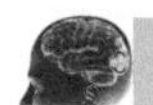

4.3.3　小世界框架在 V1 区集群信息表征上的有效性验证

采用同一个 2×8 的微电极阵列分别在 5 只大鼠 V1 区共采集了 109 个神经元，通过测定每个神经元的感受野位置、范围及其朝向选择性，并基于 4.3.1 节第 1 小节给出的筛选原则，得到了 72 个有效响应神经元，构成了 5 个神经元集群。5 个神经元集群得到了近似的结果，本节重点以其中一个神经元集群为例，给出中间实验结果，对于一些关键的实验结果给出了 5 只大鼠的统计结果。

1. 单神经元的响应特性

以其中一个神经元集群为例，各有效响应单元的感受野范围如图 4-16 所示。其中，每个椭圆表示一个神经元的感受野范围。背景中的方格用于测定感受野的刺激模式的单白格大小。

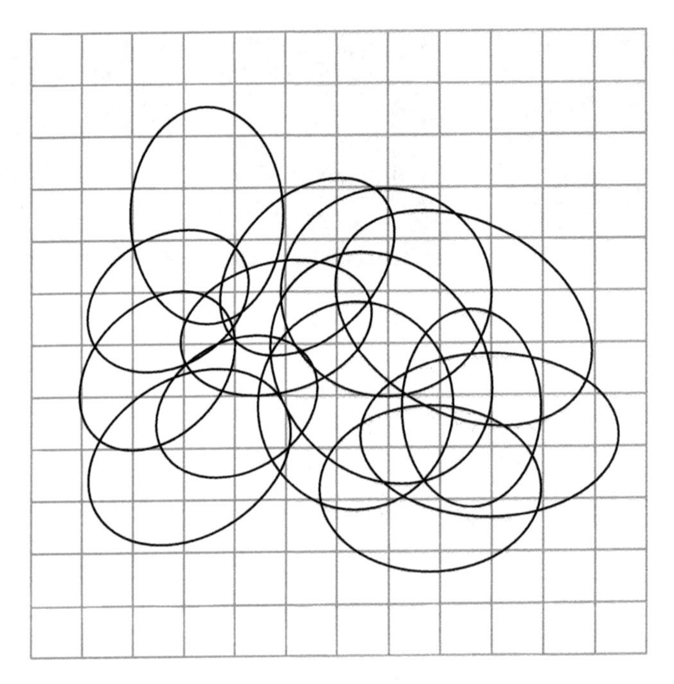

图 4-16　示例神经元集群的感受野空间范围

以其中一个神经元为例，其朝向调谐曲线如图 4-17 所示。

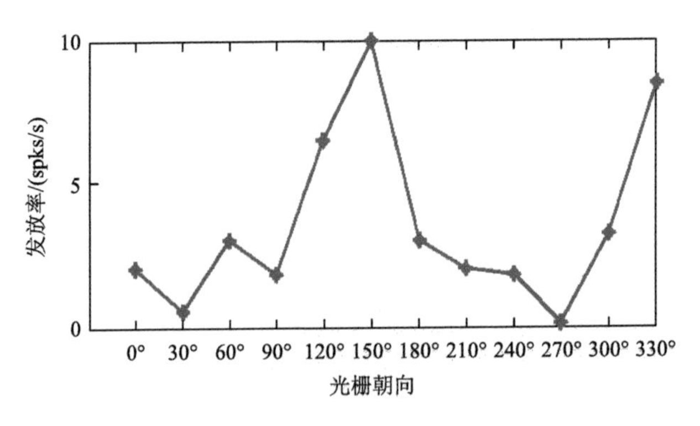

图 4-17　神经元的朝向调谐曲线（OSI = 0.5880）

从图 4-17 可以看出，该神经元在朝向 150°的光栅刺激下响应最强，而在正交方向 60°和 240°的光栅刺激下均较弱。根据式（4.3）计算其朝向选择性指数，为 0.5880，满足有效响应单元定义的第一条（参见 4.3.1 节第 1 小节）。其在最佳响应朝向为 150°光栅刺激下的发放序列和刺激后直方图如图 4-18 所示。

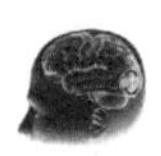

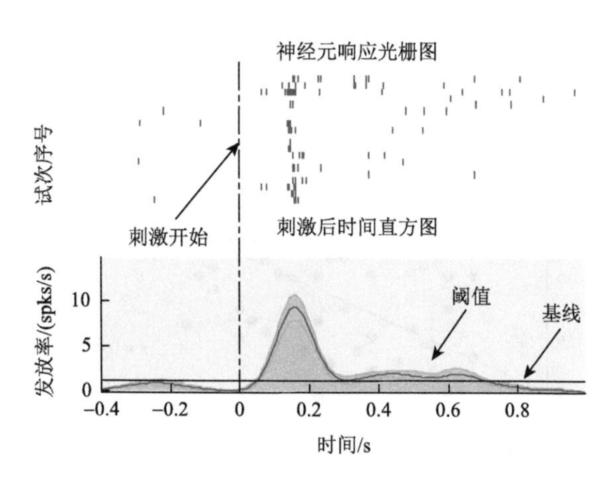

图 4-18　示例神经元的发放序列和刺激后直方图

从图 4-18 可以看出，该神经元在刺激呈现后具有较为明显的响应，而在刺激后约 0.3s 的时候逐渐下降至自发状态。采用 t 检验分析了该神经元在同一朝向 20 次重复刺激下以及刺激前的发放率，结果表明两组数据之间具有显著的差异（$P<0.01$）。因此，该神经元也同时满足了有效响应单元定义的第二条（参见 4.3.1 节第 1 小节），从而判断该神经元为有效响应单元。进一步，采用 4.3.1 节第 2 小节给出的方法计算每个神经元的响应强度 RI，为量化神经元集群的响应强度［式（4.10）］做准备。

为了确定式（4.10）中单神经元的响应权值，本节进一步分析了神经元的响应强度（RI）与其朝向选择性强度 OSI 之间的关系。对于从 5 例大鼠 V1 区采集的 72 个有效响应单元，以每个神经元的 ORI 为横坐标、RI 为纵坐标，绘制散点图，如图 4-19 所示。进一步采用线性方程对这些散点进行拟合，拟合后的直线如图 4-19 所示，拟合效果采用拟合优度（用 r 表示）和显著 P 值来衡量。

从图 4-19 可以看出，单神经元的响应强度与其朝向选择性之间存在着正比例的线性关系，由此可推断神经元的朝向选择性强度能从一定程度上反映神经元的响应程度。因此，在式（4.10）中，以朝向选择项强度 OSI 来作为单神经元响应在整个集群响应活动中的权值。该方法也符合视皮层规则化（normalization[70]）的响应特性。

2. 神经元集群的网络连接特性

在描述了单神经元的响应后，进一步采用 4.3.1 节第 3 小节给出的方法计算两两单元间的交互作用强度。以任意一对神经元为例，其规则化互相关图如图 4-20 所示。

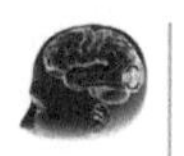

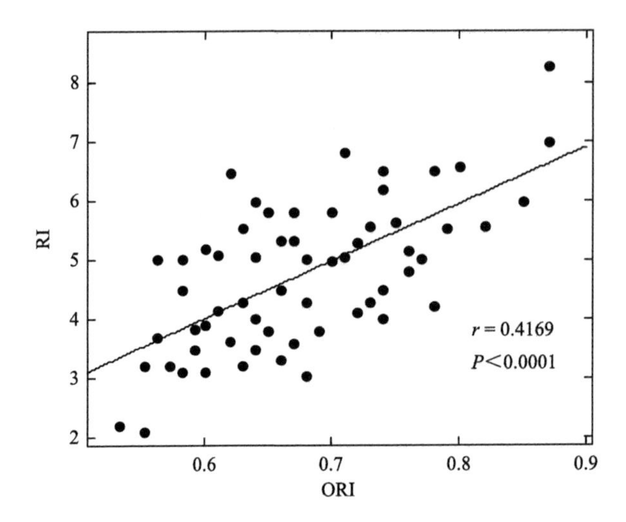

图 4-19　神经元的响应强度（RI）与朝向选择性强度（OSI）间的对应关系

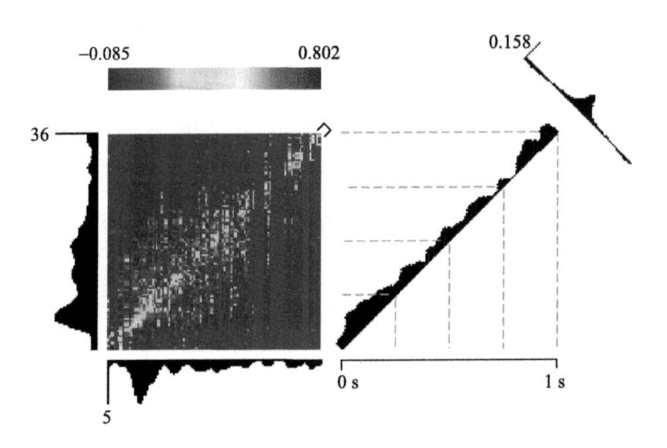

图 4-20　一对神经元间联合直方图和规则化互相关图

图 4-20 中，左图为联合刺激后直方图，最左侧为其中一个神经元的刺激后直方图，下方是另一个神经元的刺激后直方图。蓝色方框区域则是规则化联合刺激后直方图，其中任意横纵坐标（u, v）处的值代表了神经元 1 在时刻 u 与神经元 2 在时刻 v 的发放之间的皮尔森相关系数，通过对规则化联合刺激后直方图沿对角线进行叠加求和，可得到规则化互相关直方图，如右侧图所示。

从图 4-20 中可以看出，该神经元对间的交互作用强度为 0.158。在计算神经元集群中任意一对神经元间的交互作用强度之后，构建了神经元集群的相关矩阵，如图 4-21 所示，图中的颜色代表横纵轴对应两个单元间的相关性强度 I。

由于本节计算的神经元的交互作用强度属于无向连接，因此，神经元集群的

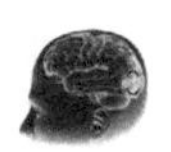

相关矩阵为对称型矩阵。进而根据 4.3.1 节第 4 小节给出的方法估计该神经元集群的网络结构。

首先，筛选出所有满足 4.3.1 节第 4 小节所述条件的阈值，表示为 Tr。

然后，计算每个阈值对应下神经元连接网络的小世界指数 S_w，并绘出二者间的对应关系，如图 4-22 所示。

从图 4-22 可以看出，随着阈值逐渐变大，网络中被去掉的无效连接也越多，剩下的有效连接就越少，网络中两两单元间的连接就变得更加稀疏，网络的小世界系数也随着变得更大，但是随着阈值的再逐渐变大，小世界系数发生了一定的波动，可能由于去掉了某些比较关键的节点（hubs）而导致网络性能下降。

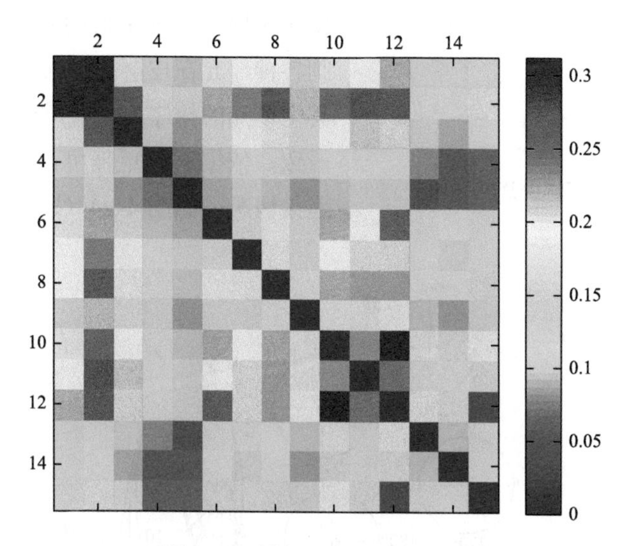

图 4-21　神经元集群的相关矩阵

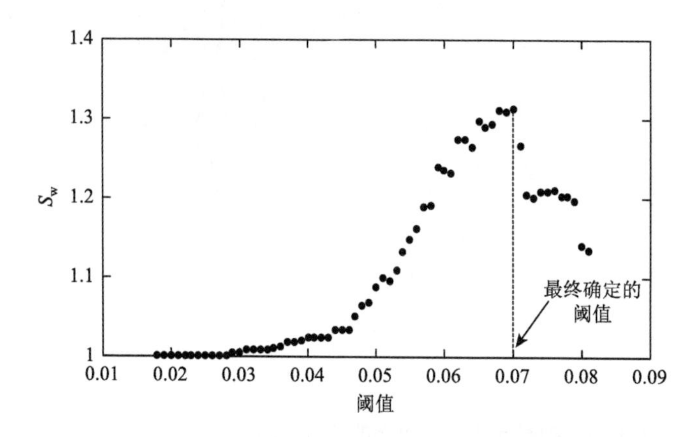

图 4-22　网络的小世界指数随阈值变化的趋势

最后，将具有最大小世界指数的网络确定为该神经元集群最终的网络结构，如图 4-23 所示。

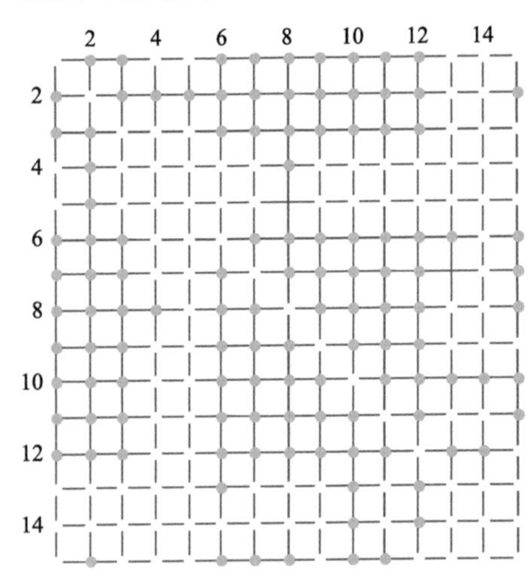

图 4-23　神经元集群的连接矩阵

图 4-21 和图 4-23 的横纵轴均为神经元的编号［编号准则如图 4-24（a）所示］，其中，图 4-23 横纵轴相交处的圆点表示经过阈值处理后该集群的连接关系，其中实心圆表示横纵轴对应单元之间相连接，而空心圆则表示不相连。

依照微电极阵列中各电极丝在皮层的排布顺序以及其采集的有效单元个数，绘制各神经元在皮层的分布图［图 4-24（a）］，其中单元的排序方式及编号与图 4-23 中的一致，依据连接矩阵可得出该集群真实的连接情况，如图 4-24（b）所示。

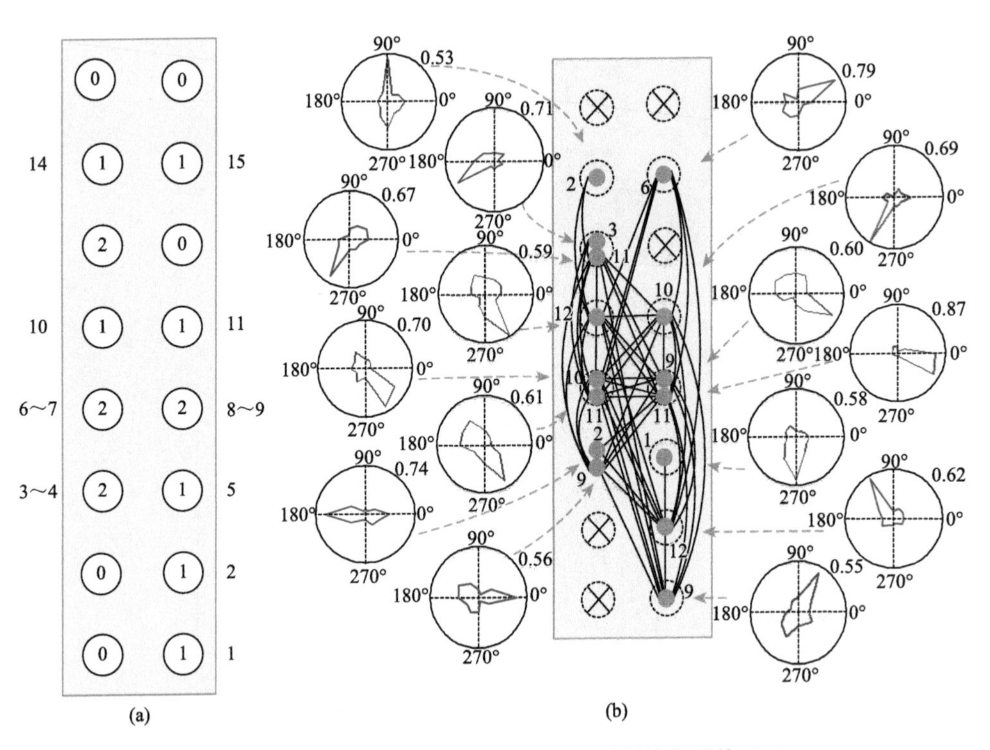

图 4-24　神经元集群各单元的编号（a）及其连接结构（b）

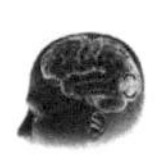

图 4-24（b）中每个单元的旁边是每个单元对应的朝向选择性调谐曲线，其调谐指数标在对应曲线的右上角。

3. 小世界连接的神经元集群信息表征

采用本节提出的小世界框架，量化了神经元集群在典型视觉刺激模式下的响应，并与常规基于全连接网络的量化框架（full connectivity network，FCF，是目前该领域常用于描述神经元群体响应的一种简化范式[64]）进行对比，以证明小世界的空间连接特性在表征神经元集群响应特性上的优越性。两种方法在量化集群响应上的参数对比汇总在表 4-1 中。从对比表中可以看出，二者主要的区别在于网络的连接权值 w 和连接数目上。

表 4-1　小世界框架和对照组框架的参数对比

项目	SWF	FCN
α	OSI	OSI
RI	RI	RI
β	$2\cdot N/\sum_{i\neq j}\omega_{ij}$	$2/[N\cdot(N-1)]$
w	W	1
I	I	I

本节主要从如下两个方面对小世界框架（small world frame work，SWF）的有效性进行验证：

一方面，利用本节提出的 SWF，计算如图 4-14 所示加入不用程度空间白噪声的光栅图像刺激下神经元集群的响应强度，并进行线性最小二乘回归分析，确定了神经元集群响应强度随着空间噪声增多的变化趋势，并与基于对照组 FCF 的结果进行对比分析。对比结果如图 4-25 和表 4-2 所示。

从图 4-25 可以看出，每种方法得到的神经元集群响应强度均随着空间噪声的增多而下降。通过对比两组数据的拟合结果（表 4-2）可以发现，基于 SWF 得到的集群响应拟合效果更好，表现为：显著 P 值更小，拟合优度更接近 1，标准差更小。这说明，这组数据随着刺激图像中的空间噪声增多，其响应所发生线性调制的规律更凸显（有研究[64]报道刺激图像的整体性信息能够调制集群响应活动发生线性调制变化）。从一定程度证明了本节提出的 SWF 所描述的集群响应更显著地表征神经元集群对图像整体性信息的编码特性。

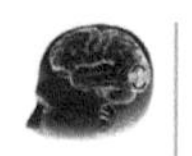

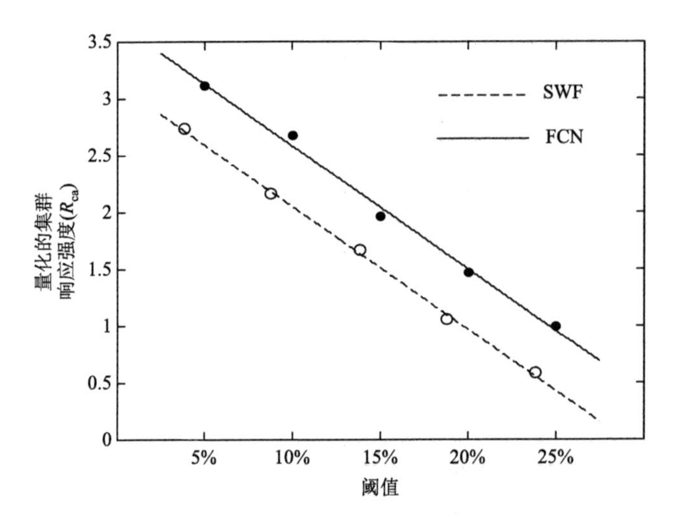

图 4-25　神经元集群响应强度随空间噪声的变化规律

表 4-2　图 4-25 中回归分析的拟合统计结果

项目	SWF	FCN
s	−0.5408	−0.5425
P	0.00003	0.0023
adjR^2	0.9983	0.9684
stdError	0.0352	0.1141

注：s 表示拟合曲线的斜率；P 表示拟合的显著值；adjR^2 表示拟合优度；stdError 表示拟合的标准差。

另一方面，分别基于两个量化框架，计算了不同形状图形（刺激模式如图 4-15 所示）刺激下神经元集群的响应强度。通过对比不同拓扑形状对应的集群响应发现，基于 SWF 的神经元集群能够显著地（$P<0.05$）区分拓扑不等价的形状（Model 1 *vs* Model 2，Model 1 *vs* Model 3），而基于 FCN 计算的集群响应在拓扑不等价的图像之间没有显著差异，对比结果如图 4-26 所示。

为了进一步获得不同组数据之间差异程度的量化指标，本节采用单因素方差分析计算了不同拓扑形状下集群响应之间的差异显著值（P），并计算了 Hedge's g[72] 值，用于衡量不同组数据间的效应大小（effect size①），结果汇总在表 4-3 中。

① 表示由因素引起的差别，该指标与显著性检验不同的是，它不受样本容量影响，表示不同因素影响下总体均值间的差异，可在不同领域中采集的数据之间进行比较。

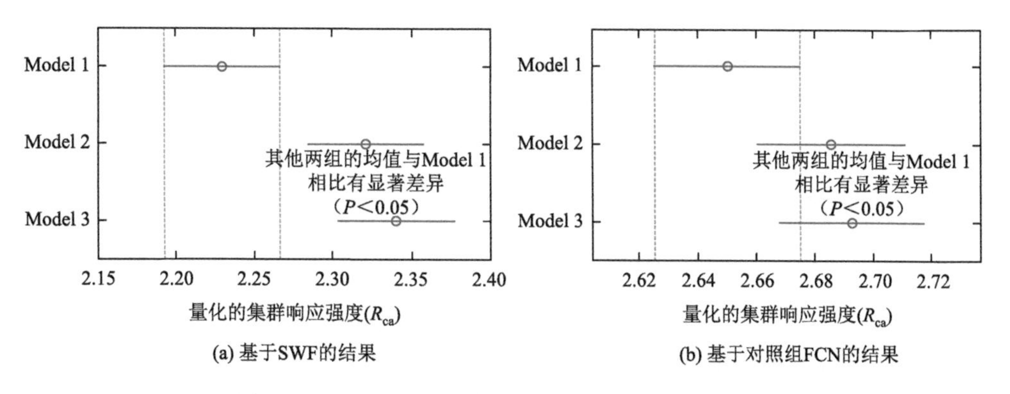

图 4-26　不同拓扑图形刺激下神经元集群响应的分布

表 4-3　单因素方差分析和效应大小的对比结果

不同拓扑图形比较	SWF		FCN	
	P	Hedge's g	*P*	Hedge's g
Model 1 *vs* Model 2	0.0042	0.9197	0.0883	0.2682
Model 1 *vs* Model 3	4.7056e-04	1.1533	0.0608	0.3225
Model 2 *vs* Model 3	0.5597	0.1781	0.7584	0.0482

结合图 4-26 和表 4-3 的结果可以看出，对于拓扑等价的图形（Model 2 *vs* Model 3），两个量化框架所计算的集群响应均能很好地区分，而对于拓扑不等价的图形，基于本节提出的 SWF 所计算的集群响应之间具有显著的差异（$P<0.001$，Hedge's g>0.8），而基于对照组 FCF 得到的集群响应之间没有显著差异（$P>0.05$，Hedge's g<0.5）。由此可以得出结论，小世界框架在表征不同拓扑形状图像信息上更具优势。

4.4　初级视皮层“广义线性-动态小世界”集群编码模型

4.3 节阐明了小世界连接特性在集群信息表征上的关键意义。由此产生一个疑问——这种具备小世界连接且动态的连接方式是否在神经元集群的信息编码中具有一定的贡献？为了寻找相关证据，本节在常规广义线性模型①的理论框架基础上，通过加入神经元集群的动态连接、稀疏性响应和小世界连接等特性，构建了用于描述神经元动态集群编码过程的新的理论模型，称为“广义线性-动态小世

① 一种用于描述神经元集群编码活动的通用模型框架。

界”（generalized linear-dynamic small world，GLDSW）集群编码模型，并与常规广义线性模型框架下的“线性-非线性-泊松”（linear-nonlinear-Poisson，LNP）模型进行对比。

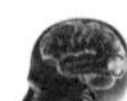 4.4.1 “广义线性-动态小世界”集群编码模型的构建原理

1. 动态小世界网络模型

小世界网络是介于规则网络和随机网络之间的一种网络类型，兼备规则网络的较大聚类系数和随机网络中较小路径距离等小世界特征。这里借鉴 Cont 和 Tanimura[73]对小世界网络的描述，用图论的语言描述了小世界网络的基本原则。并做如下定义：

定义 4.2（上缩放界[73]）：令 Θ^N 表示由 $N(\geqslant 1)$ 个节点构成的网络 Θ，则（Θ^N）表示由若干个 Θ^N 组成的图列（a sequence of graphs），对该图列的任意度量记为 $(Q(\Theta^N))$。若一个确定性序列（$g(N)$）满足如下条件，则称为是 $(Q(\Theta^N))$ 的上缩放界。

$$\limsup_{N\to\infty}\frac{Q(\Theta^N)}{g(N)}\leqslant 1 \tag{4.12}$$

相应地，下缩放界通过如下方式定义：

定义 4.3（下缩放界[73]）：令 Θ^N 表示由 $N(\geqslant 1)$个节点构成的网络 Θ，则（Θ^N）表示由若干个 Θ^N 组成的图列，对该图列的任意度量记为 $(Q(\Theta^N))$。若一个确定性序列（$g(N)$）满足如下条件，则称为是 $(Q(\Theta^N))$ 的下缩放界。

$$\limsup_{N\to\infty}\frac{Q(\Theta^N)}{g(N)}\geqslant 1 \tag{4.13}$$

定义 4.4（缩放[73]）：令（Θ^N）表示在似然空间（Ω，Π，P）中定义的图列。对于一个度量函数 Q：$G_\infty\to[0,\infty]$，如果满足：

$$\limsup_{N\to\infty}\frac{E[Q(\Theta^N)]}{g(N)}\leqslant 1 \tag{4.14}$$

则称确定性序列（$g(N)$）是度量 $Q(\Theta^N)$ 期望的上缩放界；

$$\limsup_{N\to\infty}P\left(\frac{Q(\Theta^N)}{g(N)}\leqslant 1\right)=1 \tag{4.15}$$

则称确定性序列（$g(N)$）是概率上的上缩放界；

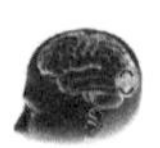

$$P\left(\limsup_{N\to\infty}\frac{Q(\Theta^N)}{g(N)}\leqslant 1\right)=1 \tag{4.16}$$

则称确定性序列（g（N））是几乎必然（almost-sure）的上缩放界。

定义 4.5（小世界网络[73]）：对于任何一个由 N（≥1）个节点构成的网络 Θ^N，其拓扑连接结构 Γ 若满足以下条件，则这个网络模型可被称为小世界网络：

（1）Γ 是稀疏的，即存在一个常数 φ_1（≥0），使得 $\varphi_1\ln(N)$ 是网络 Θ^N 平均度［用 $K(\Theta^N)$ 表示］的上缩放界。

（2）Γ 具有较短的路径，即存在常数 φ_2（≥0），使得 $\varphi_2\ln(N)$ 是网络 Θ^N 路径长度［用 $L(\Theta^N)$ 表示］的上缩放界。

（3）Γ 的聚类系数（用 C 表示）大于 0，即

$$\exists\varphi_3>0\quad\forall C\approx\varphi_3 \tag{4.17}$$

以上特性在概率或期望上均是几乎必然地成立。

Saramäki 和 Kaski[74]考虑到实际应用网络中节点与节点之间会发生流动性交互的特点，提出了动态小世界网络（DSW）以模拟实际环境中的网络。这里给出动态小世界网络的定义。

定义 4.6（动态小世界网络）：任何一个由 N（≥1）个节点构成的小世界网络 Θ^N，其拓扑连接结构 Γ 若满足以下条件，则这个网络模型可被称为动态小世界网络：

（1）在相同刺激条件下或相同状态下，网络的拓扑连接结构 Γ 是固定不变的。

（2）在刺激条件改变的情况下，网络的拓扑连接结构 Γ 是可变的，但不是必然的。

（3）无论在哪种条件下，Γ 均满足定义 4.5 中的三个条件。

2. “广义线性-动态小世界”集群编码模型

依据广义线性模型的理论框架，结合小世界网络模型的相关理论，构建了“广义线性-动态小世界”集群编码模型（GLDSW 模型），将神经元发放活动描述成一个服从泊松分布的点过程，并将影响神经元发放的因素概括为如下三个方面——外界刺激的调制作用、自身发放历史及其与邻近神经元的耦合作用，同时设置约束条件，使得与邻近神经元组成的耦合网络满足动态小世界网络的相关特性（参见定义 4.5）。该 GLDSW 模型的整体框架如图 4-27 所示。

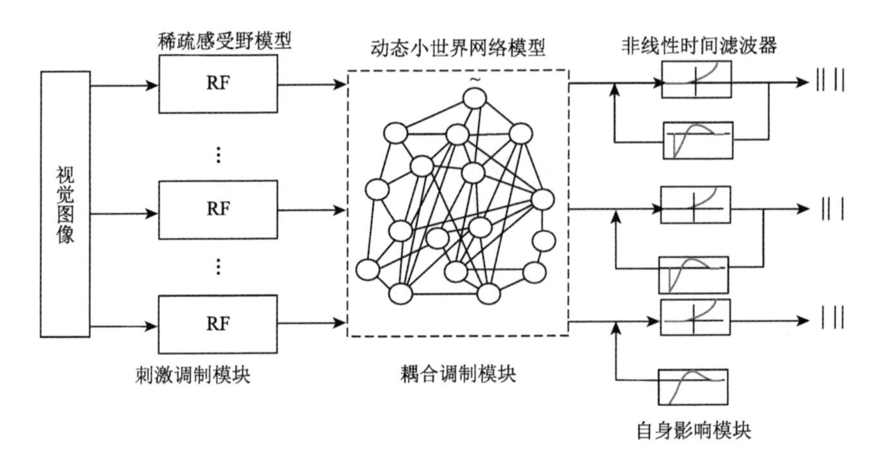

图 4-27 GLDSW 模型的整体框架

从图 4-27 可以看出，本节构建的 GLDSW 模型主要包含如下三个模块：刺激调制模块、耦合调制模块和自身影响模块。

刺激调制模块：描述了 V1 区神经元时空感受野的空间滤波作用，主要通过构建稀疏感受野模型（用 RF 表示）实现，构建步骤详见 4.4.2 节第 1 小节。

耦合调制模块：模拟了邻近神经元对目标神经元的耦合作用，这里在采用时间滤波器模拟两两单元间耦合关系的基础上，结合了神经元集群动态小世界的连接特性，通过构建与实际神经元集群相符合的动态小世界网络模型，确定每个神经元周边的连接数目以及连接强度，实现对耦合调制模块的构建，具体构建步骤参见 4.4.2 节第 2 小节。

自身影响模块：模拟了神经元自身放电历史的影响效应，包括神经元的不应期效应、神经渐进复原期以及自主振荡特性等自身特性对发放的影响，采用非线性的时间滤波器构建。具体构建步骤参见 4.4.2 节第 3 小节。

3. 模型参数估计的方法

这里采用极大似然估计的方法估计模型的参数。首先，根据广义线性模型的似然函数，定义得分函数和信息矩阵（information matrix）。针对第 i 个观测值，其似然函数为

$$l_i = \log(f(\beta,\varphi,y_i)) = \frac{y_i\theta_i - b(\theta_i)}{a(\varphi)} + c(y_i,\varphi) \tag{4.18}$$

根据链导法则，可得

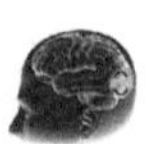

$$\frac{\partial l_i}{\partial \beta_i}=\frac{\partial l_i}{\partial \theta_i}\frac{\partial \theta_i}{\partial \mu_i}\frac{\partial \mu_i}{\partial \eta_i}\frac{\partial \eta_i}{\partial \beta_i} \tag{4.19}$$

考虑 $\mu=b'(\theta_i)$，并定义 $V_i=b''(\theta_i)$，因此可得

$$\frac{\partial \theta_i}{\partial \mu_i}=\frac{1}{\partial \mu_i/\partial \theta_i}=\frac{1}{b''(\theta)}=\frac{1}{\nu_i} \tag{4.20}$$

在此定义权重：

$$\omega_i(\beta)=\frac{1}{\nu_i\left(\dfrac{\partial \eta_i}{\partial \mu_i}\right)^2} \tag{4.21}$$

于是，得到

$$\frac{\partial l_i}{\partial \beta_j}=\frac{y_i-\mu_i}{a(\varphi)}\frac{1}{\nu_i}\frac{\partial \mu_i}{\partial \eta_i}\left(x_{ij}\right)=\frac{y_i-\mu_i}{a(\varphi)}\omega_i(\beta)\frac{\partial \mu_i}{\partial \eta_i}x_{ij} \tag{4.22}$$

根据式（4.22）定义第 j 个变量的得分函数 $U_j(\beta)(j=1,2,\cdots,p)$：

$$U_j(\beta)=\frac{\partial l}{\partial \beta_j}=\sum_{i=1}^{n}\frac{y_i-\mu_i}{a(\varphi)}\omega_i(\beta)\frac{\partial \eta_i}{\partial \mu_i}x_{ij} \tag{4.23}$$

针对第 i 个观测值的似然函数 l_i 求二阶导数：

$$\frac{\partial^2 l_i}{\partial \beta_r \partial \beta_j}=\frac{\partial\left[\dfrac{y_i-\mu_i}{a(\varphi)}\omega_i(\beta)\dfrac{\partial \eta_i}{\partial \mu_i}x_{ij}\right]}{\partial \beta_r}=\frac{\partial\left[\dfrac{y_i-\mu_i}{a(\varphi)}\right]}{\partial \beta_r}\omega_i(\beta)\frac{\partial \eta_i}{\partial \mu_i}x_{ij}+\frac{y_i-\mu_i}{a(\varphi)}\frac{\partial\left[w_i(\beta)\dfrac{\partial \eta_i}{\partial \mu_i}x_{ij}\right]}{\partial \beta_r} \tag{4.24}$$

针对式（4.24）求期望：

$$-E\left(\frac{\partial^2 l_i}{\partial \beta_r \partial \beta_j}\right)=\frac{1}{a(\varphi)}\frac{\partial \mu_i}{\partial \beta_r}\omega_i(\beta)\frac{\partial \eta_i}{\partial \mu_i}x_{ij}=\frac{1}{a(\varphi)}\frac{\partial \eta_i}{\partial \beta_r}\frac{\partial \mu_i}{\partial \eta_i}\omega_i(\beta)\frac{\partial \eta_i}{\partial \mu_i}x_{ij}=\frac{1}{a(\varphi)}\omega_i(\beta)x_{ij}x_{ir} \tag{4.25}$$

根据式（4.24）定义信息矩阵 $\boldsymbol{I}(\beta)$，其中元素 $I_{rj}(\beta)$ 为

$$I_{rj}=-E\left(\frac{\partial^2 l}{\partial \beta_r \partial \beta_j}\right) \tag{4.26}$$

若 $\hat{\beta}$ 为极大似然估计值，则有 $U(\hat{\beta})=0$。进而根据中值定理，则有

$$-U(\beta_0)=U(\hat{\beta})-U(\beta_0)=\frac{\partial U(\beta^{*})}{\partial \beta}(\hat{\beta}-\beta_0) \tag{4.27}$$

其中，$\beta^{*}\in[\beta_0,\hat{\beta}]$，因此

$$\hat{\beta}=\beta_0+I^{-1}(\beta^{*})U(\beta_0) \tag{4.28}$$

进而可以得到 Fisher 得分方法的迭代公式：

$$\hat{\beta}_{i+1}=\hat{\beta}_i+I^{-1}(\hat{\beta}_i)U(\hat{\beta}_i) \tag{4.29}$$

$$I(\hat{\beta}_t)\hat{\beta}_{t+1}=I(\hat{\beta}_t)\hat{\beta}_t+U(\hat{\beta}_t) \tag{4.30}$$

将式（4.23）和式（4.26）代入式（4.30），则可以进一步得到

$$\frac{1}{\alpha(\varphi)}\sum_{i=1}^{n}w_{ti}x_i\left(\sum_{j=1}^{p}x_{ij}\hat{\beta}_{(t+1)j}\right)=\frac{1}{\alpha(\varphi)}\sum_{i=1}^{n}w_{ti}x_i\left[\hat{\eta}_t+(y_t-\mu_i)\frac{\partial\eta_i}{\partial\mu_i}\right]_{\beta=\hat{\beta}_i} \tag{4.31}$$

定义一个调节相依变量 Z_{ti}，具体的表达式为

$$Z_{ti}=\hat{\eta}_{ti}+\left[(y_i-\mu_i)\frac{\partial\eta_i}{\partial\mu_i}\right] \tag{4.32}$$

则式（4.31）可以进一步简化为

$$\sum_{i=1}^{n}w_{ti}x_i\left(Z_{ti}-\sum_{j=1}^{p}x_{ij}\hat{\beta}_{(t+1)j}\right)=0 \tag{4.33}$$

将式（4.33）改写成矩阵形式，则为

$$\hat{\beta}_{t+1}=(\boldsymbol{X}^{\mathrm{T}}\boldsymbol{W}_t\boldsymbol{X})^{-1}\boldsymbol{X}^{\mathrm{T}}\boldsymbol{W}_t\boldsymbol{Z}_t \tag{4.34}$$

其中，

$$\boldsymbol{X}=\begin{bmatrix}x_{11} & x_{12} & \cdots & x_{1p}\\ x_{21} & x_{22} & \cdots & x_{2p}\\ \vdots & \vdots & \ddots & \vdots\\ x_{n1} & x_{n2} & \cdots & x_{np}\end{bmatrix},\quad \boldsymbol{W}_t=\begin{bmatrix}w_{t1} & 0 & \cdots & 0\\ 0 & w_{t2} & \cdots & 0\\ \vdots & \vdots & \ddots & \vdots\\ 0 & 0 & \cdots & w_{tn}\end{bmatrix},\quad \boldsymbol{Z}_t=\begin{bmatrix}z_{t1}\\ z_{t2}\\ \vdots\\ z_{tn}\end{bmatrix} \tag{4.35}$$

由 $\hat{\beta}_{i+1}$ 可得到

$$\hat{\eta}_{t+1}=\boldsymbol{X}\hat{\beta}_{t+1},\quad \hat{\mu}_{t+1}=g^{-1}(\hat{\eta}_{t+1}) \tag{4.36}$$

然后通过上述公式连续迭代，直至满足预先设定的收敛条件（即$\left|\hat{\beta}_{N+1}-\hat{\beta}_N\right|<\varepsilon$）为止。

4.4.2 模型的实现步骤

GLDSW 模型的三个模块分别采用三组滤波器进行描述。其中，刺激调制模块的稀疏感受野模型采用一组时空滤波器进行描述（用 $\boldsymbol{R}$ 表示），耦合调制模块采用一组满足动态小世界网络特性的耦合滤波器进行描述（用 $\boldsymbol{C}$ 表示），自身影响模块采用非线性的放电历史依赖滤波器进行描述（用 $\boldsymbol{P}$ 表示）。

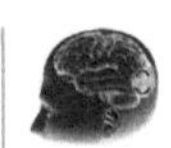

因此，对于由 N 个神经元组成的集群而言，其中每个神经元在第 i 个时间区间（$t_i, t_i+\Delta$]内的放电率（条件密度）采用如下公式进行估计：

$$\lambda(t_i \mid B_{1:i}^{1:M}, s_{i+\tau}, \theta) = \lambda_R(t_i \mid s_{i:i+\tau}, \theta_R)\lambda_P(t_i \mid B_{1:i}, \theta_P)\lambda_C(t_i \mid B_{1:i}^{1:K}, \theta_C) \tag{4.37}$$

式中，$\theta = \{\theta_R, \theta_C, \theta_P\}$ 为待估计的未知参数；$\lambda_R(t_i \mid x_{i:i+\tau}, \theta_R)$ 为第 i 到第 $i+\tau$ 个时间区间内刺激模式的协方差特性对该神经元的影响效应；$\lambda_P(t_i \mid B_{1:i}, \theta_P)$ 为由该神经元的历史发放 $B_{1:i}$ 贡献的成分；$\lambda_C(t_i \mid B_{1:i}^{1:K}, \theta_C)$ 为与该神经元相连的其他 K 个神经元因相互耦合作用对其产生的影响成分。具体实现步骤详见 4.4.2 节第 1～3 小节。

1. 刺激调制模块的实现

刺激调制模块用于模拟 V1 区神经元时空稀疏感受野的时空滤波作用，通过构建时空滤波器 $\boldsymbol{R}$ 实现。本节采用矩阵秩为 2 的高维向量 $\boldsymbol{R}(x, y, \phi, \tau)$ 来表征。

$$\boldsymbol{R}(x, y, \varphi, \tau) = R_{s,1}(x, y, \varphi)R_{t,1}(\tau) - R_{s,2}(x, y, \varphi)R_{t,2}(\tau) \tag{4.38}$$

式中，$R_{s,\bullet}(x, y, \varphi)$ 为朝向为 φ 的空间滤波器；$R_{t,\bullet}(\tau)$ 为时间滤波器。这里采用二维 Gabor 函数来近似地估计 V1 区神经元感受野的空间滤波器：

$$R_s(x, y, \varphi) = W\mathrm{e}^{-((x-x_0)\cos\varphi+(y-y_0)\sin\varphi)^2/\sigma_x^2-((y-y_0)\cos\varphi-(x-x_0)\sin\varphi)^2/\sigma_y^2} \tag{4.39}$$

式中，(x, y)为矩阵中每个点的位置坐标；W 为响应的振幅；φ 为最佳朝向；σ_x 和 σ_y 分别为感受野的长和宽。时间滤波器 $R_t(t)$ 的参数则采用伽马分布函数进行拟合获得，公式如下：

$$R_t(t) = A(t-t_0)^{\alpha}\,\mathrm{e}^{-(t-t_0)/\tau+C_0} \tag{4.40}$$

式中，A, α, τ, t_0和C_0 为自由参量。

完成时空滤波器 $\boldsymbol{R}$ 的构建之后，由该模块贡献的条件密度函数 $\lambda_R(t_i \mid B_{i:i+\tau}, \theta_R)$ 即可写成如下形式：

$$\lambda_R(t_i \mid B_{i:i+\tau}, \theta_R) = \exp(R \cdot s) \tag{4.41}$$

式中，s 为输入的视觉刺激模式。

2. 耦合调制模块的实现

耦合调制模块模拟的是邻近神经元对当前目标神经元的耦合效应，也可理解为周边神经元群对该神经元的动态交互性影响作用。每个周边神经元对目标神经元的耦合作用均通过构建耦合滤波器实现，采用时间滤波器进行模拟。本节采用如图 4-28 所示基函数进行线性组合实现。

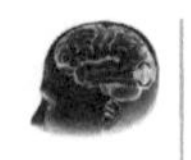

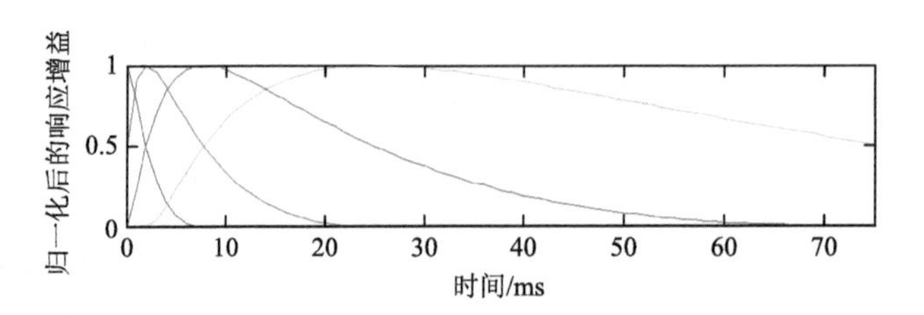

图 4-28　用于构建耦合滤波器的基函数

采用下述公式计算由邻近神经元耦合效应贡献的条件概率成分：

$$\lambda_C(t_i \mid B_{1:i}^{1:K}, \theta_C) = \exp\left(\sum_{k=1}^{K} c_k \cdot B_k\right) \tag{4.42}$$

式中，c_k 和 B_k 分别为周边第 k 个神经元的耦合滤波器和历史发放序列；K 为与目标神经元存在耦合关系的神经元数量。

常规 GLM 集群编码模型通常是在全连接的情况下，通过设置惩罚项［式(4.43)］，采用极大化惩罚似然值来实现，该方法能有效减小耦合的数量，能避免回归过程中出现过拟合的现象。

$$-\alpha \int \left| \sum_{i=1}^{K} c_k(t)^2 \right|^{1/2} \mathrm{d}t \tag{4.43}$$

然而，这个过程中并未考虑神经元集群的小世界网络特征。这里采用的方法，估计实际采集神经元集群在特定刺激模式下的功能连接结构，并分析其小世界特性，包括平均度分布、聚类系数、平均路径距离，然后依据动态小世界网络模型的特性，根据已知的节点数目和连接数目，生成具有符合实际采集集群连接结构的小世界网络，以此来确定模型内部各单元的耦合关系。

WS 模型[66]和 NW 模型[75]是最经典的小世界网络模型。WS 模型的构造原理如下：

（1）构造一个平均度为 K 由 N 个节点构成的规则图，即构造一个具有 N 个节点的环，环上每个节点与左右相邻的 $K/2$ 个节点相连，K 是偶数。

（2）随机化重组节点间的连接关系：以概率 p 随机连接网络的每条边，保持一条边不变，随机选择一个节点作为边的另一端，同时规定不允许自连和重连。

为了保证网络具有稀疏性，要求 $N \gg K$，当 $p = 0$ 时，模型变为规则网络，当 $p = 1$ 时则模型转化为随机网络。

为了避免 WS 模型中因随机化重连而造成孤立子网，NW 模型用随机化加边代替了随机化重连。当 p 值足够小和 N 值足够大时，二者等价。

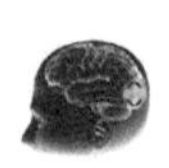

以 48 个节点为例，图 4-29 给出了网络平均路径距离和聚类系数随概率变化的曲线。

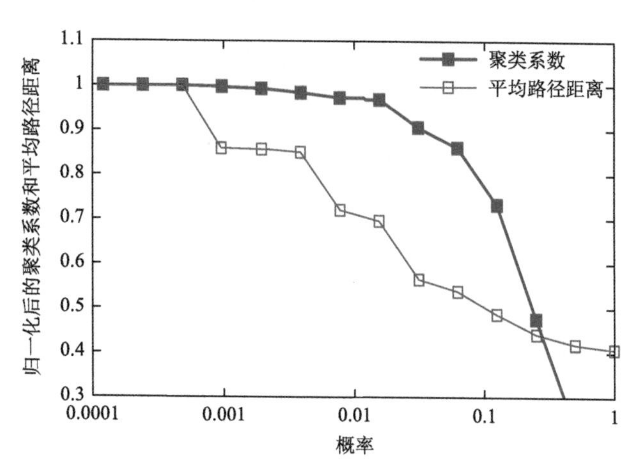

图 4-29　小世界网络 $L(p)$ 和 $C(p)$ 的归一化图（节点 $N=48$，$K=3$）

从图 4-29 可以看出，随着概率逐渐变小，网络的聚类系数缓慢变小，而平均路径距离迅速变小。换句话说，网络能在保持较大聚类系数的情况下，具有较小的路径距离，这是小世界网络的典型特点。以 $p=0.1$ 为例，网络的连接关系如图 4-30 所示。

由图 4-30 可以看出，网络中的节点除了与邻近的若干节点相连以外，还与其他节点之间存在稀疏的连接。这里，将与邻近节点之间的短程连接视为固定的连接，即不随刺激条件改变而变化的连接，将与其他节点之间的连接视为远程连接，其会随视觉刺激条件改变而发生瞬时相连或断连情况，即在常规小世界网络模型的基础上，另附加一个动态网络连接权值，使得模型的网络连接的结构能够根据刺激条件的变化得到实时更新。

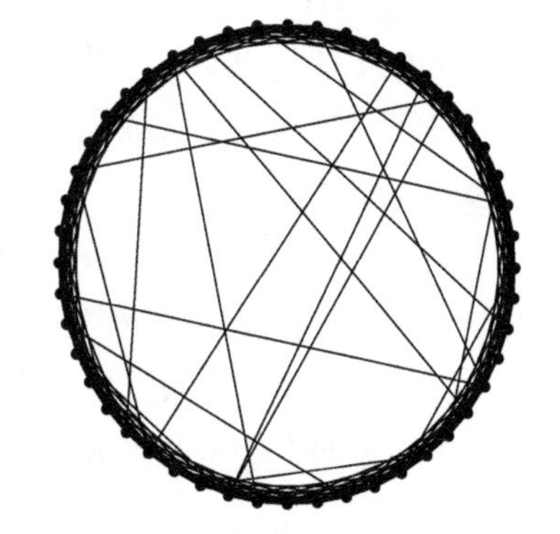

图 4-30　重连概率 $p=0.1$ 时对应的小世界网络连接关系

3. 自身影响模块的实现

自身影响模块模拟的是神经元对于自身放电前历史数据的依赖特性，本节通过构建时间滤波器来实现，该滤波器由如下基函数通过线性组合构造而成。

$$b_j(t)=\begin{cases}\dfrac{\cos(a\lg(t+c)-\varphi_j)+1}{2} & 若\ a\log(t+c)\in[\varphi_j-\pi,\varphi_j+\pi] \\ 0 & 其他\end{cases} \tag{4.44}$$

通过改变 φ_j 可缩放该基函数的时间精度。本节共选用了 7 个不同尺度的基函数（图 4-31）来构造由历史放电影响的滤波器，其中相邻基函数的 φ_j 值之差设为 π/2，即相邻基函数的时间尺度之差设为 π/2。因此，该模块的滤波器构建公式如下：

$$P(t)=\sum_{j=1}^{7}b_j(t) \tag{4.45}$$

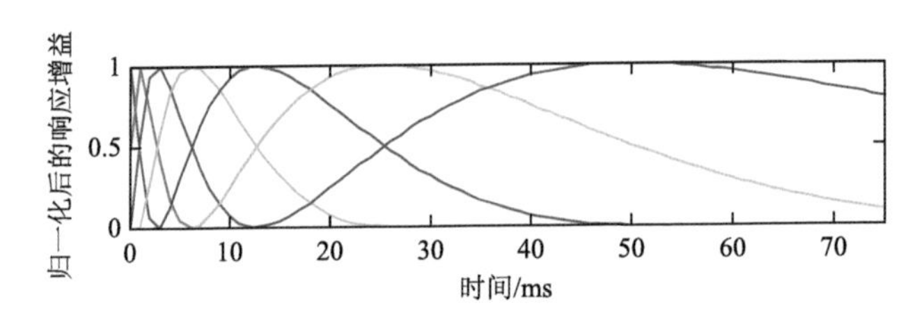

图 4-31　用于构建自身调制滤波器的基函数

进一步采用下述公式计算由该模块贡献的条件密度函数：

$$\lambda_P(t_i\mid N_{1:i},\theta_P)=\exp\left[\mu_0+\sum_{n=1}^{Q}p(t_n)\Delta N_{i-n}\right] \tag{4.46}$$

式中，Q 为自回归过程的阶次，即代表了选择历史数据的长度；$p(t_n)$ 为滤波器 P 在时间 t_n 处对应的增益系数；μ_0 为自发放电水平的对数形式。因此，该模块可等价于自回归的放电历史模型。本书采用 Akaike's 的标准化信息准则完成模型中参数 Q 的估计[76]。公式如下：

$$\text{AIC}(q)=-2\log L(\hat{\theta}\mid H_K)+2q \tag{4.47}$$

式中，$L(\hat{\theta}\mid H_K)$ 为似然函数，$L(\hat{\theta}\mid H_K)=P(N_{1:K}|\hat{\theta},H_K)$；$\hat{\theta}$ 为模型中未知参数的极大似然估计值；q 为模型中未知参数的个数。基于该准则，选择使得 AIC 值最小的那个模型参数为最佳模型参数。

4.4.3　模型参数的确定

本节采用微电极阵列记录的神经元放电数据获取模型的参数。本节的数据均是采用 4×4 的微电极阵列美国（Clunbury Scientific 公司制备）采集的。模型未知的参数主要包括：①线性时空滤波器的空间结构以及时间参数；②放电历史依赖滤波器的时间参数；③邻近神经元耦合作用的时间参数；④神经元集群的空间连接结构。

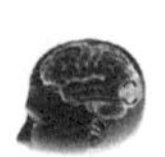

对于第①组参数，通过测定神经元的时空感受野得到；对于第②组参数，通过统计神经元在特定视觉模式下的时间间隔分布，分析神经元响应的时间特性进行估计；对于第③组参数，通过分析两两神经元之间的耦合作用来估计；对于第④组参数则通过估计神经元集群在不同朝向光栅刺激下的动态空间连接结构来确定。

1. 神经元时空稀疏感受野的测定

对于每个神经元的时空稀疏感受野，以 11×11 的稀疏白噪声为刺激模式，采用反向相关的方法（参见 2.2.1 节）测得。将每一个延时时间对应的感受野空间轮廓［如图 4-32（a）每幅图的白色区域］采用二维的 Gabor 模型进行拟合，通过计算每个延迟时间对应的响应峰值，绘制由刺激历史诱发响应的时态变化曲线，如图 4-32（b）所示。

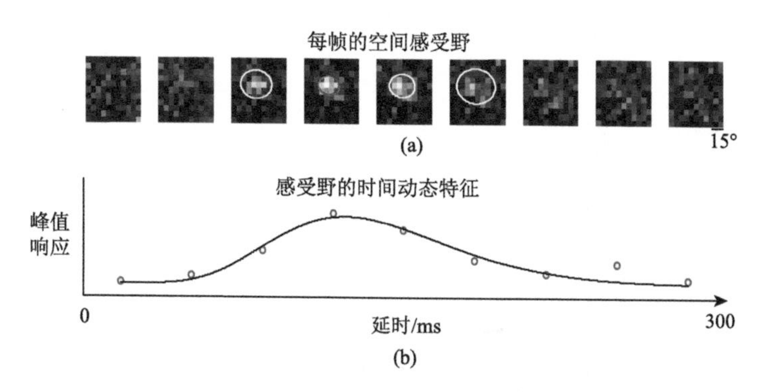

图 4-32　单神经元的时空稀疏感受野

图 4-32（a）中红色圈表示最佳响应对应的感受野空间结构。从图 4-32 可以看出，该神经元的感受野满足局部性特点，这是稀疏性响应发生的生理依据。将在一只大鼠采集的 14 个神经元的感受野空间结构绘在一起，如图 4-33 所示。图 4-33 中标红的感受野为图 4-32 所示神经元的感受野空间结构，本节中后续结果均为该神经元（或该神经元集群）所对应的结果，称为示例神经元（集群）。

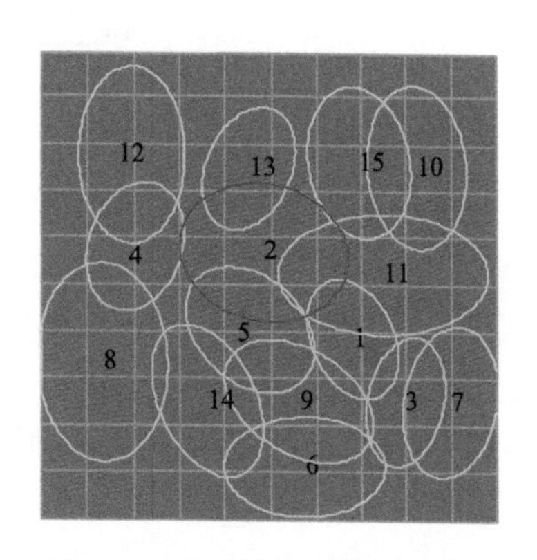

图 4-33　示例神经元集群各单元空间感受野的分布

从图 4-33 可以看出，该神经元集群内各单元

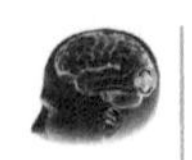

的空间感受野基本覆盖了整个屏幕，可近似成一个完备集群，近似地忽略来自周边未记录到神经元集群活动的影响。此外，从图 4-33 还可以看出，该集群中相邻神经元的空间感受野之间虽然发生重叠但并不严重，也体现了该神经元集群中个体感受野特性的多样性和集群响应在空间上的稀疏性。

2. 神经元间的耦合作用

对于神经元间耦合作用的分析，主要用于获取耦合效应滤波器的参数。仍然以用于验证模型的视觉刺激模式为例，通过计算两两单元间的互相关图，根据互相关图的时态结构构建耦合滤波器，用于模拟邻近神经元对该神经元的耦合效应。以示例神经元为例，根据其他单元与该神经元间的互相关图构建的所有滤波器如图 4-34 所示。

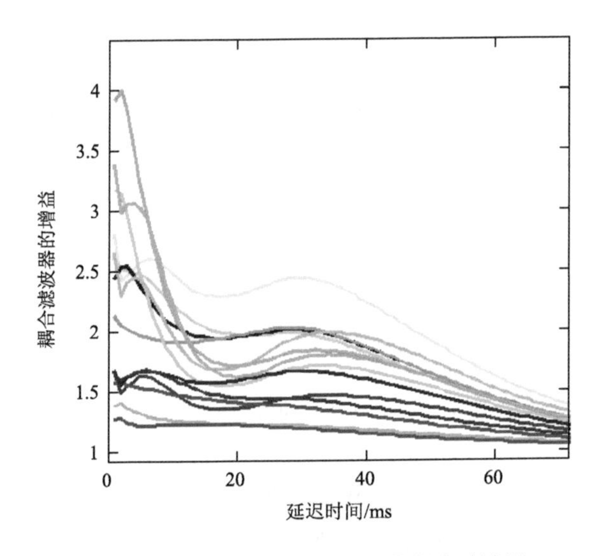

图 4-34　所有周边耦合神经元的耦合滤波器

图 4-34 所示的每条曲线代表一个邻近耦合神经元耦合滤波器的时间特性，采用极大似然法可得到每组时间滤波器耦合效用的显著 p 值，表示该耦合神经元与目标神经元之间耦合作用关系的显著性。

3. 神经元集群的动态连接结构

对于由 M 个神经元组成的神经元集群，即可得到 $M \times M$ 的显著 P 值矩阵，

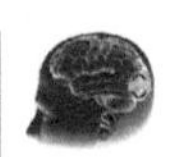

用 $\boldsymbol{P}$ 表示。通过设置特定显著水平 α，即可将矩阵 $\boldsymbol{P}$ 转化为二值矩阵，以去除一些耦合作用不太显著的连接。

常规 LNP 模型，对于阈值的设置通常基于经验值或设置与显著水平 α 相关的惩罚项得到，并没有考虑神经元之间的网络连接结构。本节根据动态小世界网络模型的生产原则，与实际采集神经元集群的功能连接结构进行匹配，以此来确定模型耦合网络的连接结构，并分析了网络连接结构随刺激条件改变而发生的动态变化特性。

图 4-35 给出了不同朝向光栅刺激下大鼠 V1 区神经元集群的连接结构，图中每个黑色的圆点表示一个神经元，两两圆点之间的黑色连线表明二者之间存在耦合作用关系。

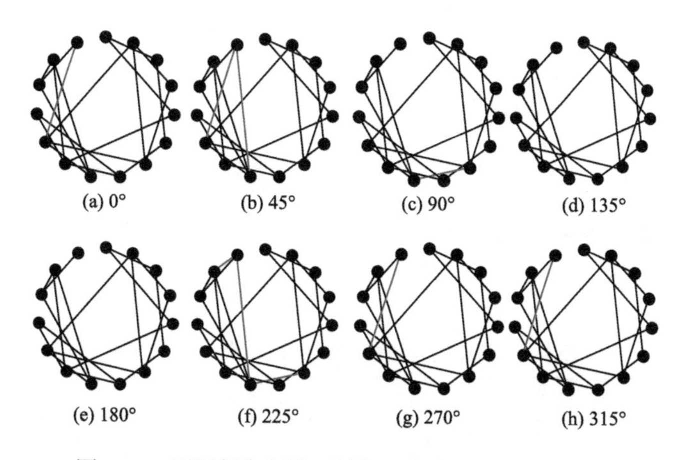

图 4-35 不同朝向刺激下神经元集群网络的连接结构

这里需要指出的是，由于神经元集群在皮层下的排列顺序并不是环形的，其实际的排列方式只能通过微电极阵列中电极尖端的排列方式近似地估计。因此，单纯从图 4-35 所示的网络连接结构中无法判断哪些属于短程连接或者哪些属于远程连接。这里通过估计不同刺激条件下神经元集群连接结构来确定哪些是固定的（图中黑色的连线），哪些是可变的（图中红色的连线）。

从图 4-35 可以看出，在某些朝向刺激下神经元集群网络的连接结构保持不变，而某些朝向刺激下神经元集群内个别单元之间耦联关系发生了变化。该结果一定程度上反映了采用动态连接网络来构建集群模型的必要性。为了进一步证明本节构建模型的优势，另设置了具有固定连接结构且不考虑它的小世界连接特性的 LNP 模型为对照组模型，以作对比分析。其连接矩阵如图 4-36 所示。

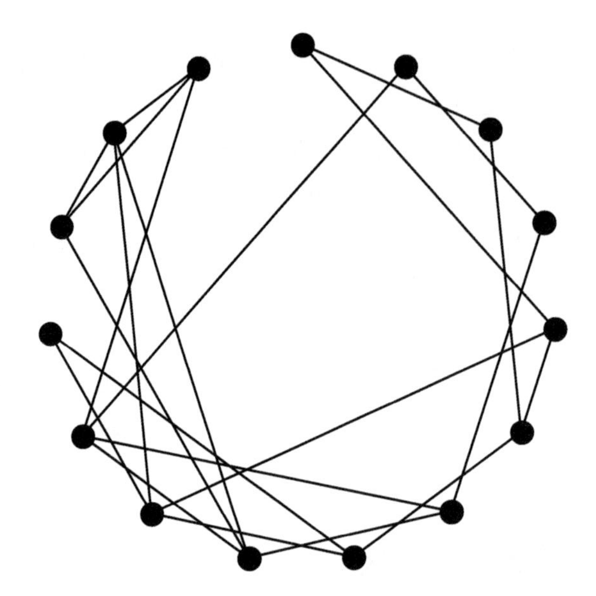

图 4-36　LNP 模型中各单元间连接关系示意图（$S_w = 1.06$）

表 4-4 汇总了分别基于 8 只大鼠 V1 区采集的神经元集群对应模型网络及对照组模型网络的相关参数，包括集群单元的个数、设定的阈值 α 以及与小世界特性相关的特征参数 S_w。

表 4-4　本章构建模型和对照组模型的典型参数

集群标号	神经元个数	GLDSW		LNP	
		α	$\overline{S_w}$	α	S_w
*D1	15	0.0247	1.52	0.0308	1.06
D2	14	0.0086	1.33	0.0104	1.02
D3	16	0.0107	1.45	0.0174	1.03
D4	15	0.0123	1.38	0.0212	1.01
D5	12	0.0120	1.46	0.0207	1.01
D6	11	0.0190	1.36	0.0239	1.02
D7	10	0.0120	1.43	0.0203	1.01
D8	10	0.0135	1.32	0.0220	1.01

*表示本章引用的示例神经元集群。

从表 4-4 可以看出，本书构建的模型所得网络均满足小世界特性，即满足 $S_w>1$，而对照组模型所得网络均不具有小世界特性，即 $S_w\approx1$。

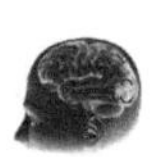

4. 神经元响应的时间特性

对于神经元响应的时间特性的分析，主要用于获取放电历史依赖滤波器的参数。以用于验证模型的视觉刺激模式为例，通过统计每个神经元在该刺激模式下发放序列的时间间隔分布，并根据神经元发放序列的时间间隔（ISI）分布估计神经元响应的不应期，以此构建模型的放电历史效应滤波器，模拟神经元放电历史对神经元响应的调制效应。示例神经元在多次重复刺激下神经元放电的 ISI 分布如图 4-37 所示。

从图 4-37 可以看出，该神经元的响应不应期在 5ms 左右。根据该特性构建的发放后滤波器的时间函数如图 4-38 所示。

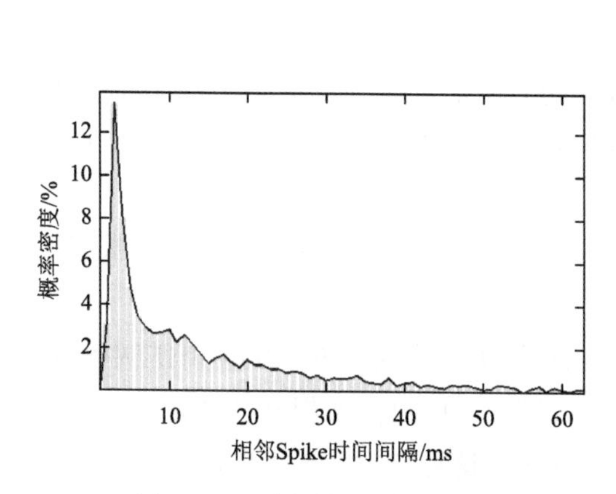

图 4-37　示例神经元的不应期

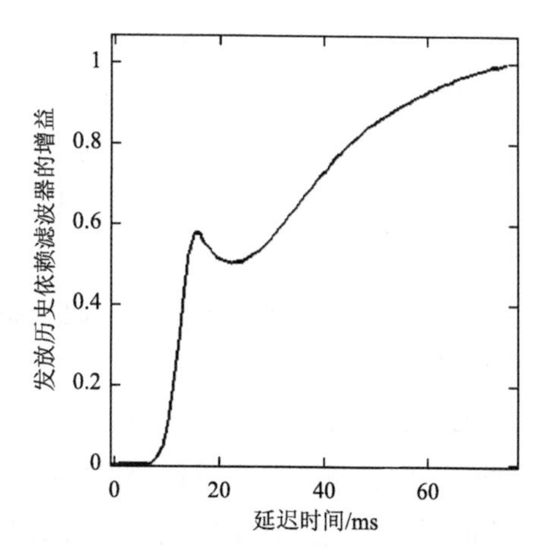

图 4-38　自身调制滤波器的时间函数

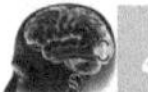

4.4.4　模型的有效性验证

本节采用交叉互验证的方法实现对模型有效性的验证，即随机抽取 80%的数据进行参数的拟合，对 20%的数据进行验证。最后，通过与对照组模型（常规 GLM 模型）的结果进行对比分析，评估该模型的性能。

1. 模型的验证方法

为了证明本节构建 GLDSW 模型的有效性，以常规 LNP 模型为对照组模型进行对比分析。主要从如下三个方面完成了模型有效性的验证：

（1）将模型预测的神经元响应数据与实际在大鼠 V1 区采集的集群响应数据进行对比，并通过计算二者的残差，衡量模型预测神经元响应的准确度。

通过给定神经元集群的发放历史（包括自身和邻近神经元的），利用构建的GLDSW模型实现对每个神经元发放的预测。通过计算任意1s刺激下发放序列在特定时间间隔（1ms）内的平均发放率，绘制刺激后直方图（PSTH），然后通过采用下面的公式计算模型预测结果与实际发放之间残差并进行平均，来衡量模型预测的准确度，并将GLDSW模型预测的准确度与基于对照组LNP模型的结果进行统计对比分析，以证明本节构建的GLDSW模型的优势。

$$\mathrm{e}(t_T)=\left(\sum_{i=T-I}^{T}B_i-\int_{t_{T-I}}^{t_I}\lambda(t)\mathrm{d}t\right)/I \tag{4.48}$$

（2）将模型预测的多次重复刺激下的响应数据进行相关性分析，衡量模型预测神经元响应的可靠性。

采用如下方法来衡量神经元响应的可靠性：对于神经元在30次特定视觉模式重复刺激下的发放序列，通过计算两两重复刺激下神经元发放序列的Pearson相关系数，并将所有可能两两组合的相关系数进行叠加平均[77]，来衡量重复刺激下神经元发放的可靠性。计算并对比GLDSW模型响应预测的可靠性以及对照组LNP模型响应预测的可靠性。

（3）基于模型预测的响应解码刺激信息，证明模型预测的响应是否携带相关的视觉信息。

本节采用正则化逻辑回归的方法[78]从单次光栅刺激下的神经元响应中解码光栅的朝向信息。这里只针对两两朝向进行解码，即只需要根据神经元集群的响应特征判断已发生刺激模式的朝向是θ_1还是θ_2。这种分类方法已广泛用于评价集群编码的性能[79]。常规对于逻辑回归模型的训练通常采用L_1或L_2正则化过程，鉴于$L_{1/2}$正则化具有更好的收敛性能[80-82]，选用$L_{1/2}$正则化代替之。对于任意组合的朝向光栅，采用交叉互验证的方法（80%的数据用于训练，20%的数据用于测试）实现对响应中朝向信息的解码。通过对所有测试数据中关于每一个朝向判别正确率结果进行平均，来估计基于模型预测响应的解码性能，并与基于对照组LNP预测响应的解码结果进行对比。

2. 模型的验证结果

首先，分析了GLDSW模型预测响应的准确性。以在一只大鼠V1区采集的一个神经元为例，其在任意朝向光栅30次重复刺激下的发放序列如图4-39所示（图4-39中的原始数据），光栅刺激1s，灰屏休息1s。图4-39中还分别给出了采用GLDSW和LNP模型的预测结果。绘制原始记录数据以及每组模型预测数据的

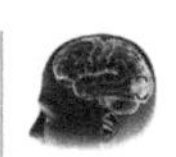

PSTH 图，并采用 Gaussian 函数进行平滑，原始数据和两组模型预测响应的对比结果如图 4-39（b）所示。

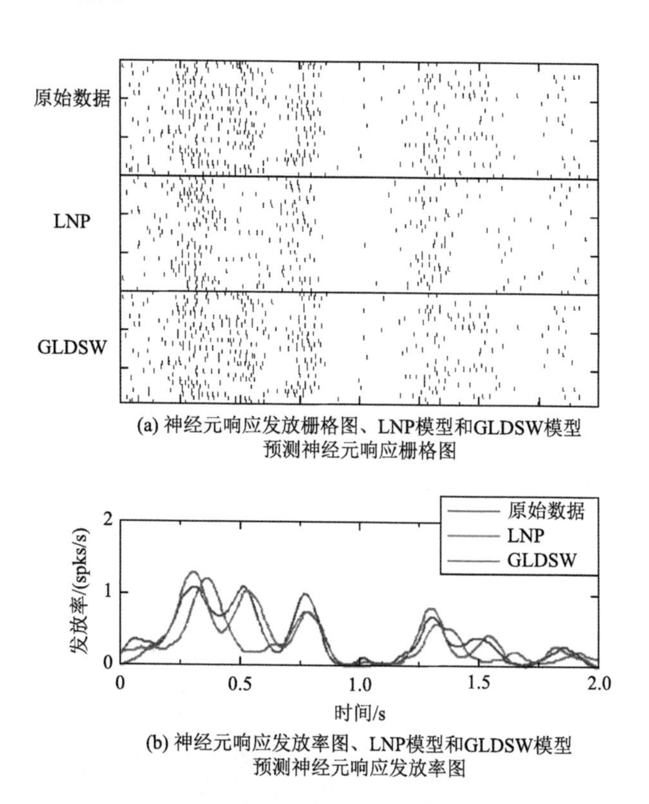

(a) 神经元响应发放栅格图、LNP模型和GLDSW模型预测神经元响应栅格图

(b) 神经元响应发放率图、LNP模型和GLDSW模型预测神经元响应发放率图

图 4-39　模型预测的响应与实际采集数据的对比

进一步，采用式（4.48）计算了每组模型预测结果与实测数据之间的残差，作为衡量模型预测准确性的一个指标。为了进一步说明模型的普遍性，共对在 8 只大鼠 V1 区采集的 103 个神经元的预测结果进行了统计分析，每组模型的预测准确性结果汇总在图 4-40 中。图 4-40 中每个散点的横纵坐标分别表示两组模型的预测残差。从图 4-40 可以看出，本节构建的 GLDSW 模型对神经元响应活动的预测残差较低。因此可以初步得出结论，动态连接结构的加入使得模型预测响应的准确率平均提高了 34.5%±3.1%。

其次，对比了 GLDSW 模型与对照组 LNP 模型预测神经元响应的可靠性。采用 4.4.4 节第 1 小节第（2）部分给出的方法，计算了每个模型预测的 30 次重复刺激下神经元响应的 Pearson 相关系数，衡量每组模型预测响应的可靠性，对比结果图 4-41 所示。

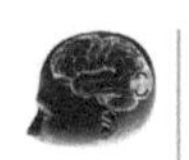

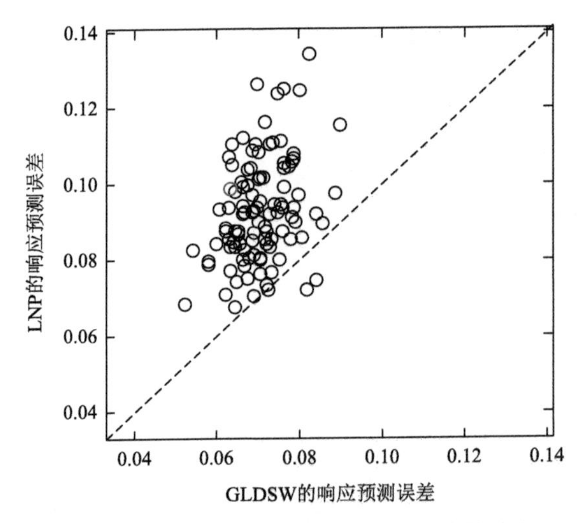

图 4-40 两个模型预测神经元响应的残差对比

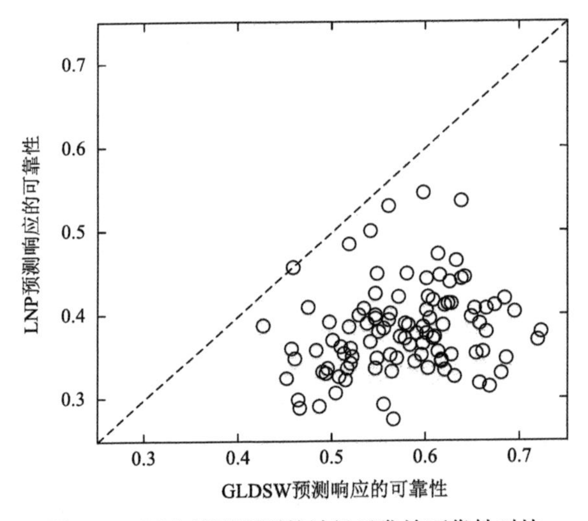

图 4-41 两个模型预测的神经元发放可靠性对比

从图 4-41 可以看出，本节构建的 GLDSW 模型所预测的神经元活动在重复刺激下的可靠性显著高于对照组 LNP 模型的结果（$P<10^{-4}$，Wilcoxon 秩和检验，$N=103$），平均提高了 51.3%±5.8%。这说明，动态连接结构的加入使得模型预测响应的可靠性有了明显提高。

最后，对比了分别利用两个模型预测响应对光栅朝向信息的解码结果。采用 4.4.4 节第 1 小节第（3）部分中给出的方法，计算了每 50ms 响应解码朝向的正确率，正确率随延迟时间的变化曲线如图 4-42 所示，其中刺激在 0 时刻开始呈现，1s 处结束。

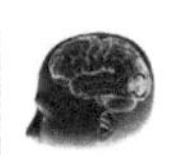

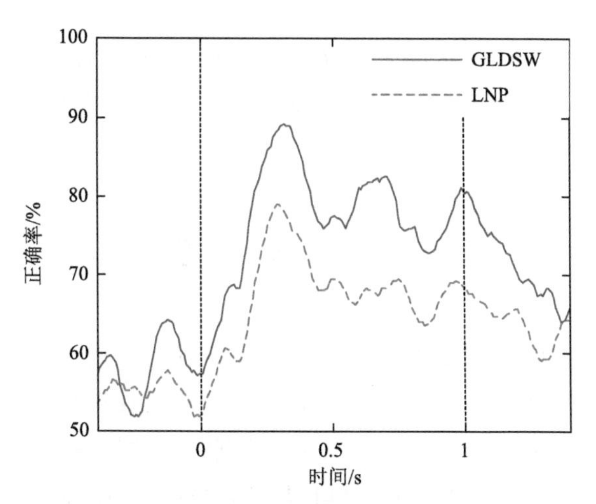

图 4-42　两组模型单次解码正确率的对比结果

从图 4-42 可以看出，基于两个模型预测响应的解码正确率均随着刺激的呈现迅速升高后又下降，其中基于本节构建模型预测响应的解码正确率要普遍高于基于对照组模型预测响应的解码正确率。此外，根据图 4-42 所示的变化趋势，将刺激后 0.1～0.5s 内的正确率进行叠加平均，作为解码任意两两朝向的平均正确率，绘制解码正确率与两两朝向差值之间的关系图。图 4-43 中给出了模型在 8 只大鼠 V1 区进行验证的解码正确率统计结果，表示为“均值±标准差”的形式。

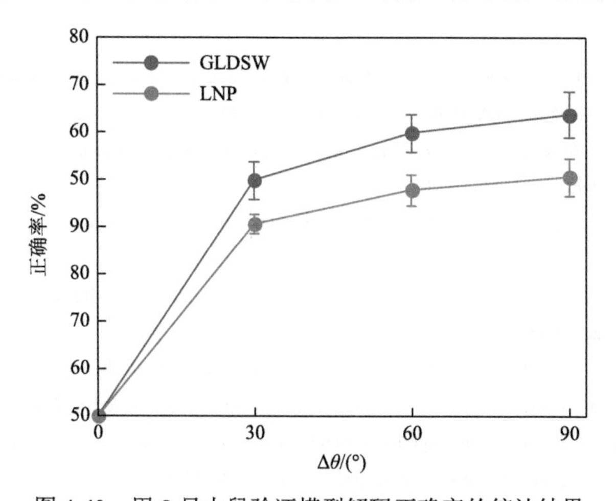

图 4-43　用 8 只大鼠验证模型解码正确率的统计结果

从图 4-43 中可以看出，随着朝向夹角增大，解码正确率有所上升，且 8 只大鼠验证的结果类似。因此可以得出，基于本节构建 GLDSW 模型预测响应的解码正确率均大于对照组 LNP 所对应的结果。

以上研究表明，将集群动态小世界连接结构考虑在内的模型更接近生物自身的信息处理机制，有效地提高了模型预测响应的准确性和可靠性，以及集群携带信息的能力。

4.5 总　结

本章对哺乳动物视觉系统的工作原理、稀疏编码机制、视觉注意机制、目标不变形表征机制和小世界网络进行了概述。首先对其视觉系统的两条通路进行了简要介绍，两条通路都接收来自视网膜的信息输入，并最终投向不同的目标脑区。对于离丘脑通路而言，从 V1 向后又可以分成功能具有明显差异的腹部和背部通道。其中，离丘脑通路中 V1 采用稀疏编码的方式对视觉信息进行有效编码，并且其存在小世界动态网络实现对复杂场景信息的高效表征；而腹部信息处理通道则逐步实现对视觉目标的不变性表征；而离顶盖通路在调控视觉注意中发挥了重要作用。提高对哺乳动物视觉系统相关神经机制的认知水平不仅能够加强预防、诊断和治疗视觉相关脑疾病的研究，而且能够通过计算和系统模拟脑的视觉功能推进人工智能相关领域的研究。

参考文献

[1] Hubel D H，Wiesel T N. Receptive fields and functional architecture in two nonstriate visual areas（18 and 19）of the cat[J]. Journal of Neurophysiology，1965，28：229-289.

[2] Redondo-Tejedor R. New Contributions on image fusion and compression based on space-frequency representations[D]. Universidad Politecnica de Madrid，2007.

[3] Busse L. The mouse visual system and visual perception[J]. Handbook of Behavioral Neuroence，2018，27：53-68.

[4] Fecteau J H，Munoz D P. Salience，relevance，and firing：A priority map for target selection[J]. Trends in Cognitive Sciences，2006，10（8）：382-390.

[5] White B J，Kan J Y，Levy R，et al. Superior colliculus encodes visual saliency before the primary visual cortex[J]. Proceedings of the National Academy of the Sciences of the United States America，2017，114（35）：9451-9456.

[6] White B J，Berg D J，Kan J Y，et al. Superior colliculus neurons encode a visual saliency map during free viewing of natural dynamic video[J]. Nature Communications，2017，8：14263.

[7] White B J，IttI L，Munoz D P. Superior colliculus encodes visual saliency during smooth pursuit eye movements[J]. European Journal of Neuroscience，2021，54：4258-4268.

[8] Wang Q，Burkhalter A. Stream-related preferences of inputs to the superior colliculus from areas of dorsal and ventral streams of mouse visual cortex[J]. The Journal of Neuroscience，2013，33（4）：1696-1705.

[9] Triplet J W，Owens M T，Yamada J，et al. Retinal input instructs alignment of visual topographic maps[J]. Cell，

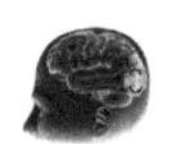

2009，139（1）：175-185.

[10] Seabrook T A，Burbridge T J，Crair M C，et al. Architecture，function，and assembly of the mouse visual system[J]. Annual Review of Neuroscience，2017，40（1）：499-538.

[11] Mishkin M，Ungerleider L G . Contribution of striate inputs to the visuospatial functions of parieto-preoccipital cortex in monkeys[J]. Behavioural Brain Research，1982，6（1）：57-77.

[12] Bachatene L，Bharmauria V，Molotchnikoff S. Adaptation and Neuronal Network in Visual Cortex[M]. Visual Cortex-Current Status and Perspectives. London：InTechOpen，2012.

[13] Vinje W E，Gallant J L. Sparse coding and decorrelation in primary visual cortex during natural vision[J]. Science，2000，287（5456）：1273-1276.

[14] 牛晓可. 大鼠初级视皮层神经元集群动态连接及其编码模型研究[D]. 郑州：郑州大学，2015.

[15] Ito M. Representation of angles embedded within contour stimuli in area V2 of macaque monkeys[J]. Journal of Neuroscience，2004，24（13）：3313-3324.

[16] Hegdé J，van Essen D C. Selectivity for complex shapes in primate visual area V2[J]. The Journal of Neuroscience，2000，20（5）：RC61.

[17] Rust N C，DiCarlo J J. Selectivity and tolerance（“invariance”）both increase as visual information propagates from cortical area V4 to IT[J]. Journal of Neuroscience，2010，30（39）：12978-12995.

[18] Orbn G A，Kennedy H，Bullier J. Velocity sensitivity and direction selectivity of neurons in areas V1 and V2 of the monkey：Influence of eccentricity[J]. Journal of Neurophysiol，1986，56（2）：462-480.

[19] RustN C，Mante V，Simoncelli E P，et al. How MT cells analyze the motion of visual patterns[J]. Nature Neurosci，2006，9（11）：1421-1431.

[20] Siegel R M，Read H L. 1997. Analysis of optic flow in the monkey parietal area 7a[J]. Cerebral Cortex（New York），7（4）：327-346.

[21] Treisman A M，Gelade G. A feature-integration theory of attention[J]. Cognitive Psychology，1980，12（1）：97-136.

[22] Koch C，Ullman S. Shifts in selective visual attention：Towards the underlying neural circuitry[J]. Hum Neurobiol，1987，4（4）：219-227.

[23] Itti L，Koch C，Niebur E. A model of saliency-based visual attention for rapid scene analysis[J]. IEEE Transactions on Pattern Analysis and Machine Intelligence，1998，20（11）：1254-1259.

[24] Li Z P. A saliency map in primary visual cortex[J]. Trends in Cognitive Sciences，2002，6（1）：9-16.

[25] Zhang X L，Li Z P，Zhou T G，et al. Neural activities in V1 create a bottom-up saliency map[J]. Neuron，2012，73（1）：183-192.

[26] Chen C，Zhang X，Wang Y Z，et al. Neural activities in V1 create the bottom-up saliency map of natural scenes[J]. Experimental Brain Research，2016，234（6）：1769-1780.

[27] Attneave F. Some informational aspects of visual perception[J]. Psychological Review，1954，61（3）：183-193.

[28] Hubel D H，Wiesel T N. Receptive fields of single neurones in the cat's striate cortex[J]. The Journal of Physiology，1959，148（3）：574-591.

[29] Field D J. Relations between the statistics of natural images and the response properties of cortical cells[J]. Journal of the Optical Society of America A，1987，4（12）：2379.

[30] 严春满. 图像稀疏编码算法及应用研究[D]. 西安：西安电子科技大学，2012.

[31] Field D J. What the Statistics of Natural Images Tell Us About Visual Coding[C]// Human Vision，Visual Processing，& Digital Display. International Society for Optics and Photonics，1989.

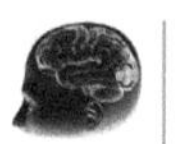

[32] Mitchison G. The organization of sequential memory：Sparse representations and the targeting problem[C]// Seelen W V，Shaw G，Leinbos U M. Organization of Neural Networks，VCH Verlagsgesellschaft，Weinheim，1988：347-367.

[33] 尚丽. 稀疏编码算法及其应用研究[D]. 合肥：中国科学技术大学，2006.

[34] Olshausen B A，Field D J，Emergence of simple-cell receptive field properties by learning a sparse code for natural images[J]. Nature，1996，381（6583）：607-609.

[35] Kheradpisheh S R，Ganjtabesh M，Masquelier T. Bio-inspired unsupervised learning of visual features leads to robust invariant object recognition[J]. Neurocomputing，2016，205：382-392.

[36] DiCarlo J J，Zoccolan D，Rust N C. How does the brain solve visual object recognition?[J]. Neuron，2012，73（3）：415-434.

[37] Rolls E T. Invariant visual object and face recognition：Neural and computational bases，and a model，VisNet[J]. Frontiers in Computational Neuroscience，2012，6：35.

[38] Hubel D H，Wiesel T N. Receptive fields，binocular interaction and functional architecture in the cat's visual cortex[J]. The Journal of Physiology，1962，160（1）：106-154.

[39] Serre T. Hierarchical models of the visual system[M]//Encyclopedia of Computational Neuroscience. New York：Springer，2014.

[40] Lennie P，Anthony Movshon J. Coding of color and form in the geniculostriate visual pathway（invited review）[J]. Journal of the Optical Society of America Ence Vision，2005，22（10）：2013-2033.

[41] Nandy A S，Sharpee T O，Reynolds J H，et al. The fine structure of shape tuning in area V4[J]. Neuron，2013，78（6）：1102-1115.

[42] Tanaka K，Saito H，FukadaY，et al. Coding visual images of objects in the inferotemporal cortex of the macaque monkey[J]. Journal of Neurophysiology，1991，66（1）：170-189.

[43] Rolls E T，Treves A. The neuronal encoding of information in the brain[J]. Progress in Neurobiolog，2011，95（3）：448-490.

[44] Kobatake E，Tanaka K. Neuronal selectivities to complex object features in the ventral visual pathway of the macaque cerebral cortex[J]. Journal of Neurophysiology，1994，71（3）：856-867.

[45] Hung C P，Kreiman G，Poggio T，et al. Fast readout of object identity from macaque inferior temporal cortex[J]. Science，2005，310（5749）：863-866.

[46] Hasselmo M E，Rolls E T，Baylis G C，et al. Object-centered encoding by face-selective neurons in the cortex in the superior temporal sulcus of the monkey[J]. Experimental Brain Research，1989，75（2）：417-429.

[47] Aggelopoulos N C，Rolls E T. Scene perception：Inferior temporal cortex neurons encode the positions of different objects in the scene[J]. The European Journal of Neuroscience，2005，22（11）：2903-2916.

[48] Bock D D，Lee W C A，Kerlin A M，et al. Network anatomy and *in vivo* physiology of visual cortical neurons[J]. Nature，2011，471（7337）：177-182.

[49] Pernice V，Deger M，Cardanobile S，et al. The relevance of network micro-structure for neural dynamics[J]. Frontiers in Computational Neuroscience，2013，7：72.

[50] Trousdale J，Hu Y，Shea-Brown E，et al. A generative spike train model with time-structured higher order correlations[J]. Frontiers in Computational Neurosciencn，2013，7：84.

[51] Tsukada M，Ichinose N，Aihara K，et al. Dynamical cell assembly hypothesis-theoretical possibility of spatio-temporal coding in the cortex[J]. Neural Netw，1996，9（8）：1303-1350.

[52] Niell C M，Stryker M P. Highly selective receptive fields in mouse visual cortex[J]. The Journal of

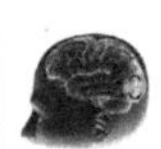

Neuroscience，2008，28（30）：7520-7536.

[53] Zhu Y，Yao H. Modification of visual cortical receptive field induced by natural stimuli[J]. Cerebral Cortex，2013，23（8）：1923-1932.

[54] Shi L，Niu X K，Wan H. Effect of the small-world structure on encoding performance in the primary visual cortex：an electrophysiological and modeling analysis[J]. Journal of Comparative Physiology A，Neuroethology，Sensory，Neural and Behavioral Physiology，2015，201（5）：471-483.

[55] Ringach D L，Bredfeldt C E，Shapley R M，et al. Suppression of neural responses to nonoptimal stimuli correlates with tuning selectivity in macaque V1[J]. Journal of Neurophysiologr，2002，87（2）：1018-1027.

[56] Gray C M，Singer W. Stimulus-specific neuronal oscillations in orientation columns of cat visual cortex[J]. Proceedings of National Academy of Sciences of the United States of America，1989，86（5）：1698-1702.

[57] Eckhorn R，Bauer R，Jordan W，et al. Coherent oscillations：A mechanism of feature linking in the visual cortex?[J]. Biological Cybernetics，1988，60（2）：121-130.

[58] Berger D，Warren D，Normann R，et al. Spatially organized spike correlation in cat visual cortex[J]. Neurocomputing，2007，70（10/11/12）：2112-2116.

[59] de la Rocha J，Doiron B，Shea-Brown E，et al. Correlation between neural spike trains increases with firing rate[J]. Nature，2007，448（7155）：802-806.

[60] Ishikawa A W，Komatsu Y，Yoshimura Y. Experience-dependent emergence of fine-scale networks in visual cortex[J]. The Journal of Neuroscience，2014，34（37）：12576-12586.

[61] Kohn A. Stimulus dependence of neuronal correlation in primary visual cortex of the macaque[J]. Journal of Neurosci，2005，25（14）：3661-3673.

[62] Perkel D H，Gerstein G L，Moore G P. Neuronal spike trains and stochastic point processes[J]. Biophysical Journal，1967，7（4）：419-440.

[63] Aertsen A M，Gerstein G L，Habib M K，et al. Dynamics of neuronal firing correlation：Modulation of "effective connectivity"[J]. Journal of Neurophysiology，1989，61（5）：900-917.

[64] Zhou Z，Bernard M R，Bonds A B. Deconstruction of spatial integrity in visual stimulus detected by modulation of synchronized activity in cat visual cortex[J]. Journal of Neuroscience，2008，28（14）：3759-3768.

[65] Brown E N，Kass R E，Mitra P P. Multiple neural spike train data analysis：State-of-the-art and future challenges[J]. Nature Neuroscience，2004，7（5）：456-461.

[66] Watts D J，Strogatz S H. Collective dynamics of 'small-world' networks[J]. Nature，1998，393（6684）：440-442.

[67] Achard S，Salvador R，Whitcher B，et al. A resilient，low-frequency，small-world human brain functional network with highly connected association cortical hubs[J]. The Journal of Neuroscience，2006，26（1）：63-72.

[68] Humphries M D，Gurney K，Prescott T J. The brainstem reticular formation is a small-world，not scale-free，network[J]. Proceedings of the Royal Society B：Biological Sciences，2006，273（1585）：503-511.

[69] He Y，Chen Z J，Evans A C. Small-world anatomical networks in the human brain revealed by cortical thickness from MRI[J]. Cerebral Cortex，2007，17（10）：2407-2419.

[70] Carandini M，Heeger D J. Normalization as a canonical neural computation[J]. Nat Rev Neurosci，2012，13（1）：51-62.

[71] Seriès P，Lorenceau J，Frégnac Y. The "silent" surround of V1 receptive fields：Theory and experiments[J]. Journal of Physiology-Paris，2003，97（4/5/6）：453-474.

[72] Fritz C O，Morris P E，Richler J J. Effect size estimates：Current use，calculations，and interpretation[J]. J Exp Psychol Gen，2010，141（1）：2-18.

[73] Cont R，Tanimura E. Small-world graphs：Characterization and alternative constructions[J]. Advances in Applied Probability，2008，40（4）：939-965.

[74] Saramäki J，Kaski K. Modelling development of epidemics with dynamic small-world networks[J]. Journal of Theoretical Biology，2005，234（3）：413-421.

[75] Newman M E J. Models of the small world[J]. Journal of Statistical Physics，2000，101（3/4）：819-841.

[76] de Leeuw J. 1973. Information Theory and an Extension of the Maximum Likelihood Principle[M]. New York：Springer，1992.

[77] Goard M，Dan Y. Basal forebrain activation enhances cortical coding of natural scenes[J]. Nature Neuroscience，2009，12（11）：1444-1449.

[78] Bishop C. Pattern Recognition and Machine Learning[M]. Berlin：Springer，2007.

[79] Berens P，Ecker A，Gerwinn S，et al. Reassessing optimal neural population codes with neurometric functions[J]. Proceedings of the National Academy of Sciences of the United States of America，2011，108（11）：4423-4428.

[80] Zhao Q，Meng Y，XU Z. L1/2 Regularized logistic regression[J]. Pattern Recognition and Artificial Intelligence，2012，25：721-728.

[81] Pillow J W，Shlens J，Paninski L，et al. Spatio-temporal correlations and visual signalling in a complete neuronal population[J]. Nature，2008，454（7207）：995-999.

[82] Simoncelli E，Paninski L，Pillow J. The Cognitive Neurosciences[M]. Cambridge：MIT，2004.

第5章 鸟类视顶盖快速、显著感知神经编码模型

神经元通过有或无的动作电位而不是分级电位进行通信，通常假定神经元使用它们的平均发放率（fire rate，FR）传输信息，即通过调节在单位时间窗口内或神经元集群中产生的动作电位数目[1, 2]，实现表征不同类型信息的目的。在大多数电生理学和计算机模拟研究中，主要利用动作电位序列的平均发放率实现显著性信息的有效表征[3, 4]。深度学习神经网络本质上也是发放率编码的应用实现。

当前已有许多研究对基于神经元发放率的编码模式提出了挑战，并发现精确的 Spike 时间模式确实传递了发放率编码所不能传递的信息[5-7]，如第一个动作电位的发放延时（first-spike latency，FSL）。在视觉、听觉、体感皮层的研究中，基于神经元第一个动作电位的发放延时可以对刺激信息进行快速编码[8-10]。这些证据表明，神经元放电活动中参数的变化（动作电位数目、频率以及动作电位序列的时间模式）在信息传递过程中有很大的贡献。而这些研究也为当前更加符合生物神经系统实际情况的第三代人工神经网络模型——脉冲神经网络（spiking neural network，SNN）模型提供了依据和启迪。

为探究鸟类在高空高速条件下快速、准确感知显著目标的神经基础，本团队以信鸽离顶盖通路的重要核团视顶盖为研究对象，发现鸟类 OT 中间层神经元以 FSL 进行场景整体信息粗略、快速的传递，随后以发放率编码的形式对场景中的显著性目标进行表征[11, 12]。本章详细介绍了对此快速和显著感知编码机制的解析、建模工作。

5.1 信鸽视顶盖神经元的空间模式信息快速编码机制

神经元第一个动作电位的发放延时被定义为神经元首次受到刺激的时刻到第一个动作电位发放时刻所经历的时间，利用响应延迟的时间编码方式称为延迟编码[13-15]。2000 年，Fernández 等[16]同时记录了在不同强度和波长的视觉刺激下 15 个视网膜神经节细胞的响应，并用判别分析法对 Spike 发放率和 FSL 进行了分析，结果表明，与发放率编码相比，利用神经元第一个动作电位的相对延时可以更快地识别不同刺激模式，且准确率显著提高。2008 年，Gollisch 和 Meister[17]则在蝾螈视网膜上发现，FSL 和 Spike 发放率对神经节细胞的视觉信息编码均有贡献，且进一步利用神经元的 FSL 和 Spike 发放率分别编码了自然刺激图像，如图 5-1 所示。结果表明，基于神经元的 FSL 编码的刺激灰度图比较好地还原了原始图片，这意味着某些视网膜神经节细胞第一个动作电位发放延时能实现对刺激强度及空间模式的快速编码。2012 年，Storchi 等[18]通过记录大鼠三叉神经节细胞和丘脑腹后内侧核的响应，并利用信息论的方法对发放数和 FSL 的编码进行量化分析，发现延时编码比发放率更有效地传递快速刺激，即神经元可以利用延时编码完成刺激空间结构信息的表征，相比较所有神经响应结束后计算发放率的经典神经信息编码，这是一种快速的信息编码方式。

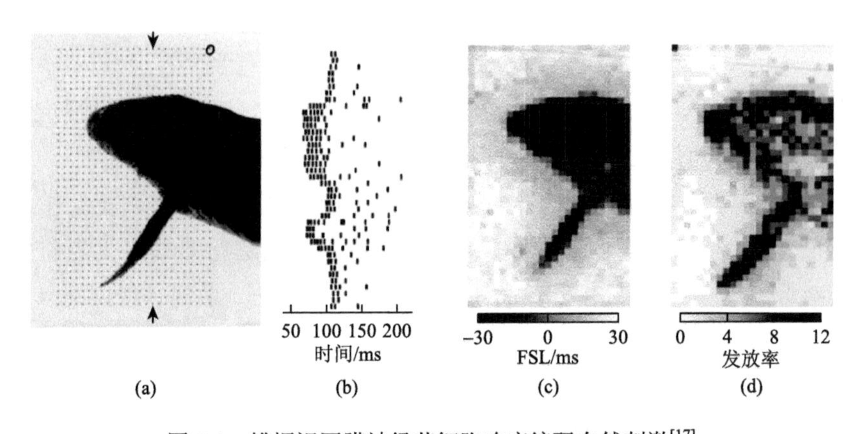

图 5-1　蝾螈视网膜神经节细胞响应编码自然刺激[17]

（a）实验中所用刺激图片，包含 1000 个像素，每个像素依次呈现在视网膜神经节细胞的感受野中心，右上角的椭圆表示一个神经节细胞的感受野；（b）刺激为图（a）箭头所指列时细胞的放电活动；（c）为根据该神经节细胞的反应时延特性和对每次刺激的反应延时编码的刺激图像灰度图；（d）为根据神经元的发放率为原始刺激图像还原的相应灰度图

延时编码的本质是视觉系统中 ON 通路（亮度增强）和 OFF 通路（亮度降低）的非对称响应属性。文献[19]认为，具有这种非对称属性的神经元都可看作是延时编码的候选者。大量研究表明 OT 区大部分神经元在亮度增强和降低的刺激下均有响应：1972 年，Jassik-Gerschenfeld 和 Guichard[20]指出信鸽视顶盖神经元大部分对运动目标敏感，而这些运动敏感神经元中大约有 70%的神经元对给光刺激和撤光刺激均有响应。2000 年，顾勇等[21]将鸽视顶盖神经元分为两类：顶盖背

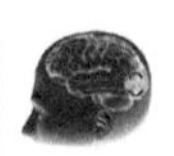

部、侧部神经元（DL）和腹部神经元（VC），发现绝大部分 DL 神经元对白目标和黑目标都很敏感，但对光点没有反应。而 VC 神经元对运动的白目标比黑目标更敏感，且对白点的响应比黑点响应更加强烈。2017 年，王松伟等[22]基于鸽视顶盖局部场电位对均匀空间的亮度增强和减弱进行解码，获得了较高的解码正确率。这意味着信鸽也可能采用延时编码进行快速信息传递，因此本节的主要内容是对植入深度为 400～800μm 的 OT 神经元进行延时编码机制的研究，初步探讨 OT 神经元的空间信息整合模式。

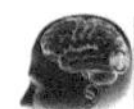

5.1.1　神经元响应的信息论分析

神经元的放电序列以一定方式揭示了刺激信号的一些特性，或者说是编码了关于刺激的“有关信息”。研究者通常将信息论作为一种工具去评估神经元的编码能力，估计神经元响应中所携带刺激的信息量，对某种刺激的不确定度进行量化。在信息论中，互信息也是一个常用的概念，有着许多重要的特性，非常适用于表征刺激是如何来调制响应的。这里，刺激 s 和神经元响应 R 之间的互信息 $I(s;R)$ 定义如下：

$$I(s;R)=\sum_{s,R}P(s)P(R\mid s)\log_2\frac{P(R\mid s)}{P(R)} \tag{5.1}$$

式中，$P(s)$ 为刺激 s 的概率；$P(R\mid s)$ 为在给定刺激 s 的条件下响应 R 的概率；$P(R)$ 为对于任意刺激 s 所有实验的响应 R 的概率。

光栅刺激是八种具有不同空间模式的光栅模式，而神经元响应 R 在这里分别是第一个动作电位发放延时和刺激后 100ms 的 Spike 发放率。对于 FSL，为了减小误差，本节获得多次实验的 Raster 图之后，确定大部分神经元响应序列的第一个动作电位发放延时的上下区间，然后取该区间的第一个 Spike 发生时间作为神经元响应的 FSL。若某次实验的 FSL 超出了这个范围，则设定该次为无效实验。

使用直接法[11]计算信息和熵。对于刺激概率 $P(s)$，它的直接估计值 $\hat{P}(s)$ 计算公式如下：

$$\hat{P}(s)=N(s)/N_{\text{total\_trial}} \tag{5.2}$$

式中，$N(s)$ 为某个光栅模式出现的次数；$N_{\text{total\_trial}}$ 为所有光栅模式出现的次数。

对于响应概率 $P(R)$，它的直接估计值 $\hat{P}(R)$ 计算公式如下：

$$\hat{P}(R)=N(R)/N_{\text{total\_trial}} \tag{5.3}$$

式中，$N(R)$ 为某个神经元响应 R（Spike 发放率或 FSL）出现的次数。

对于在给定刺激 s 条件下的响应 R 的概率 $P(R|s)$，它的直接估计 $\hat{P}(R|s)$ 计算公式如下：

$$\hat{P}(R|s) = N(R) / N(s) \tag{5.4}$$

通过将 $\hat{P}(s)$、$\hat{P}(R)$ 和 $\hat{P}(R|s)$ 代入信息计算式（5.1）中，可以得到互信息估计计算公式：

$$\hat{I}(s;R) = \sum_{s,R} \hat{P}(s)\hat{P}(R|s)\log_2 \frac{\hat{P}(R|s)}{\hat{P}(R)} \tag{5.5}$$

信息的有限样本偏差可通过混洗技术和二次外推程序进行修正[23]。

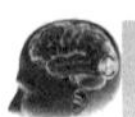

5.1.2 FSL 的建模

OT 区作为视网膜神经节细胞轴突的主要投影区，其神经元接收视网膜神经节细胞的输入，但是从视网膜神经节细胞到 OT 的通路的信息处理机制仍然是不清楚的。如何从神经机制上对这种延时编码方式做出解释是本节需要解决的问题。而构建一个刺激与响应之间关系的数学模型是一种非常有效的方法。因此，我们使用了四个多维 LN 模型对 FSL 进行建模，如图 5-2 所示。所有模型都假设每个 OT 神经元整合若干个视网膜神经节细胞（RGC）神经元的输出，每个 RGC 神经元都包含一条 ON 通路和一条 OFF 通路，分别对应 ON 滤波器和 OFF 滤波器。时空刺激信号经过多个 RGC 的 ON 滤波器和 OFF 滤波器的并行线性滤波后，如图 5-2（a）所示。在 RGC 的轴突和 OT 神经元的树突，经过四种不同的方式进行非线性变换和整合（对应四种不同的模型框架），如图 5-2（b）所示。在 OT 神经元的胞体内产生一条激活曲线，当激活曲线越过一定阈值后 OT 神经元就会产生 Spike，达到阈值的时间就是第一个动作电位的发生时间。

模型 1 将所有 RGC 输入进行时空线性滤波，滤波器响应得到的激活信号可以看作是 OT 神经元的膜电位，当信号超出预设的阈值后，模型神经元就会产生一个 Spike。因而模型 1 的激活曲线可以简单地通过求取刺激与神经元时空感受野的卷积来获取。模型 2 对每个 RGC 细胞的 ON 通路和 OFF 通路的输出进行线性整合，之后再进行半波整流，整流操作在 RGC 与 OT 细胞连接的树突上发生。模型 3 分别对所有 RGC 细胞的 ON 通路的输出、OFF 通路的输出进行线性整合。对于模型 2 和模型 3，OT 神经元在轴突处有选择地对源于 RGC 的输出进行池化，

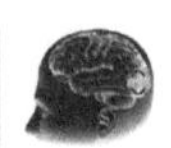

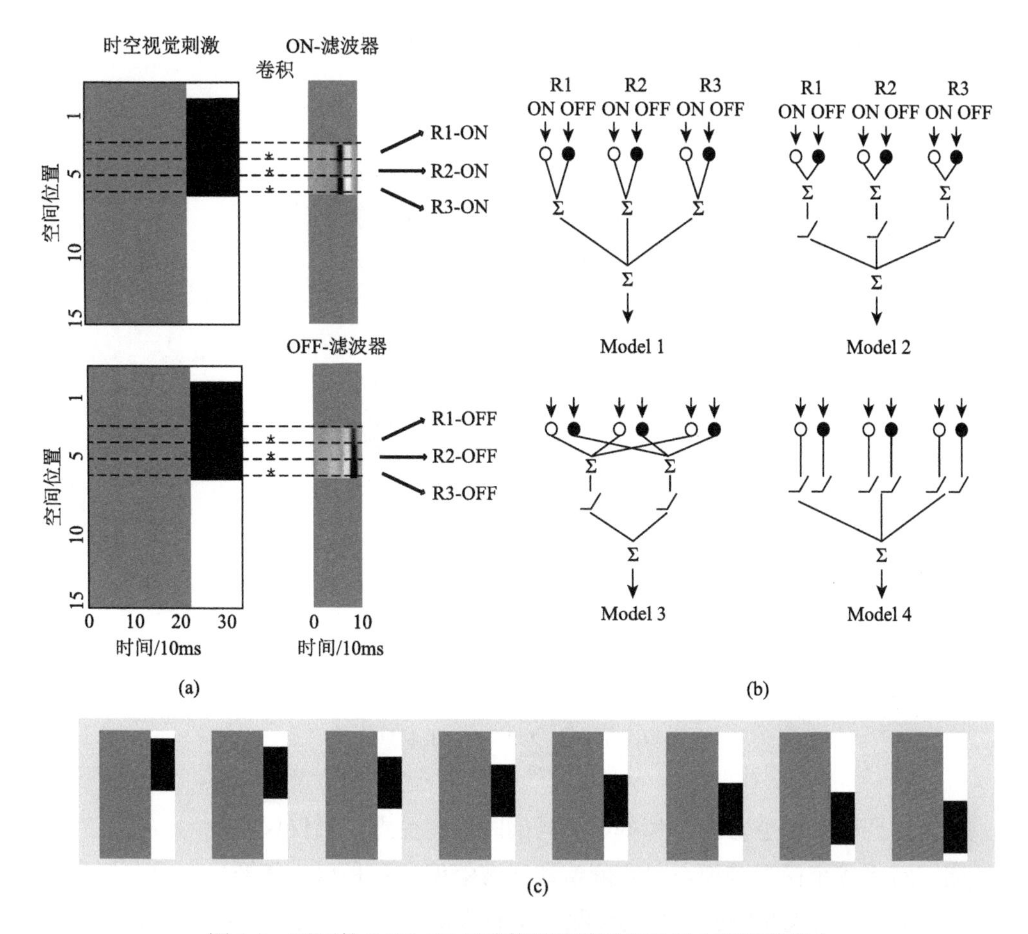

图 5-2　不同的 RGC-OT 回路模型构建对各种时空刺激的整合

（a）时空刺激经由多个 RGC 的 ON 通路和 OFF 通路进行线性滤波；（b）四种 RGC-OT 回路的信息整合模型；（c）八种不同的光栅模式对应的时空刺激序列

然后进行非线性整流操作。而对于模型 4，非线性整流是在 OT 神经元与 RGC 突触连接之前发生的。

下面对各模型的激活曲线$\alpha(t)$进行计算。令$f_x(t)$表示一个神经元的时空感受野，其中x是空间坐标，t是相对于 Spike 的时间。感受野的 ON 区和 OFF 区可以分别表示为$f_x^{(\mathrm{ON})}(t)$和$f_x^{(\mathrm{OFF})}(t)$。为了确保所测得的 Spike 触发均值的一致性及修正 ON 和 OFF 通路的相对强度，需要将它们进行规格化使得$f_x(t)=f_x^{(\mathrm{ON})}(t)+f_x^{(\mathrm{OFF})}(t)$。若用$f_x^p\cdot s_x(t)$表示刺激$s_x(t)$的时间卷积，则

$$f_x^p\cdot s_x(t)=\int_{-\infty}^{0}\mathrm{d}t' f_x^p(t')\cdot s_x(t+t') \tag{5.6}$$

式中，$p \in \{\mathrm{ON}, \mathrm{OFF}\}$。本节进行半波整流的函数如下：

$$N(x)=\begin{cases}0 & x \leqslant 0 \\ x & x>0\end{cases} \tag{5.7}$$

由此，可以得到四个模型的激活曲线。模型 1 计算公式如下：

$$a_1(t)=\sum_x \sum_p f_x^p \cdot s_x(t) \tag{5.8}$$

模型 2 计算公式如下：

$$a_2(t)=\sum_x N\left[\sum_p f_x^p \cdot s_x(t)\right] \tag{5.9}$$

模型 3 计算公式如下：

$$a_3(t)=\sum_p N\left[\sum_x f_x^p \cdot s_x(t)\right] \tag{5.10}$$

模型 4 计算公式如下：

$$a_4(t)=\sum_x \sum_p N(f_x^p \cdot s_x(t)) \tag{5.11}$$

上述四个刺激整合模型都基于相同的时空感受野，且仅仅在使用方式上有所不同。对于各个模型来说，只有阈值和滤波器偏移量是自由参数。在建立好预测模型之后，为实现对响应延时的预测，我们需要获取 ON 通路和 OFF 通路的滤波器、滤波器的偏移值和阈值。这些参数都由每个视神经节细胞所决定。在获取相应的滤波器和偏移值后便能够获得相应模型的激活曲线，进而通过使预测和实测的延时变化曲线之间的均方差达到最小值来确定每个模型的阈值。下面主要讲述滤波器的获取方法和过程。

获取时空感受野。不论哪种模型，首先都需要获取相应 OT 神经元的时空感受野。为此，需要设计一个条状噪声刺激模式用于测量一维空间感受野，刺激条纹随机闪烁，并且服从高斯分布[10]。CRT 显示器刷新率为 100Hz。

确定有效条纹。接下来需要确定哪个刺激条纹是与后续分析有关的，即哪些条纹明显地诱发了神经元的 Spike 发放。远离 OT 神经元感受野的刺激条纹对于神经元的激活没有贡献，但是可能会增加模型预测的噪声。为了减少这个噪声源，忽略那些不能明显影响 Spike 触发的刺激条纹。对于一个给定的刺激条纹，需要计算每 100ms 的刺激段与在该位置的 Spike 触发均值的相似度，本

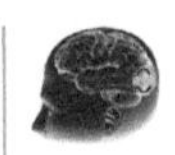

节中通过计算它们之间的点积来获取。对于其中具有最高相似度的 5%的刺激部分，计算发放的 Spike 数目。如果得到的数目与通过随机 Spike 时间后所得到的 Spike 发放数均值相差 3 个标准差以上，可以认为该条纹对 Spike 发放概率有显著的贡献。

计算 ON/OFF 滤波器。在获取相应的有效刺激条纹后，需要计算相应的滤波器。对于模型 1 和模型 2 来说，每个有效条纹的 Spike 触发均值可以直接作为一个滤波器。对于模型 3 和模型 4 来说，每个有效条纹的触发均值被分成了 ON 和 OFF 两路。对于每个有效条纹，分别提取条纹噪声刺激在这个位置的分量 S，根据神经元的响应，从 S 中获取触发动作电位的刺激集合（spiker-trigger ensemble，STE），进行动作电位触发刺激协方差（spike-trigger covariance）分析，获取具有最大和最小特征值的主成分 PC1 和 PC2，将 STE 分别在 PC1 和 PC2 上进行投影，并利用 K-means 方法将这些投影点划分为两类，即将 STE 划分为两类，分别对这两类求均值即可获得相应条纹即某个 RGC 的 ON 滤波器和 OFF 滤波器[10]。这两类滤波器分别分配到 ON 通路和 OFF 通路，将在前 30ms 内具有较大积分的滤波器作为 ON 滤波器（通常情况下，对于 ON 滤波器来说该积分为正值，而对于 OFF 滤波器来说该积分为负值）。最后，将这两个滤波器进行归一化处理，使得它们的和与所有动作电位序列的 Spike 触发均值相等。这种归一化表明了其对于 OT 神经元激活的相对贡献。每个有效的刺激条纹都要按上述操作进行处理。

人工偏移。OT 神经元具有非对称的 ON 刺激响应属性和 OFF 刺激响应属性，且存在着 4～5ms 左右的时间差。这表明 ON 滤波器的动力学特性比 OFF 滤波器要慢，但是这需要 250Hz 以上的条状噪声刺激才能得到 ON 滤波器和 OFF 滤波器的显著的时间偏差，而显示器无法达到如此高的刷新率。所以在 100Hz 条状噪声刺激下获得的精度为 10ms 的滤波器无法表征 ON 滤波器和 OFF 滤波器的峰值差异。另外，由于基于 STC 的主成分投影方法并非基于 OT 神经元的精确表征，获得的滤波器是一种粗略的近似，往往具有对称性。为此，本节人工将滤波器进行偏移。本节中通过对滤波器进行插值并进行时间偏差的拟合，使滤波器的精度达到 1ms。使用 Matlab 的 Curve Fitting 工具包进行上采样至 0.1ms，而 ON、OFF 滤波器偏移量以 1ms 为单位，寻找 ON、OFF 滤波器的偏移量。

最优阈值。模型阈值通过最小化预测和实测的延时变化曲线之间的均方差来确定。

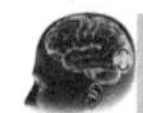 5.1.3 结果分析

1. ON、OFF 响应判断

稀疏噪声刺激下可以测得感受野空间位置的 OT 神经元中约 70%在撤光刺激和给光刺激瞬间均产生放电活动，选择给光和撤光刺激下发放率均超过 0.5 的神经元作为进一步研究的对象，如图 5-3（a）所示。图 5-3（b）给出了 8 个 ON-OFF 神经元在给光和撤光刺激下的 Raster 图，可以发现这些 OT 神经元的 ON 刺激的第一个动作电位的相对延时比 OFF 刺激晚，且存在着稳定的时间差。由此可知，信鸽 OT 神经元 ON 通路和 OFF 通路具有非对称的响应属性，可用于编码空间结构信息，这也意味着其可能采用延时编码对视觉信息进行编码。

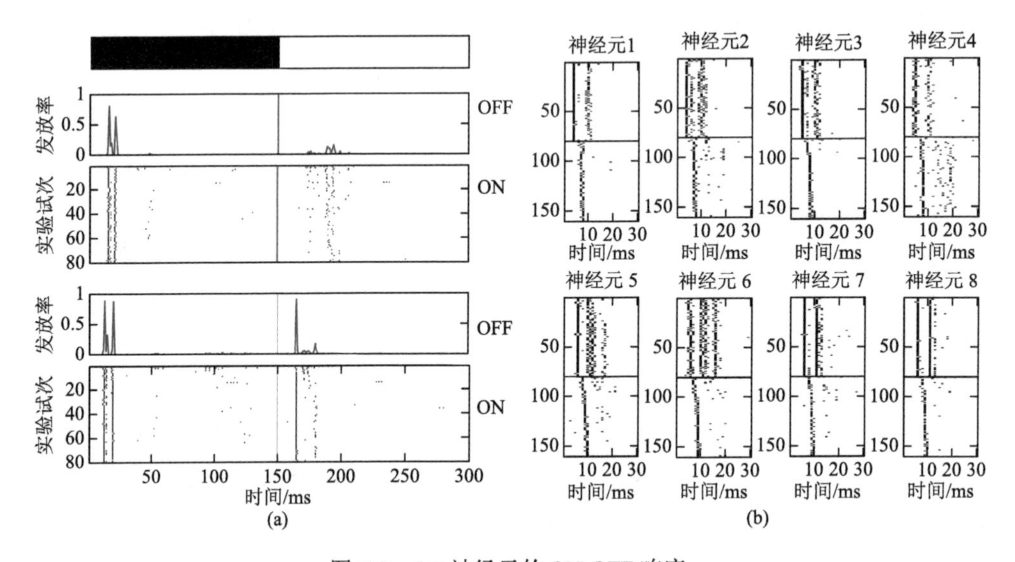

图 5-3 OT 神经元的 ON-OFF 响应

（a）2 个 OT 神经元在给光和撤光刺激（第一行）下的响应的发放率（第二行）和 80 次重复试验的 Raster 图（第三行）；其中，第二个神经元的发放率均超过 0.5，而第一个神经元的撤光刺激的发放率超过 0.5，给光刺激的发放率没有超过 0.5，将神经元 2 看作是 ON-OFF 神经元，作为进一步研究的对象；（b）8 个 ON-OFF 神经元在撤光和给光刺激下的 Raster 图，可以发现 ON-OFF 神经元具有稳定的非对称属性

2. 光栅刺激模式下 OT 神经元的空间模式表征

对具有明显感受野位置且具有 ON/OFF 响应的神经元进行光栅刺激实验，并同时记录多个神经元在刺激后的响应。从图 5-4（a）所示的响应结果来看，神经元对 8 种具有不同空间结构的光栅响应有明显的区别。这里使用神经元第一个动

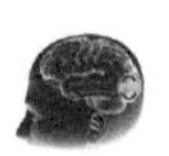

作电位的相对延时（first spike latency，FSL）和 Spike 发放率（firing rate，Fr）来表征 OT 神经元对光栅刺激的响应，如图 5-4（b）所示。结果表明，OT 神经元对不同类型的光栅刺激的 FSL 具有明显的差异，时间差达到了 4～6ms。而 Spike 发放率的差异则不如 FSL 显著，并且同一刺激在多次重复的情况下，FSL 时间具有可重复性，标准差为 3～5ms，这表明 FSL 应该包含较多关于刺激的信息。

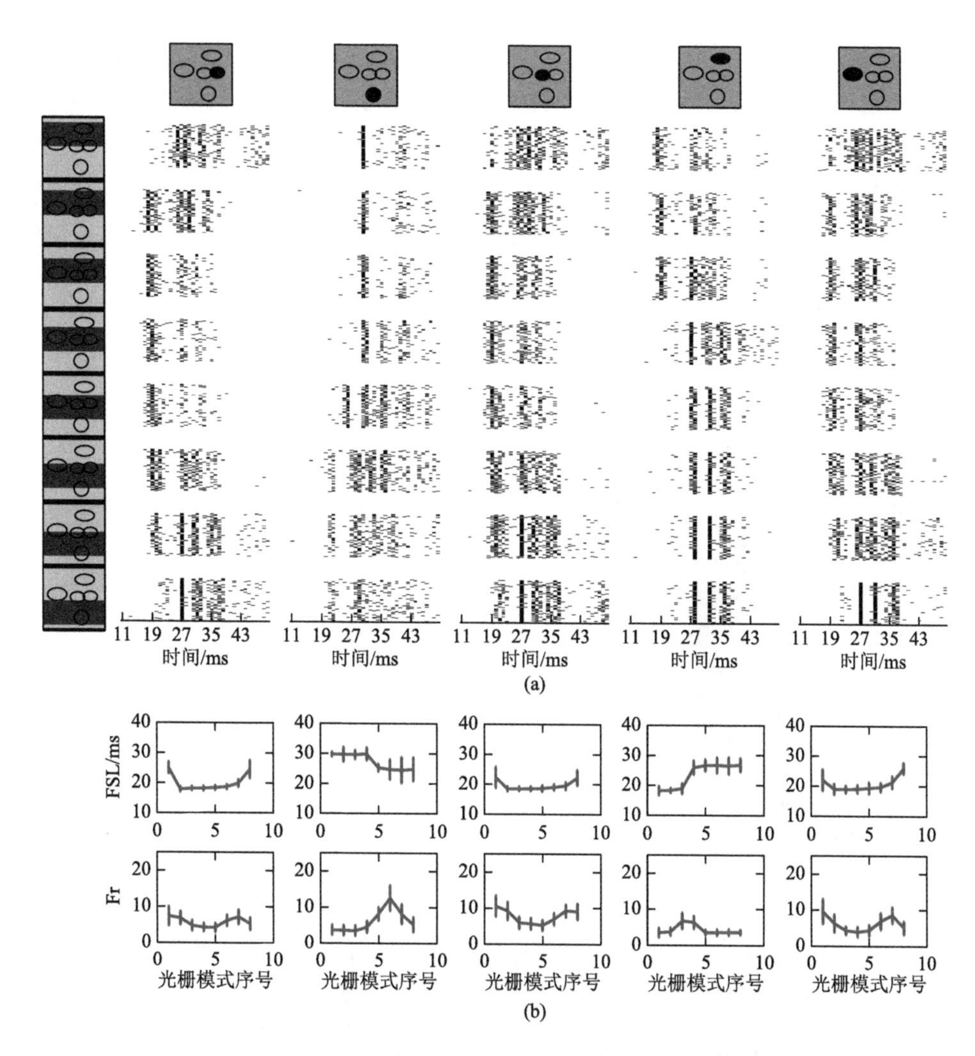

图 5-4　光栅刺激下 ON-OFF 神经元的响应及 FSL 和发放率分析

（a）5 个 OT 神经元在 8 种不同空间模式的光栅刺激下 80 次重复实验响应的 Raster 图，图的左侧为 8 种不同空间模式的光栅刺激与 5 个神经元感受野的相对位置关系，右侧为每种对应空间模式刺激下的神经元响应；（b）5 个神经元的 FSL 和发放率的均值和方差，横轴代表 8 种不同的刺激模式，第一行纵轴为 FSL，第二行纵轴为发放率（Fr）

通过信息论的方法对 130 个神经元响应的 Spike 发放率和 FSL 进行统计分析，初步确定了 OT 神经元的空间信息整合模式。从图 5-5（a）的分析结果可以发现，大部分点分布在对角线下边，这说明无论是单神经元表征的信息，还是任意神经元对表征的信息，其 FSL 包含的刺激类别信息高于 Spike 发放率包含的刺激类别信息。还可以发现，成对神经元（红色星号）进行空间模式信息表征能力有了显著提高，最高可以表征达到 2.5bit 的信息，而完美辨识这 8 个刺激模式所需信息含量为 3bit。进一步地将多次重复试验中同时记录的多个神经元响应的 FSL 进行随机组合，即将第 i 次实验的第 m 个神经元的 FSL 与第 j 次实验的第 n 个神经元的 FSL 进行组合，如图 5-5（b）所示。可以发现，随机组合的特征比相关特征包含的信息降低了至少 0.5bit，这说明 FSL 对于噪声波动具有特殊的鲁棒性。这意味着虽然单个 ON-OFF 神经元表征空间模式信息的能力有限，但可以利用多个神经元的 FSL 进行空间结构信息的有效表征。

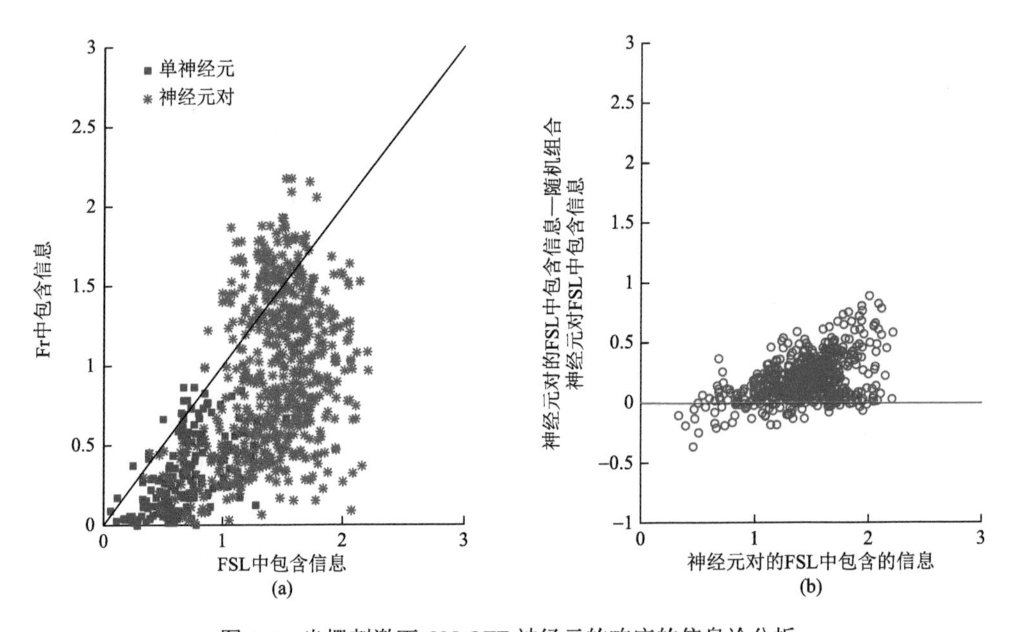

图 5-5　光栅刺激下 ON-OFF 神经元的响应的信息论分析

（a）单个神经元（蓝色方块）和成对神经元（红色星号）的 FSL 中包含信息和 Spike 发放率包含的信息比较，横轴代表 FSL 包含的刺激模式信息，纵轴为发放率包含的刺激类别信息；（b）神经元集群之间相关性比较，横轴代表成对神经元的 FSL 包含信息，纵轴为成对神经元的 FSL 包含信息与随机组合神经元对 FSL 包含信息的差

3. 字符重建

为进一步验证 OT 神经元是否使用 FSL 进行信息编码，采用文献[17]中的方

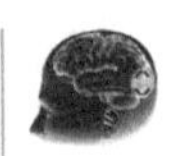

法（图 5-1）分别进行了黑底白字符和白底黑字符的重建实验。为保证图像所有内容都经过被测神经元的感受野，将图像进行扫屏移动并重复 5 次实验。图 5-6 为 5 个神经元分别进行重建和单个神经元 5 次重复试验重建的效果。可以发现，与基于神经元发放率编码的图像相比，基于神经元反应延时编码的刺激图像灰度图比较好地还原了原始图片。结果表明，某些 OT 中间层神经元采用 FSL 进行空间结构信息的快速传递，即 OT 下游脑区只需等到若干个神经元产生第一个 Spike 发放（延时编码）后就能确定所呈现的刺激模式，而不需要等到这些神经元所有的 Spike 都发生之后（Spike 发放率编码）。

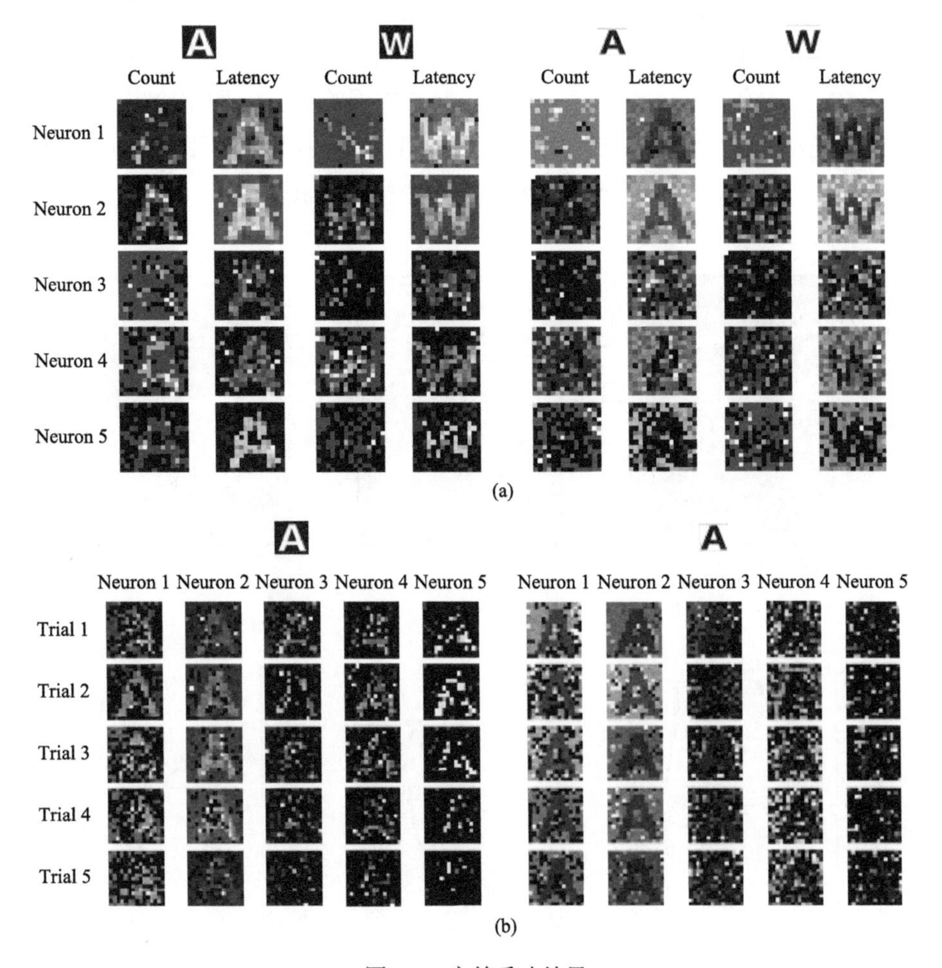

图 5-6　字符重建结果

（a）5 个神经元分别利用 FSL 和 Spike 发放率进行黑底白和白底黑的字符“A”“W”的重建，其中，FSL 和 Spike 发放率都是 5 次重复试验的平均；（b）单个神经元利用单次试验的 FSL 进行黑底白和白底黑的字符“A”的重建

4. FSL 的建模分析

首先获得了 ON-OFF 神经元所整合 RGC 的空间位置，如图 5-7（a）所示。对于获取的每个有效条纹，收集其对应记录 Spike 发放前 10 个刺激帧（100ms）的亮度值序列进行平均。其次，采用确定有效条纹的相关步骤，获得了有效诱发 Spike 的条纹位置 5、6、7，即 ON-OFF 神经元所整合 RGC 神经元的位置。对于每一个确定有效条纹，需要获取每 100ms 刺激段与在该位置 Spike 触发均值之间的点积。然后，采用 ON/OFF 滤波器确定的方法，获得各个位置 RGC 对应的 ON 滤波器和 OFF 滤波器，如图 5-7（b）和（c）所示。图 5-7（d）给出了（b）和（c）对应滤波器的一维形式，并且给出了经过人工偏移的滤波器形式。图 5-7（e）是第二个 ON-OFF 神经元，该神经元整合了两个位置的 RGC，图中给出了这两个位置 RGC 对应的 ON 滤波器、OFF 滤波器及人工偏移的滤波器。图 5-7（f）是第三个 ON-OFF 神经元，该神经元仅仅整合了一个位置的 RGC。

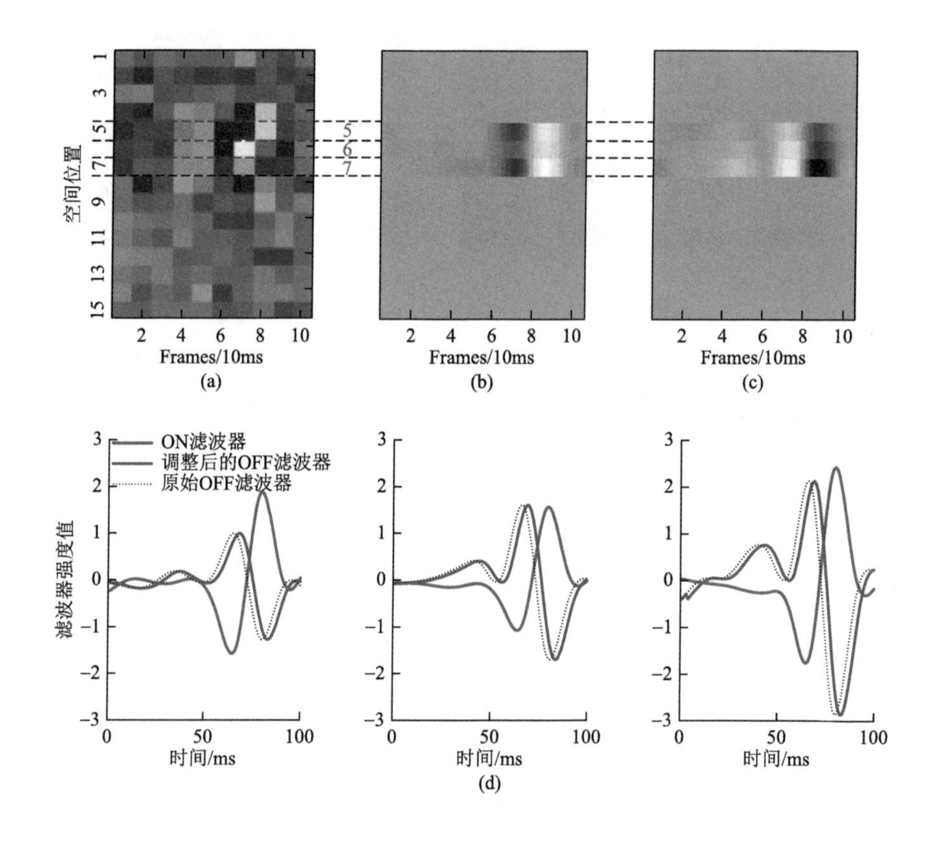

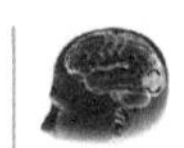

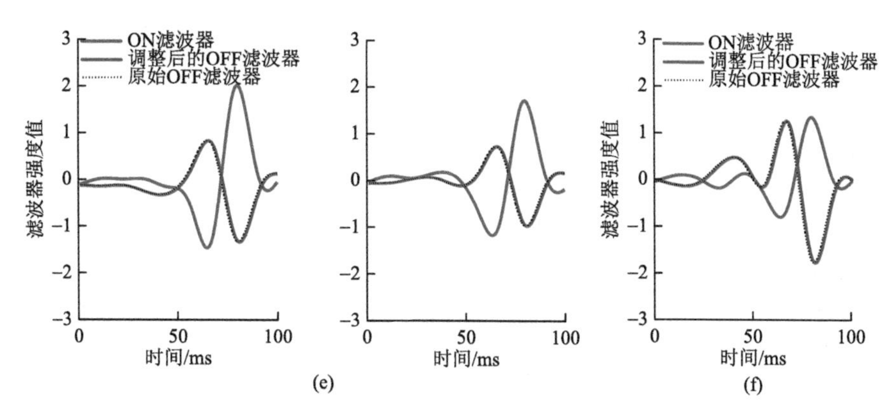

图 5-7　ON-OFF 神经元整合 RGC 的位置及每个 RGC 对应的 ON、OFF 滤波器

（a)第一个 ON-OFF 神经元在条纹刺激下所有 Spike 的之前 100ms 的刺激序列的平均，5、6、7 分别代表该 ON-OFF 神经元整合的 RGC 对应的空间位置；（b）和（c）是 5、6 和 7 三个位置的 RGC 对应的 ON 和 OFF 滤波器；（d）5、6、7 三个位置的 RGC 对应的滤波器及人工调整的滤波器的一维形式；（e）第二个 ON-OFF 神经元整合的两个位置的 RGC 对应的 ON 滤波器、OFF 滤波器和人工调整的滤波器；（f）第三个 ON-OFF 神经元整合的一个位置的 RGC 对应的 ON 滤波器、OFF 滤波器和人工调整的滤波器

对于这四种模型框架，图 5-8 给出了两个 ON-OFF 神经元的 FSL 预报结果，其中，第一行为不同神经元在不同模型下获得的激活曲线，每个子图上的红色横线为最优的阈值；第二行为最优阈值下预报的 FSL 和真实的 FSL（红色）。可以发现，第四种整合方式将各个 RGC 神经元的 ON 通道和 OFF 通道分别进行半波整流并求和的方案更好地模拟了 OT 神经元的 FSL 响应属性。

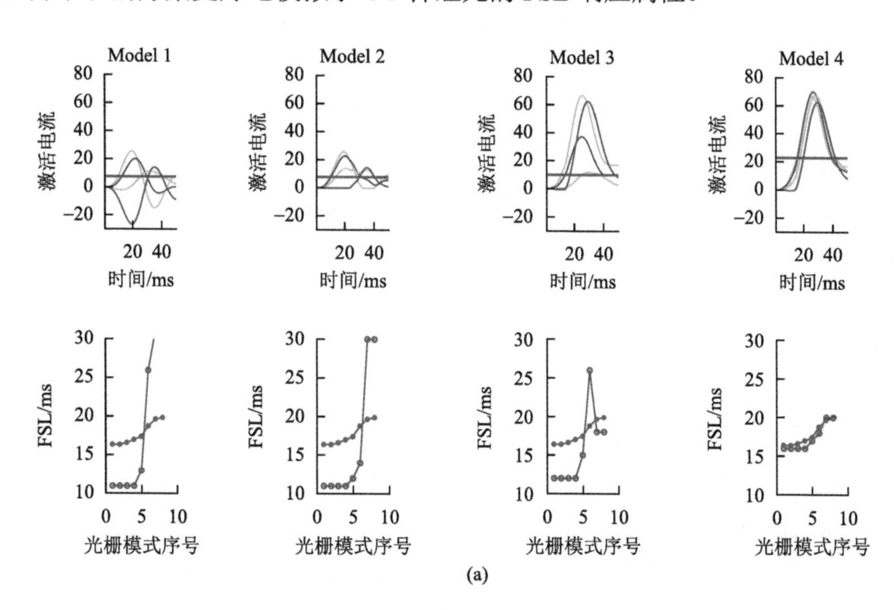

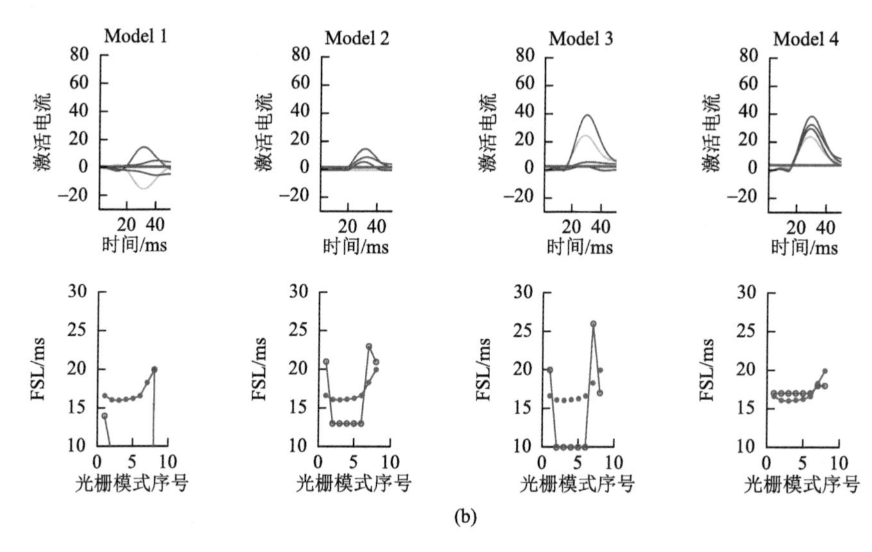

图 5-8　对于四种模型，两个神经元的 FSL 预报结果

5.1.4　讨论

本节对植入深度为 400～800μm 的 OT 神经元进行了延时编码机制研究。首先，发现了鸽子 OT 区存在延时编码机制，且 ON-OFF 神经元的 ON 响应和 OFF 响应的时间差为 4～6ms。其次，使用光栅刺激发现 OT 神经元使用 FSL 进行空间模式信息编码，并利用字符重建进行了验证。最后，通过构建神经计算模型的方法，揭示了延时编码产生是由多个 RGC 的 ON、OFF 通路分别进行信息整合并求和得到的。具体讨论如下。

（1）发现鸽子 OT 区神经元采用延时编码进行信息表征，是一种区分给光和撤光刺激的重要机制。OT 的 ON-OFF 神经元功能类似于蝾螈等动物 RGC 的功能，蝾螈的 RGC 中其 ON 滤波器和 OFF 滤波器到达峰值的时间差为 30ms，足够的时间差使得单个神经元能以更多不同的时间差表征不同的空间模式；而 ON-OFF 神经元的 ON 响应和 OFF 响应的时间差为 4～6ms，这意味着 OT 的 ON-OFF 神经元可以利用 FSL 进行空间模式信息的表征，但是其表征精度不如蝾螈的 RGC。

（2）OT 神经元通过集群的 FSL 进行空间模式信息的表征。虽然单个 OT 神经元利用 FSL 进行空间模式信息表征的精度有限，但是由图 5-5（a）可以发现，成对神经元进行空间模式信息表征的能力有了显著的提高，最高可以表征达到 2.5bit 的信息，而对于 8 种刺激模式，完全表征只需要 3bit 的信息。进一步地，

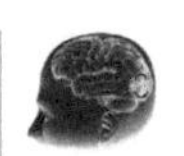

图 5-5（b）表征了集群神经元之间的相关性。每个神经元的延时对于相同刺激在不同的实验试次下会产生一些差异，但是这些波动在同时记录的多个神经元中往往是正相关的。为了评估这种补偿的相关性，本节人为地通过将神经元 1 的响应与神经元 2 随后的实验的响应进行配对来破坏噪声的相关性。结果表明，这会导致大量信息的损失。

（3）OT 区作为视网膜神经节细胞轴突的主要投影区，其神经元接收视网膜神经节细胞的输入，但是，从视网膜神经节细胞到 OT 的通路的信息处理机制仍然是不清楚的。本节给出了四种可能的 RGC 到 OT 中 ON/OFF 细胞回路的信息整合功能模型。仿真结果表明，第四种模型实现了 ON-OFF 神经元在 8 种刺激模式下 FSL 的更好的模拟，这对 RGC-OT 回路的信息处理机制提供了一种参考模型。第四种模型能够有效预测神经元 FSL 的原因我们认为主要有两点：一方面是第四种模型的结构与鸽子 OT 区的神经环路结构极其吻合。视网膜神经节细胞投射到 OT 区浅层，然后 SGC 神经元从感受野较小的 RGC 中接收视网膜输入[24-26]。另一方面是关于整流位置的选择，模型结果表明非线性整流是在 OT 神经元与 RGC 突触连接之前发生的，这极有可能是 OT 区第 5b 层神经元起到了作用。

OT 区 ON-OFF 神经元非对称的给光和撤光能力赋予其使用延时编码进行空间结构编码的能力。从模型 4 拟合的结果来看，每个 RGC 将其 ON 通路和 OFF 通路的输出进行半波整流。将整流后的结果通过轴突传递至与其连接的 OT 中间层神经元的树突，作为 OT 神经元的前端输入，这可能是某些 OT 中间层神经元与 RGC 连接的环路神经计算机制。由于本节研究的 ON-OFF 神经元都位于 OT 的浅中层，这些神经元可能是牧羊钩神经元，它们与 Imc 和 Ipc 神经元共同构成了显著性表征的中脑网络[27-33]，且微电极采集到的信号的 FSL 很可能源于牧羊钩神经元，因为牧羊钩神经元是中脑网络的启动者。因此，本节研究为解析中脑显著性网络在具体时空刺激模式下的信息编码机制提供了参考。

5.2　信鸽视顶盖神经元的快速显著感知编码机制

神经科学的一个基本问题在于信息是如何为神经活动所编码的。Adrian 和 Zotterman[34]最先提出发放率编码的概念，并广泛应用于运动以及各类感知觉的研究。虽然发放率编码无法实现对快速感知觉刺激的识别，但是可以记录刺激后给定时间窗口上的 Spike 数量，进而评价神经元的显著性表征能力：2010 年，Mysore

等[35]在谷仓猫头鹰视顶盖神经元中观察到，当不同强度的竞争者同时出现时，全局抑制强度没有显著变化，周围竞争者的发放强度会有所改变，进而表明了反馈抑制的分布强度；2011 年，Mysore 等[36]通过分析 OT 神经元在复杂视觉性刺激中的发放强度，发现随着感受野外竞争刺激强度的增加，OT 神经元在感受野内刺激的响应会被抑制。2016 年，Dutta 等[37]通过在感受野大范围内设计条形阵列刺激模式（图 5-9），分析了 OT 中间层神经元在方向-对比刺激中的发放率，发现神经元对感受野内单独出现目标的响应较为显著。进一步发现，感受野内刺激的适应性和周围环境的抑制作用共同促进 OT 神经元实现了显著性表征。

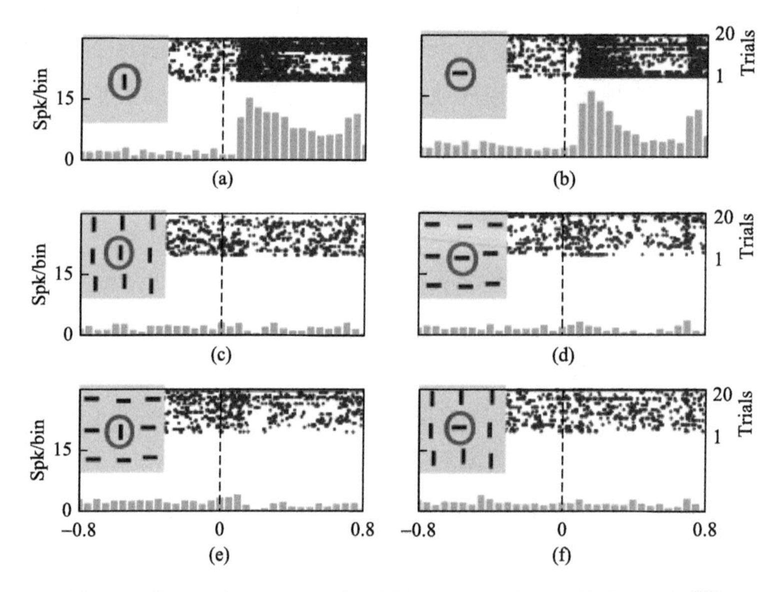

图 5-9 基于方向-对比显著性刺激下视顶盖神经元的响应分析[37]

各个子图分别显示了单独目标、均匀和对比条件下垂直条和水平条的响应，其中插图代表着每种情况下的视觉刺激，红色圆圈区域为被测神经元的感受野区域。相应 PSTH 图显示了 20 次重复试验的响应，垂直虚线表示刺激开始时刻

由于视觉显著性主要表现在神经元感受野对亮度刺激的反差响应，所以我们考虑设计三种 OT 神经元感受野范围内的中心周围类型刺激（图 5-10），来开展显著性表征的相关研究。图中黑色亮度值为 0，灰色亮度值为 128，白色亮度值为 255，每种类型的刺激图片根据不同尺度方块划分 20 个等级。（a）为多尺度 Cen 型刺激（包括中心黑，中心白），（b）为多尺度 Sur 型刺激（包括周围黑，周围白），（c）为多尺度 Cen-Sur 型刺激（包括中心黑周围白，中心白周围黑），每种刺激的持续时间为 150ms，灰屏休息 150ms，重复次数为 15 次。本节的主要内容是对深

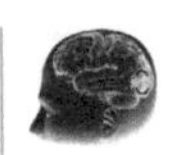

度为 700～1000μm 的视顶盖浅中层神经元快速和显著感知的编码机制进行解析，并构建对应的编码模型。

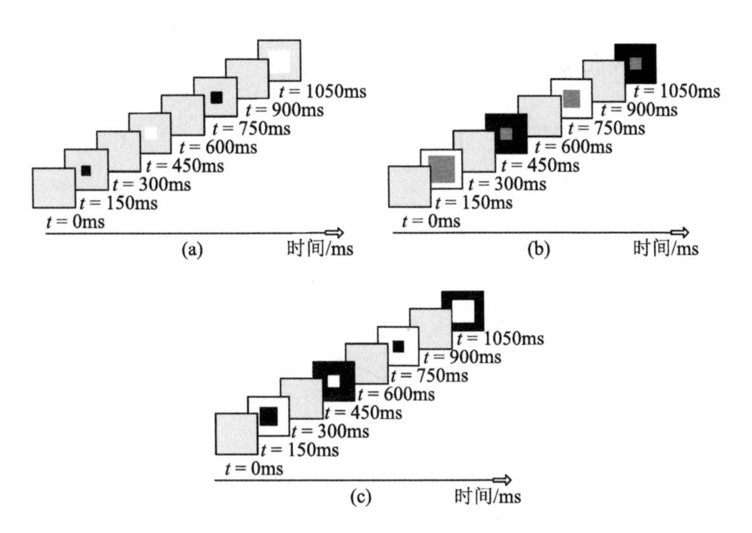

图 5-10　基于视觉显著性的中心周围类型刺激模式

5.2.1　双高斯差模型

在一般的目标识别理论中，DOG 操作是一种常见的处理手段，去除冗余，增强边缘，起到场景中显著性信息表征的作用。最初 Rodieck 基于中心-周围拮抗型的视网膜神经节细胞提出了高斯差（difference of Gaussian，DOG）模型，其核心是两个独立高斯函数之差，利用 DOG 模型可以更好地模拟感受野的中心-周围拮抗功能[38, 39]。大量研究表明 DOG 操作在一定程度上可以评估神经元的显著性表征能力，且其在显著性表征中具有重要地位[40-42]。因此，DOG 模型在初级视皮层神经元感受野的现象学描述中得到了广泛的应用。为了能够定量研究 OT 神经元发放强度的变化，利用双高斯差（DOG）模型对多尺度中心周围类型刺激下的响应进行拟合，如图 5-11 所示。其中，DOG 滤波器中的函数表示为

$$R(s) = R_0 + k_e \int_{-w}^{w} e^{-(2t/r_e)^2} dt - k_i \int_{-w}^{w} e^{-(2t/r_i)^2} dt \tag{5.12}$$

在此模型中，一个正向窄的高斯函数描述感受野中心的兴奋性时空子成分的和，而另一个负向宽的高斯函数描述感受野外周边的抑制性时空子成分之和，它们在空间上是相互拮抗的。然后，对这两个高斯函数线性加权在空间域进行积分

后可模拟细胞的响应。其中，r_e 和 r_i 分别为兴奋性和抑制性感受野的大小；k_e 和 k_i 分别为兴奋性和抑制性的相对强度；$R(s)$ 为细胞的响应。由于抑制性周边比兴奋中心有更大的扩展空间，其响应曲线随着刺激的增大先达到一个峰值，然后随着刺激的进一步增大而减小。

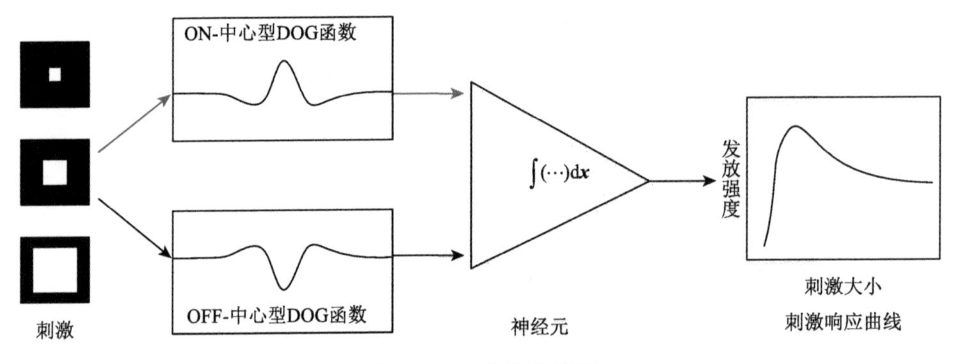

图 5-11　双高斯差模型

5.2.2　基于极大似然函数的 GLM 模型

简单的线性-非线性级联模型不仅没有能力捕捉 OT 神经元对中心周围类型刺激下的响应，而且忽略了外界刺激对神经元发放活动的调制、神经元自身对发放历史的依赖性。广义线性模型（generalize linear model，GLM）是一类灵活性较强的自回归点过程模型[43, 44]，依照 GLM 内部选择不同的典型联系函数，对应的具体模型能够模拟神经元动作电位序列的多种非线性特性。其中，本节采用泊松通用线性模型（Poisson-GLM）去模拟 OT 神经元具有的不同性质，进而对单个系统刺激模式依赖的 Post-spike 抑制机制假设进行验证，如图 5-12 所示。

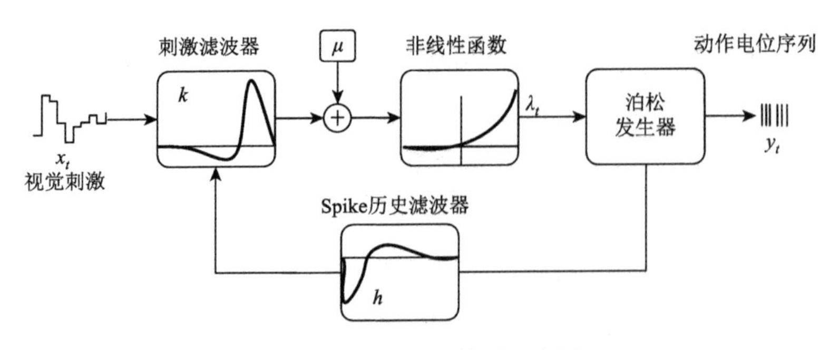

图 5-12　广义线性模型示意图

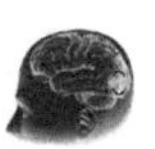

通过对线性-非线性-泊松级联模型进行扩展，将输入刺激的调制作用、神经元自身发放历史影响、基准发放率进行加权求和，作为广义线性模型的扩展型输入。Poisson-GLM 模型对视觉信息的处理可以分为四个部分：线性滤波器（linear filter）、非线性（nonlinearity）函数、泊松发生器（stochastic Poisson）和 Spike 历史滤波器（post-spike filter），刺激滤波器 k 对视觉刺激 x_t 进行线性滤波处理后，与 Spike 历史滤波器 h 的输入和标准基量 μ 相结合。得到的卷积结果再通过非线性整流函数 f 确定条件强度 λ_t，最后驱动条件泊松过程产生动作电位[45, 46]。

Poisson-GLM 模型的思想是对神经元放电序列中单位时间窗内的动作电位个数以泊松模型进行建模，且各个时间窗内对应的泊松模型彼此之间相互独立，因此整个放电序列可以按照非匀质泊松点过程对其进行建模[47, 48]。如果 y 是单位时间窗口 $\varDelta$ 内神经元的发放个数，那么，神经元的发放属于一个概率事件，需要用一个随机过程进行表达，即神经元以泊松分布的形式输出动作电位序列：

$$P(y\mid\lambda)=\frac{(\lambda\varDelta)^{y}}{y!}\exp(-\lambda\varDelta) \tag{5.13}$$

将整个时间域的放电序列切分成 N 个等距的时间窗口，得到神经元响应序列 $Y=\{y_1,y_2,\cdots,y_n\}$，并利用 GLM 模型对神经元响应序列的第 i 个时间窗内发放数 y_i 进行建模，可以获得似然函数，如下：

$$P(Y\mid\theta)=\prod_t\frac{(\lambda_t\varDelta)^{y_t}}{y_t!}\exp(-\lambda_t\varDelta) \tag{5.14}$$

式中，$\lambda_t\varDelta$ 为模型对神经元放电序列在第 t 个时间窗内发放个数的期望值；λ_t 为在 t 时间窗对应的条件强度；$\theta=\{\lambda_t\}$，为整个放电序列上的强度集合。

根据式（5.14）可以得到对数似然函数：

$$\lg P(Y\mid\theta)=\sum_t y_t\lg\lambda_t+\sum_t y_t\lg\varDelta-\sum_t y_t!-\varDelta\sum_t\lambda_t \tag{5.15}$$

对数似然函数仅是条件强度 θ 的函数。为了强调似然性的应用，将 $L(\theta)\equiv\lg P(Y\mid\theta)$ 重新标记，并将与 θ 无关的项归为任意的标准化常数 c，则上面等式可以简化为

$$L(\theta)=\sum_t y_t\lg\lambda_t-\varDelta\sum_t\lambda_t+c \tag{5.16}$$

似然函数的最终形式中，忽略归一化常数 c，进一步利用 y_t 的二进制简化似然函数，则

$$L(\theta)=\sum_{t=\text{spike}}\lg\lambda_t-\varDelta\sum_t\lambda_t \tag{5.17}$$

单个神经元的广义线性模型将Spike序列的特征归因于外部刺激的调制作用、神经元当前 Spike 发放对后续发放的影响。刺激调制作用表示为线性滤波器与输入视觉刺激的内积，记为$k\cdot x_t$；神经元发放历史的依赖性表征神经元自身发放历史的影响，表示为神经元自身发放历史序列时延函数h的内积，记为$h\cdot y_t$；μ为神经元的基准发放率。将输入刺激的调制作用、神经元自身发放历史影响、基准发放率进行加权求和，作为广义线性模型的扩展型输入。因此，条件强度函数定义为

$$\lambda_t=f(k\cdot x_t+h\cdot y_t+\mu) \tag{5.18}$$

式中，x_t为矢量化的时空刺激；y_t为神经元响应序列在第t个时间窗时的发放数。值得注意的是，非线性函数f与参数向量$\theta=\{k,h,\mu\}$线性相关。因此，对非线性整流函数$f(\cdot)$进行如下假设：

（1）$f_\theta(\vec{u})$是其标量参数$\vec{u}$和θ的凸函数；

（2）$\lg f_\theta(\vec{u})$也是其标量参数$\vec{u}$和θ的凸函数。

基于以上假设，式（5.17）中对数似然函数的参数θ应为凸函数，这确保了似然函数不存在局部极大值。因此，可以通过梯度下降法找到最大似然函数$\vec{\theta}_{ML}$，且指数函数满足以上两个约束条件。本节选择$f=\exp(\cdot)$作为模型中的联系函数，结合式（5.17）和式（5.18），则 Poisson-GLM 的似然函数为

$$L(\theta)=\sum_{t=\text{Spike}}(k\cdot x_t+h\cdot y_t+\mu)-\varDelta\exp\sum_t(k\cdot x_t+h\cdot y_t+\mu) \tag{5.19}$$

然后，使用 Matlab 中的 Fminunc 函数（Matlab 优化工具箱的子函数）来寻找似然函数的全局最大值，进而得到 GLM 模型的相关参数（刺激滤波器k的基函数上的权重、历史滤波器的权重h和确定 Spike 发放率的标准基量μ）。其中，刺激调制作用由滤波器k描述，神经元发放历史的依赖性由 Spike 历史滤波器h描述。线性滤波器k、Spike 历史滤波器h可以用一组余弦基表示，以便减小到适合的滤波器维数和确保滤波器平滑。基向量的形式如下：

$$b_j(t)=\begin{cases}\dfrac{\cos(a\lg(t+c)-\phi_j)+1}{2} & a\lg(t+c)\in[\phi_j-\pi,\phi_j+\pi]\\ 0 & \text{其他}\end{cases} \tag{5.20}$$

模型参数c决定基向量峰值线性间隔的程度，c值越大，线性间隔越大。通常使用 11 个这样的基向量来拟合 100ms 的刺激滤波器k，使用 6 个基向量来拟合

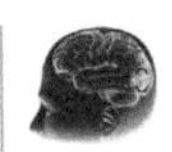

100ms 的 Spike 历史滤波器 h，共 18 个参数（包括一个确定 Spike 发放率的标准基量 μ）。

在获取模型参数之后，利用 GLM 模型仿真对应时间窗口的 OT 神经元响应，并计算单个时间窗口的 Spike 发放概率：

$$P(y_t \geqslant 1 | \lambda_t) = 1 - P(y_t = 0 | \lambda_t) = 1 - \exp(\lambda_t \varDelta) \tag{5.21}$$

这里，选择足够小的单位时间窗 $\varDelta$，使得在 $\varDelta$ 内的 0 或 1 个动作电位发放概率总和为 1，并且不允许单位时间窗口 $\varDelta$ 中的动作电位发放总数大于 1。

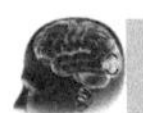

5.2.3　实验结果分析

1. OT 神经元对中心周围类型刺激下的响应分析

分别给出多尺度 Cen 型、多尺度 Sur 型和多尺度 Cen-Sur 型三种刺激模式，并将感受野中心与刺激图像中心对齐进而获得 OT 神经元的响应，如图 5-13（a）所示。通过观察 OT 神经元对中心周围类型刺激下的发放模式，可以发现，当神经元感受野内具有异质输入时（即感受野内存在与背景不同的显著刺激），神经元表现出较长持续时间的发放模式，而神经元感受野 RF 内接受统一的输入时（即感受野内的刺激是统一的，缺乏差异、显著的刺激），神经元的响应为簇状发放模式。这说明 OT 神经元可以利用 Fr 表达显著性视觉信息。进一步地，为了定量研究鸽子 OT 神经元放电活动的各个分量（即 FSL 和 Fr）在信息编码中的作用，对中心周围类型刺激响应模式进行 FSL 和 Fr 分析。

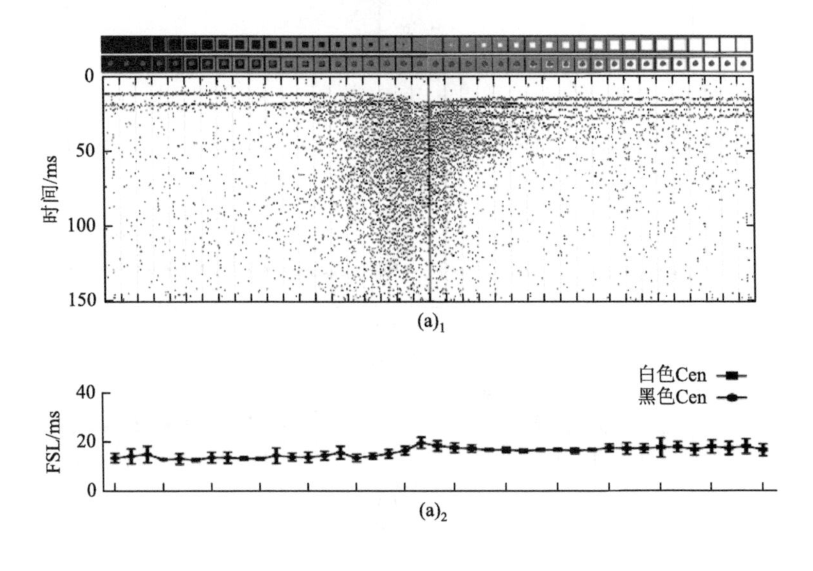

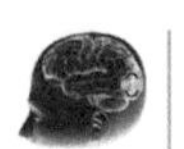

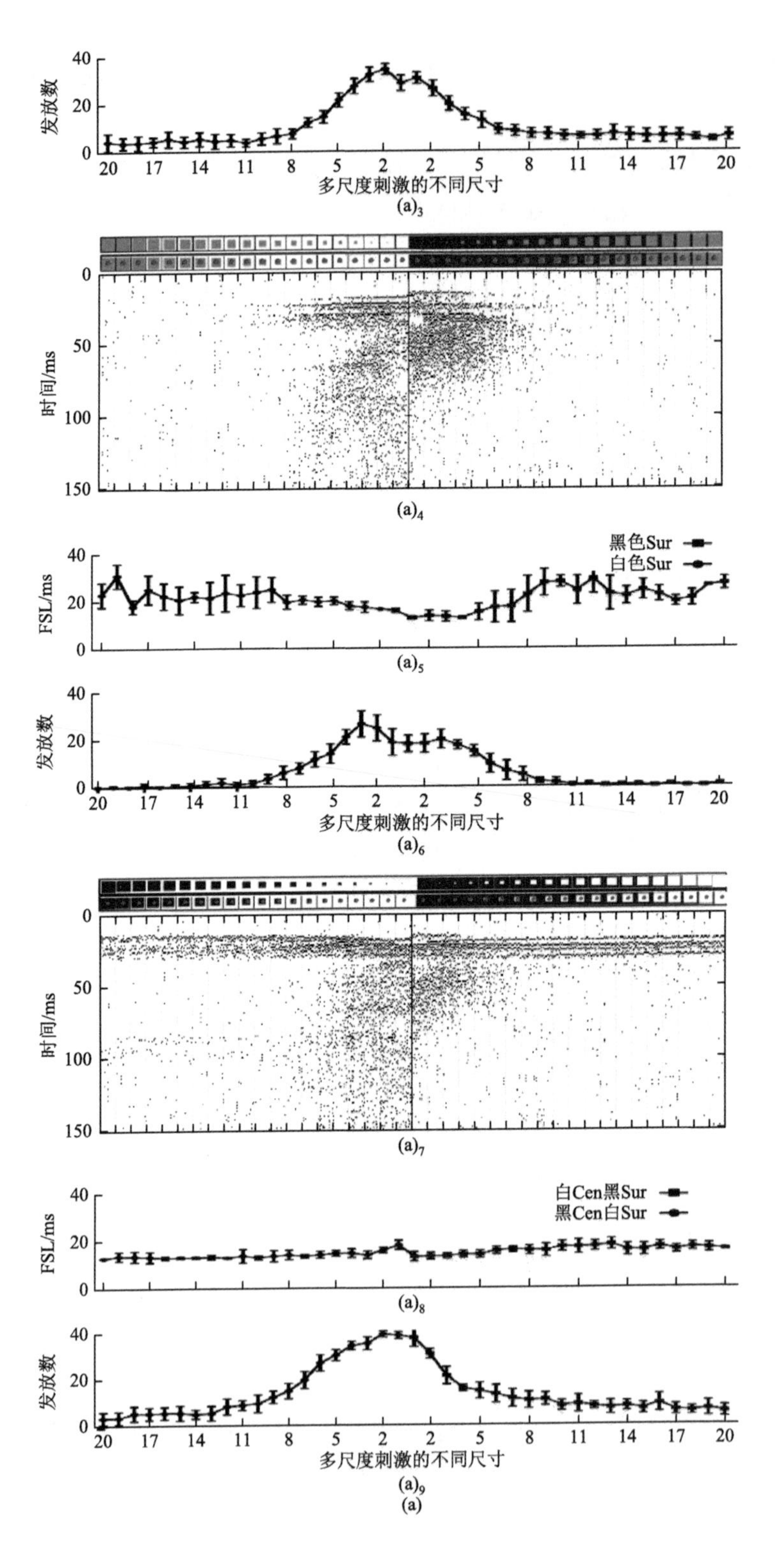
40
20
0
发放数
20 17 14 11 8 5 2 2 5 8 11 14 17 20
多尺度刺激的不同尺寸
(a)3
0
50
100
150
时间/ms
(a)4
黑色Sur
白色Sur
40
20
0
FSL/ms
(a)5
40
20
0
发放数
20 17 14 11 8 5 2 2 5 8 11 14 17 20
多尺度刺激的不同尺寸
(a)6
0
50
100
150
时间/ms
(a)7
白Cen黑Sur
黑Cen白Sur
40
20
0
FSL/ms
(a)8
40
20
0
发放数
20 17 14 11 8 5 2 2 5 8 11 14 17 20
多尺度刺激的不同尺寸
(a)9

(a)

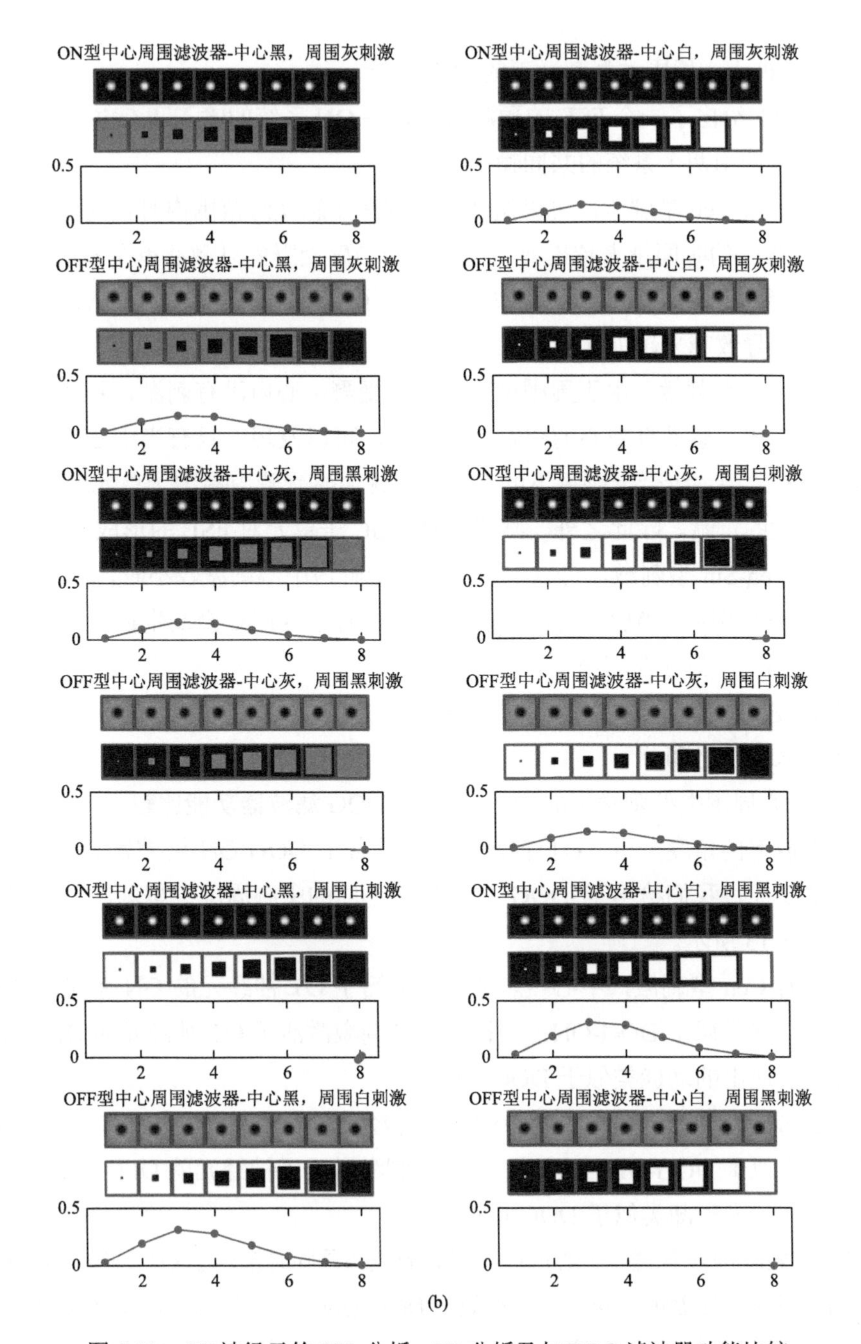

图 5-13　OT 神经元的 FSL 分析、FR 分析及与 DOG 滤波器功能比较

(a)$_1$、(a)$_4$、(a)$_7$为神经元在不同刺激下响应的 Raster 图，每个子图上侧为 20 个不同尺度的视觉刺激（包括黑色 Cen，白色 Cen；黑色 Sur，白色 Sur；黑 Cen 白 Sur，白 Cen 黑 Sur），中间的红色块为神经元的感受野，下侧为神经元在每种视觉刺激（重复 15 次）下的响应锋电位序列（每个黑点代表一个锋电位）；(a)$_2$、(a)$_3$、(a)$_5$、(a)$_6$、(a)$_8$、(a)$_9$为神经元在不同视觉刺激下响应的 FSL 和 Fr 的均值与方差；(b) DOG-ON 和 DOG-OFF 滤波且在对应刺激下响应强度

1）各种中心周围类型刺激下的 FSL 分析

文献[17]给出了一个 FSL 的预测模型，将 ON 系统的输入和 OFF 系统的输入进行求和，即由两个系统的共同输入决定 FSL。

首先考察 Cen 型刺激，可以发现，当刺激在感受野范围内时，随着刺激的尺寸增加，FSL 的时间越来越提前，这意味着当感受野内只激活单个系统（ON 系统或 OFF 系统）时，随着该系统中被激活的子单元数量的增加，汇入的胞内电流越来越大，导致越来越提前的 FSL。

对于 Sur 型刺激，由于周围型刺激在感受野中心内没有刺激，随着刺激由中心向周围扩展，感受野中心的空缺越来越大，可以发现，只有当中心的空缺足够大时，FSL 才会迟于全屏刺激下的 FSL。这说明感受野内周围子单元对 FSL 的形成都有较大的贡献。除此之外，感受野外 RGC 子单元对 FSL 的形成也有贡献。

对于 Cen-Sur 型刺激，可以发现，当感受野内中心刺激较小时，其 FSL 与全屏周围的 FSL 相当，当感受野内中心刺激较大时，其 FSL 会发生跳变至与全屏中心的 FSL 相当，但存在着渐变。

因此，FSL 可能是由占优势的单个系统决定的，而不是取决于 ON 系统和 OFF 系统的汇入电流之和。

2）中心周围类型刺激下的 Fr 分析及与 DOG 滤波器功能比较

从发放率的角度分析，OT 神经元同时具备了 DOG-ON 滤波器和 DOG-OFF 滤波器的功能，我们给出了 DOG 滤波器在不同的中心周围类型刺激下的响应比较，如图 5-13 所示。

首先看 Cen 型刺激，中心白刺激显然激活了 OT 神经元的 ON 系统，神经元表现出的功能类似于 DOG-ON；同样中心黑刺激激活了 OT 神经元的 OFF 系统，而神经元表现出的功能类似于 DOG-OFF。

对于 Sur 型刺激，周围白刺激激活了神经元的 ON 系统，但 OT 神经元随即的表现却类似于 DOG-OFF。同样，周围黑刺激激活了神经元的 OFF 系统，但 OT 神经元随即的表现却类似于 DOG-ON。

对于 Cen-Sur 型刺激，中心白周围黑刺激应该是同时激活了 OT 神经元的 ON 系统和 OFF 系统，接着神经元的表现类似于 DOG-ON；中心黑周围白刺激应该是同时激活了 OT 神经元的 OFF 系统和 ON 系统，接着神经元的表现类似于 DOG-OFF。

综合以上实验和结论，可以总结出：神经元响应包含了明显的 FSL 和 Fr 分量。随着感受野内刺激相对于周围的显著性增强，神经元响应的发放率会增加，同时 FSL 也呈现明显的规律性。因此，我们认为这是一种 FSL 和 Fr 的联合信息表征方式，类

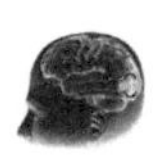

似于 FSL + DOG-ON + DOG-OFF 的集成功能。其中，OT 神经元对亮度信息的中心周围操作是一个丢弃非关键信息的过程，使其具有快速去除冗余信息，并准确获取有效信息的能力。因此，我们认为视顶盖神经元利用 FSL 粗略表征整体信息，随后进行基于 Fr 的显著性表征，即视顶盖神经元具有快速显著表征空间信息的能力。

2. 单系统刺激模式依赖的 Post-spike 抑制机制、建模

神经元是如何实现这些类似于 DOG-ON 和 DOG-OFF 的功能呢？可以发现，在三种不同类型的中心周围类型刺激中，神经元的响应模式有着显著的不同。通过对响应模式的分析，本节给出一种 OT 神经元工作机制的假设并进行了建模。

首先从变化比较连续的 Cen 型刺激着手，提出单个系统（ON 系统或 OFF 系统）的刺激模式依赖的 Post-spike 抑制机制，而且使得 ON 系统具备了 DOG-ON 的功能，使得 OFF 系统具备了 DOG-OFF 的功能，但不能解释 OT 神经元同时具备的 DOG-ON 和 DOG-OFF 功能。Cen 型刺激显然诱发了神经元的 ON 系统或 OFF 系统，观察神经元的响应模式，如图 5-13（a）$_1$ 所示，可以发现随着位于神经元中心的刺激尺寸不断增大，即激活的子单元的数量不断增加，其发放数越来越少，我们提出一种刺激模式依赖的 Post-spike 抑制机制解释这种现象，其不但可以解释 Cen 型刺激下的 FSL，而且可以模拟不同刺激尺寸下的发放数变化，具体如图 5-14（a）所示。

对于单个系统（ON 系统或 OFF 系统），其 Spike 输出不但取决于各个激活子单元产生的胞内电流之和，而且受到了这些激活子单元产生的抑制电流的调制。假设每个被激活的 RGC 子单元都会产生抑制电流，所有这些被激活的子单元产生的抑制电流之和作为单个系统的整体抑制电流；每个子单元产生的抑制电流的强度是不同的，大致服从正态分布，即位于 RF 的中心区域的子单元产生的抑制电流较小，但位于 RF 的周围区域的子单元产生的抑制电流较大。另外，在经典 RF 之

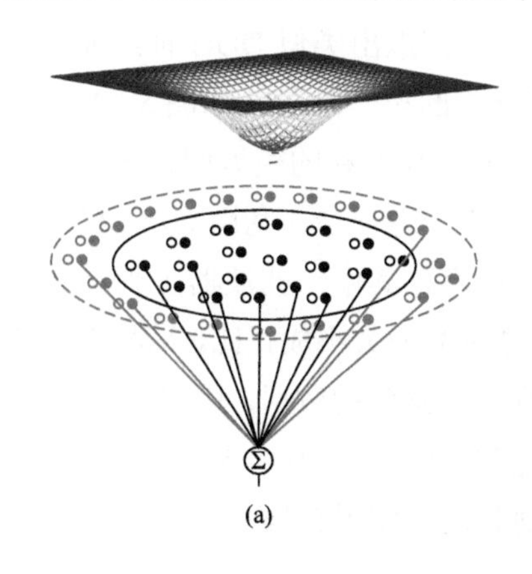

(a)

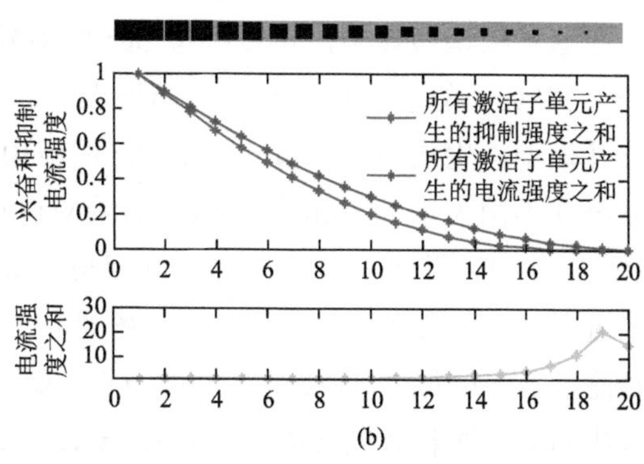

(b)

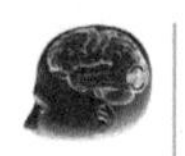

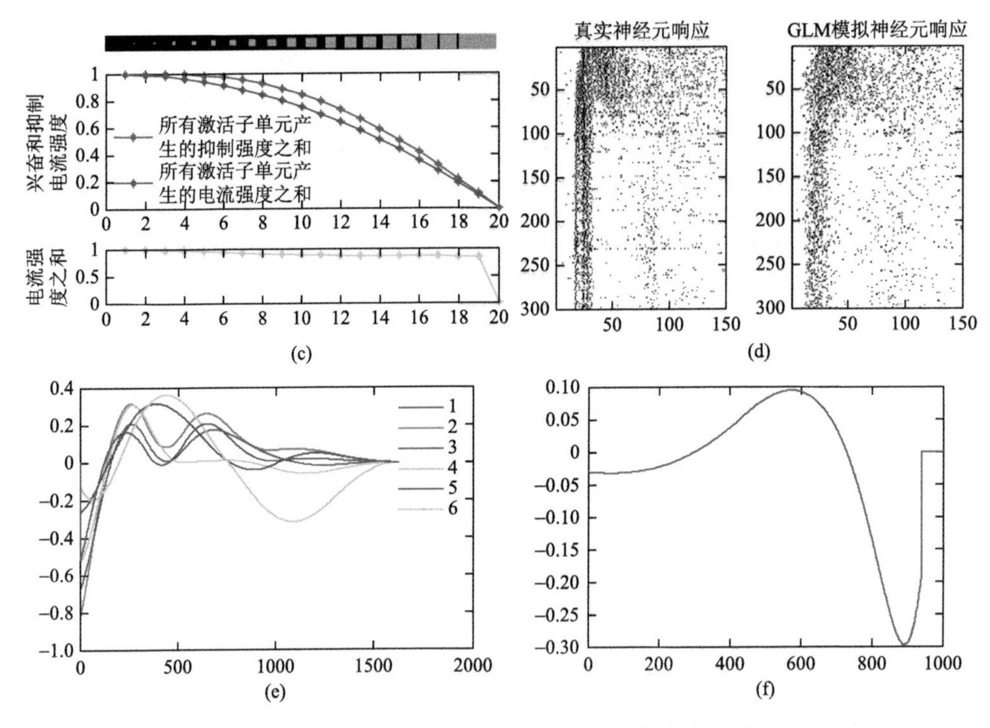

图 5-14　刺激空间模式依赖的 Post-spike 抑制机制建模、模拟与仿真

（a）各个位置激活子单元产生的抑制强度；（b）Cen 型刺激下 Post-spike 抑制机制模型模拟；（c）Sur 型刺激下 Post-spike 抑制机制模型模拟；（d）神经元在 20 个重复 50 次的多尺度白色 Cen 型刺激下的 Raster 图及 GLM 模型模拟结果；（e）GLM 拟合的不同尺度刺激下的 Post-spike 抑制滤波器；（f）GLM 模拟拟合的滤波器 k

外，仍有一些 RGC 子单元会给 OT 神经元提供胞内电流的输入，但是由于这些子单元产生的抑制作用过大，这些 RF 外子单元在诱发 OT 神经元做出少数几个 Spike 表达之后，就会被抑制，因此，采用经典 RF 测量方法不能标定这些子单元的位置。

图 5-14（b）表明，在 Cen 型刺激下，当刺激较小时，虽然激活的子单元少，胞内电流小，但仍然产生较为强烈的 Spike 响应，模拟出类似 DOG 神经元。同样，在这种模型假设下，可以模拟 Sur 型刺激响应的第一阶段，如图 5-14（c）及图 5-13（a）的第三行所示。该结果表明，在上述高斯和的模型假设下，是可以设计模型，生成类似于真实的 Spike 响应模式的。进一步，利用 GLM 模型对单系统在不同大小的 Cen 型刺激下的响应进行仿真，其中，滤波器 k 保持不变[如图 5-14（f）所示]，输入刺激的强度与 Cen 型刺激的大小成正比，即模型的胞内电流大小与刺激大小成正比。在此基础上，利用观察到的数据，进行 Post-spike 抑制滤波器的模拟，可以发现，Post-spike 抑制滤波器随着刺激增大而减少，近似服从我们提出的刺激模式依赖的 Post-spike 抑制假设，如图 5-14（e）所示。

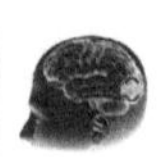

3. 视顶盖神经元的快速显著感知编码模型

Cen-Sur 型刺激和 Sur 型刺激响应模式表现出比较明显的阶段性，我们进行了响应模式的阶段划分，以简化问题。

给刺激和撤刺激的响应差异分析。由于从灰屏变换到中心黑刺激，其亮度变化等价于从中心白刺激变化到灰屏，因此可以将神经元响应划分为亮度变化表征相位和空间模式表征相位。如图 5-15 所示，可以看到这种方式极大地简化了中心

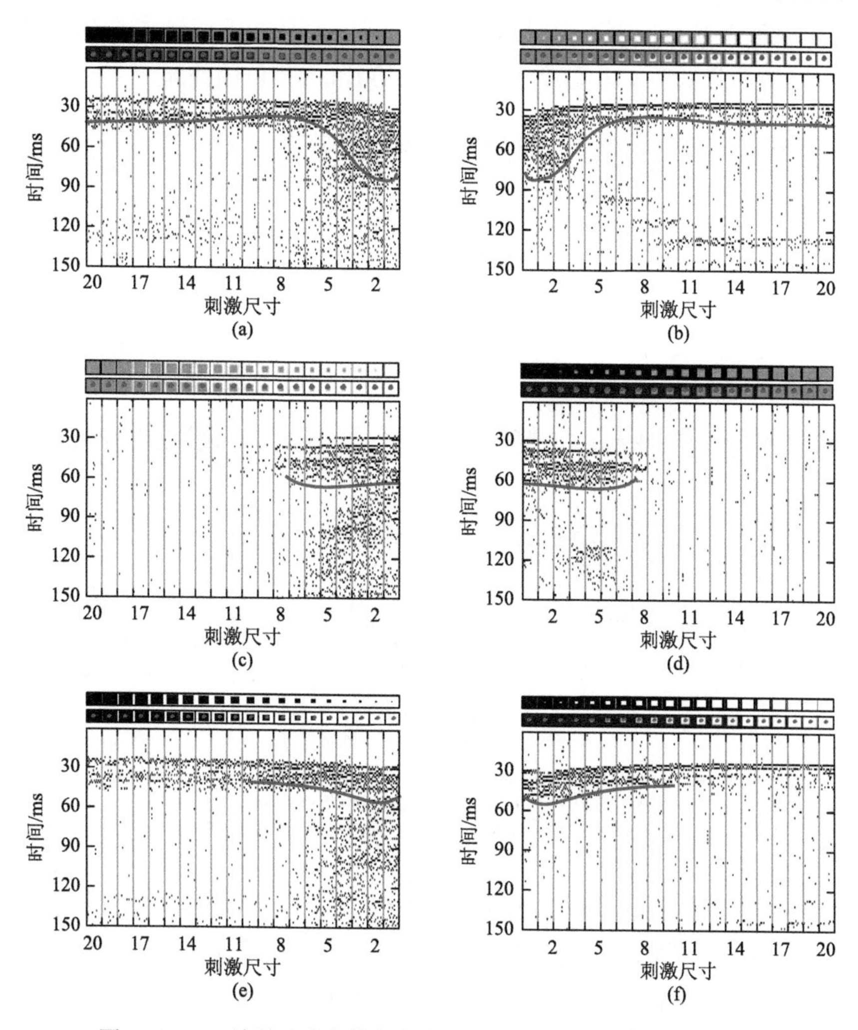

图 5-15　OT 神经元响应的亮度变化阶段和空间模式表征阶段划分

（a）神经元在多尺度黑色 Cen 型给刺激下的响应；（b）神经元在多尺度白色 Cen 型撤刺激下的响应；（c）神经元在多尺度白色 Sur 型给刺激下的响应；（d）神经元在多尺度黑色 Sur 型撤刺激下的响应；（e）神经元在多尺度黑 Cen 白 Sur 型给刺激下的响应；（f）神经元在多尺度白 Cen 黑 Sur 型撤刺激下的响应

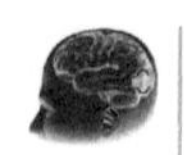

周围类型的刺激响应。对于空间模式表征相位而言，由于撤刺激下的灰屏没有任何信息，所以其响应对应的空间模式表征相位几乎没有响应。而给刺激下的视觉刺激是有显著性特征的，所以神经元响应的空间模式表征相位有比较弥散的 Spike 发放。

Cen-Sur 型刺激响应模式分析及 Burst 阶段划分。如图 5-16 所示，可以看到，这种阶段划分极大地简化了 Cen-Sur 类型的刺激响应。首先考察白 Cen 黑 Sur 型刺激，通过亮度响应相位和空间模式表征相位的阶段划分，我们画了一条横线，这条横线也将 Cen 型刺激响应模式和 Sur 型刺激响应模式划分为两个阶段，红线之上的阶段称为 Burst 相位。可以发现，Cen-Sur 型刺激响应模式的 Burst 相位是 Sur 型刺激响应模式和 Cen 型刺激响应模式的 Burst 相位的叠加。

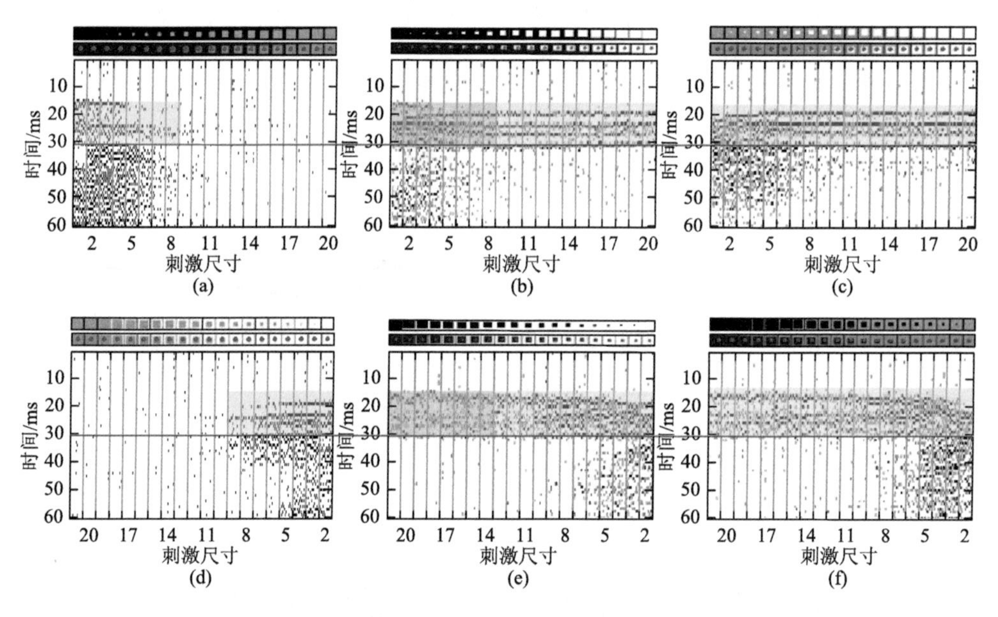

图 5-16　Burst 相位的划分

（a）神经元在多尺度黑色 Sur 型给刺激下的响应；（b）神经元在多尺度白 Cen 黑 Sur 型给刺激下的响应；（c）神经元在多尺度白色 Cen 型给刺激下的响应；（d）神经元在多尺度白色 Sur 型给刺激下的响应；（e）神经元在多尺度黑 Cen 白 Sur 型给刺激下的响应；（f）神经元在多尺度黑色 Cen 型给刺激下的响应

Sur 型刺激响应模式分析及 Spike 诱发机制。对于 Sur 型刺激，经过 Burst 相位和空间模式表征相位的划分之后，剩下了一个中间阶段，我们对中间阶段进行进一步划分。首先可以发现，在 Burst 相位处，Sur 型刺激也存在着一个发放间隙，Burst 相位表征了首先激活系统的响应模式，同样可以用 Post-spike 抑制机制进行解释。下一步，我们则认为是空闲系统诱发相位，取决于核区是否空闲，并且依赖于激活系统的输入电流，如图 5-17 所示。

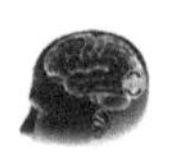

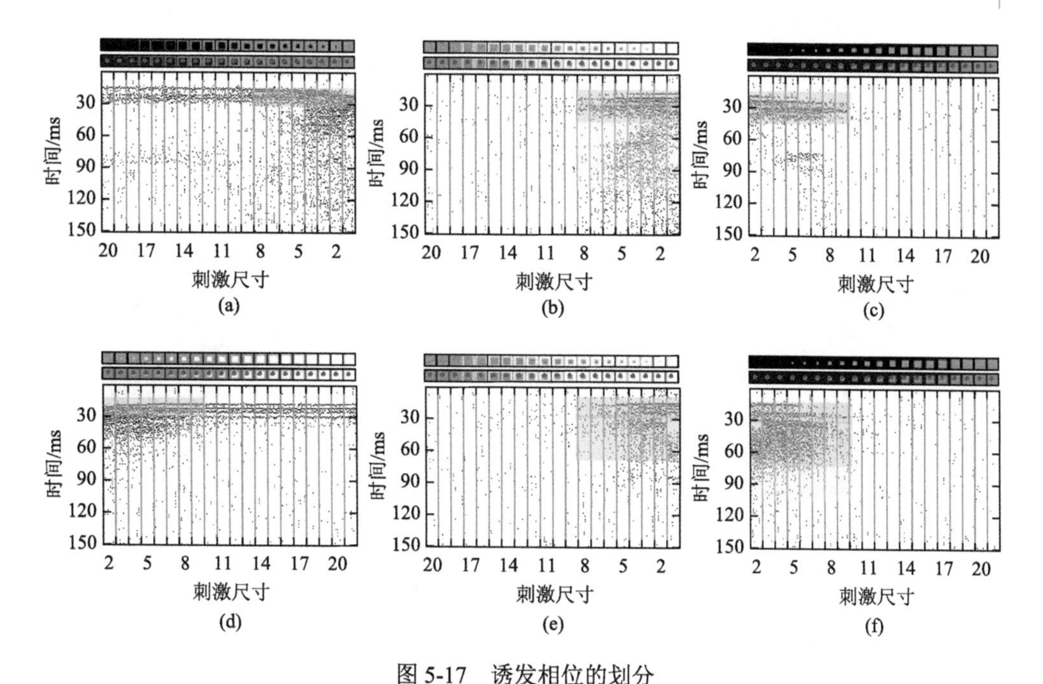

图 5-17　诱发相位的划分

（a）神经元在多尺度黑色 Cen 型给刺激下的响应；（b）神经元在多尺度白色 Sur 型给刺激下的响应；（c）神经元在多尺度黑色 Sur 型撤刺激下的响应；（d）神经元在多尺度白色 Cen 型给刺激下的响应；（e）神经元在多尺度白色 Sur 型撤刺激下的响应；（f）神经元在多尺度黑色 Sur 型给刺激下的响应

下面，对中心周围类型刺激下的神经元响应模式背后的机制进行总结，具体如下：

（1）FSL 由单系统决定。

（2）单系统（ON 系统或 OFF 系统）的刺激模式依赖的 Post-spike 抑制机制，可以解释 FSL。

（3）ON 系统和 OFF 系统同时激活时的双系统输出同时打开机制。

（4）核区空闲时的空闲系统诱发机制，使得输入刺激为白色 Sur 刺激时，神经元具有 DOG-OFF 功能；使得输入刺激为黑色 Sur 刺激时，神经元具有 DOG-ON 功能。

（5）空间相位表征阶段取决于一个触发器，即单系统是否在感受野（receptive field，RF）范围内全部激活，若没有，则启动空间相位表征，空间相位表征可以看作是弥散阶段的一个延续。

（6）任何情况下的神经元响应都可以看作是三个阶段，FSL 阶段、Burst 阶段、弥散阶段。

基于上述总结，我们提出了以单系统广义线性模型为基本构建模块，包含

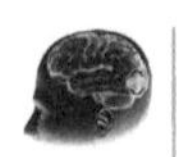

FSL—爆发—弥散三个阶段的视顶盖中间层神经元功能模型架构，实现信鸽视顶盖神经元快速显著感知机制的编码模型构建，如图 5-18 所示。其中，Cen 型刺激和 Cen-Sur 型刺激可以用 1、2 和 4 来解释，Sur 型刺激可以用 1、2、4 和 3 来解释。

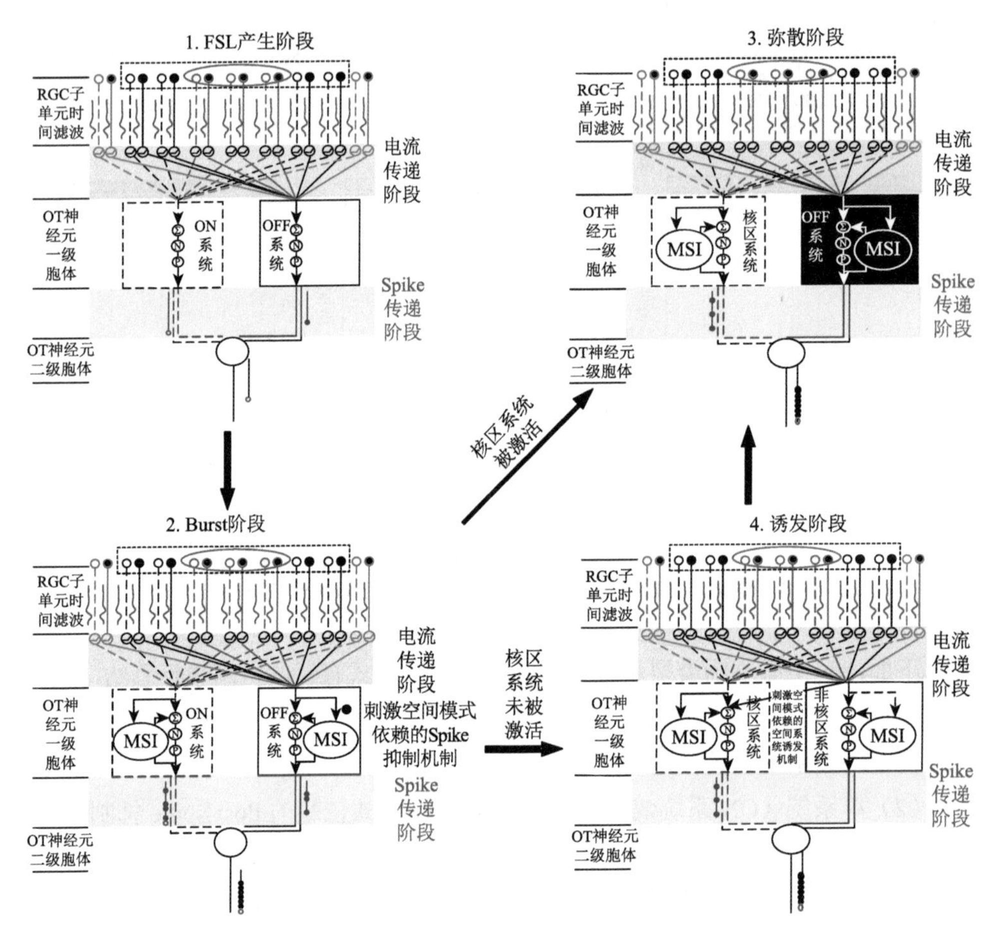

图 5-18　OT 中间层 ON/OFF 型神经元功能模型架构

5.2.4　讨论

本节对植入深度为 700～1000μm 的 OT 中层神经元进行了快速和显著性感知的编码机制研究。分别给出多尺度中心、多尺度周围和多尺度中心周围三种刺激模式，结果发现，当神经元感受野内具有异质输入时，神经元表现出较长持续时间的发放模式，而 RF 内接收统一的输入时，神经元的响应模式仅仅是一簇 Spike-Burst。最后，通过构建神经计算模型，实现了 OT 中间层 ON/OFF 型神经元模型架构的功能模拟。更具体的讨论如下。

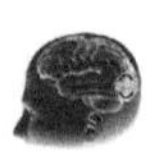

（1）OT 神经元在“扫视-凝视”的场景下，进行基于 FSL 的快速粗略空间结构信息和基于 Fr 的显著性目标信息的相续传递。其中，显著性目标是指边缘、角点和中心周围等关键局部细节信息。当 RF 内存在异质输入时，会灵敏地显著性表征（Fr 增强）；而 FSL 是一个粗略的、快速的方式。总的来说，OT 神经元的神经元响应包括 FSL 和 Fr，FSL 粗略传递场景亮度信息，Fr 用于表征显著性信息，类似于 FSL + DOG-ON + DOG-OFF 的合体的功能。实现了基于 FSL 和 Fr 的场景整体信息和显著性特征快速相续传递。

（2）经典的目标识别理论认为中心周围操作去除了冗余信息，增强了边缘，是一个丢失非目标识别关键信息的过程，因此，还是丢失了一些信息，本节提出这些信息利用 FSL 进行表征。OT 神经元通过不同的方式，同时集成了 DOG-ON 和 DOG-OFF 的功能，DOG 操作即中心-周围操作，实现了显著性的表征，并且给出了一种基于 OT 神经元信息处理机制的 GLM 计算模型，模拟了这些功能。

目前应用较多的人工神经网络是第二代神经网络。它们通常是全连接的，接收连续的值，输出连续的值。尽管第二代神经网络已经让我们在很多领域中实现了突破，但它们在生物学上并不能精确地模仿生物大脑神经元的运作机制。本节提出的基于 FSL 和 Fr 的场景整体信息和显著性特征快速相续传递模型属于第三代神经网络模型——脉冲神经网络（spiking neural networks，SNN），使用拟合生物神经元机制的模型来进行计算，把时间信息的影响考虑其中，增强了处理时空数据（或者说真实世界感官数据）的能力。模型借鉴了神经元处理信息的机制，具备相对更全面的生物合理性，因此更能反映智能的本质，为视感知人工智能的发展提供了新的启示。

5.3　总　　结

本章以信鸽离顶盖通路的重要核团视顶盖（OT）为研究对象，对深度为 400～1000μm 的视顶盖浅中层神经元快速和显著感知的编码机制进行解析，并构建了对应的编码模型进行验证。本章主要的工作及研究结果如下：

（1）研究了信鸽 OT 神经元的空间信息整合机制，揭示了 OT 区延时编码产生机理。通过对全屏的给光和撤光刺激下神经元集群响应的分析，发现延时编码在 OT 区广泛存在，且 ON-OFF 刺激时间差为 4～6ms。通过对光栅刺激下神经元响应的信息论分析及单神经元字符重建实验，发现 OT 神经元集群使用 FSL 进行空间结构信息的快速传递。进一步，使用四种模型架构对这些 OT 神经元的 FSL

进行预报，发现多个 RGC 的 ON、OFF 通路分别进行信息整合并求和的架构获得了最好的仿真效果。

（2）为了更好地探讨 OT 神经元快速显著表征空间信息的能力，设计不具有方向性的多尺度中心周围类型刺激实验，分析视顶盖神经元响应在不同刺激下的变化规律。结果表明：除了可以用 FSL 快速表征刺激的整体粗略信息外，还可以根据 Fr 分量在感受野内同质性和异质性视觉刺激下的不同表现进行分析，发现视顶盖神经元具有视觉场景中显著性特征的表征能力。总的来说，视顶盖神经元利用 FSL 粗略表征整体信息，随后进行基于 Fr 的显著性表征。然后，基于多尺度 Cen 型刺激神经元响应同时具备的 DOG-ON 和 DOG-OFF 功能特性，提出一种基于单系统（视顶盖神经元的 ON 通路系统或 OFF 通路系统）刺激模式依赖的 Post-spike 抑制机制的 GLM 模型，并通过对多尺度 Cen 型刺激神经元响应的模拟进行验证。最后，分析多尺度 Sur 型、Cen-Sur 型刺激下的神经元响应模式，提出了以单系统广义线性模型为基本构建模块，包含 FSL—爆发—弥散三个阶段的视顶盖中间层神经元功能模型架构，实现了信鸽视顶盖神经元快速显著感知机制的编码模型构建。

该研究对未来构建复杂场景中显著性目标的快速感知的脉冲神经网络提供了线索和启示。

参考文献

[1] Adrian E D. The impulses produced by sensory nerve-endings[J]. The Journal of Physiology，1926，62（1）：33-51.

[2] Shadlen M N，Newsome W T. Noise，neural codes and cortical organization[J]. Current Opinion in Neurobiology，1994，4（4）：569-579.

[3] Zahar Y，Wagner H，Gutfreund Y. Responses of tectal neurons to contrasting stimuli：An electrophysiological study in the barn owl[J]. PLoS One，2012，7（6）：e39559-e39570.

[4] Zahar Y，Lev-Ari T，Wagner H，et al. Behavioral evidence and neural correlates of perceptual grouping by motion in the barn owl[J]. The Journal of Neuroscience，2018，38（30）：6653-6664.

[5] Optican L M，Richmond B J. Temporal encoding of two-dimensional patterns by single units in primate inferior temporal cortex. Ⅲ. Information theoretic analysis[J]. Journal of Neurophysiology，1987，57：162-178.

[6] Foffani G，Morales-Botello M L，Aguilar J. Spike timing，spike count，and temporal information for the discrimination of tactile stimuli in the rat ventrobasal complex[J]. The Journal of Neuroscience，2009，29（18）：5964-5973.

[7] Panzeri S，Brunel N，Logothetis N K，et al. Sensory neural codes using multiplexed temporal scales[J]. Trends in Neurosciences，2010，33（3）：111-120.

[8] Theunissen F，Miller J P. Temporal encoding in nervous systems：A rigorous definition[J]. Journal of Computational Neuroscience，1995，2（2）：149-162.

[9] DeCharms R C，Merzenich M M. Primary cortical representation of sounds by the coordination of action-potential timing[J]. Nature，1996，381（6583）：610-613.

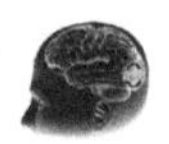

[10] Lestienne R. Spike timing，synchronization and information processing on the sensory side of the central nervous system[J]. Progress in Neurobiology，2001，65（6）：545-591.

[11] Wang S W，Wang M K，Wang Z Z，et al. First spike latency of ON/OFF neurons in the optic tectum of pigeons[J]. Integrative Zoology，2019，14（5）：479-493.

[12] 王松伟，黄淑漫，师丽，等. 鸽视顶盖快速显著感知编码模型研究[J]. 系统仿真学报，2019，30（11）：4086-4099.

[13] Thorpe S J. Spike arrival times：A highly efficient coding scheme for neural networks[C]// Parallel Processing in Neural Systems & Computers. Amsterdam：Elsevier，1990.

[14] Gawne T J，Kjaer T W，Richmond B J. Latency：Another potential code for feature binding in striate cortex[J]. Journal of Neurophysiology，1996，76（2）：1356-1360.

[15] Gütig R，Gollisch T，Sompolinsky H，et al. Computing complex visual features with retinal spike times[J]. PLoS One，2013，8（1）：e53063.

[16] Fernández E，Ferrandez J M，Ammermüller J，et al. Population coding in spike trains of simultaneously recorded retinal ganglion cells[J]. Brain Research，2000，887（1）：222-229.

[17] Gollisch T，Meister M. Rapid neural coding in the retina with relative spike latencies[J]. Science，2008，319（5866）：1108-1111.

[18] Storchi R，Bale M R，Biella G E M，et al. Comparison of latency and rate coding for the direction of whisker deflection in the subcortical somatosensory pathway[J].Journal of Neurophysiology，2012，108（7）：1810-1821.

[19] Johansson R S，Birznieks I. First spikes in ensembles of human tactile afferents code complex spatial fingertip events[J]. Nature Neuroscience，2004，7（2）：170-177.

[20] Jassik-Gerschenfeld D，Guichard J. Visual receptive fields of single cells in the pigeon's optic tectum[J]. Brain Research，1972，40（2）：303-317.

[21] Gu Y，Wang Y，Wang S R. Regional variation in receptive field properties of tectal neurons in pigeons[J]. Brain，Behavior and Evolution，2000，55（4）：221-228.

[22] Wang S W，Liu L，Wang Z Z，et al. Luminance information decoding on the basis of local field potential signals of pigeon optic tectum neurons[J]. Neuro Report，2017，28（16）：1036-1042.

[23] Magri C，Whittingstall K，Singh V，et al. A toolbox for the fast information analysis of multiple-site LFP，EEG and spike train recordings[J]. BMC Neuroscience，2009，10：81.

[24] 胡汉顶. 信鸽视顶盖神经元时间编码研究[D]. 郑州：郑州大学，2017.

[25] Luksch H，Cox K，Karten H J. Bottlebrush dendritic endings and large dendritic fields：Motion-detecting neurons in the tectofugal pathway[J]. The Journal of Comparative Neurology，1998，396：399-414.

[26] Hellmann B，Güntürkün O，Manns M. Tectal mosaic：Organization of the descending tectal projections in comparison to the ascending tectofugal pathway in the pigeon[J]. Journal of Comparative Neurology，2004，472（4）：395-410.

[27] Wang Y，Major D E，Karten H J. Morphology and connections of nucleus isthmi pars magnocellularis in chicks（*gallus gallus*）[J]. The Journal of Comparative Neurology，2004，469（2）：275-297.

[28] Wang Y，Luksch H，Brecha N C，et al. Columnar projections from the cholinergic nucleus isthmi to the optic tectum in chicks（*Gallus gallus*）：A possible substrate for synchronizing tectal channels[J]. Journal of Comparative Neurology，2006，494（1）：7-35.

[29] Marín G. Oscillatory bursts in the optic tectum of birds represent re-entrant signals from the nucleus isthmi pars parvocellularis[J]. Journal of Neuroscience，2005，25（30）：7081-7089.

[30] Asadollahi A，Mysore S P，Knudsen E I. Stimulus-driven competition in a cholinergic midbrain nucleus[J]. Nature Neuroscience，2010，13（7）：889-895.

[31] Mysore S P，Knudsen E I. The role of a midbrain network in competitive stimulus selection[J]. Current Opinion in Neurobiology，2011，21（4）：653-660.

[32] Mysore S P，Knudsen E I. Descending control of neural bias and selectivity in a spatial attention network：Rules and mechanisms[J]. Neuron，2014，84（1）：214-226.

[33] Mysore S P，Knudsen E I. A shared inhibitory circuit for both exogenous and endogenous control of stimulus selection[J]. Nature Neuroscience，2013，16（4）：473-478.

[34] Adrian E D，Zotterman Y. The impulses produced by sensory nerve-endings[J]. The Journal of Physiology，1926，61（2）：151-171.

[35] Mysore S P，Asadollahi A，Knudsen E I. Global inhibition and stimulus competition in the owl optic tectum[J]. Journal of Neuroscience，2010，30（5）：1727-1738.

[36] Mysore S P，Asadollahi A，Knudsen E I. Signaling of the strongest stimulus in the owl optic tectum[J]. Journal of Neuroscience，2011，31（14）：5186-5196.

[37] Dutta A，Wagner H，Gutfreund Y. Responses to pop-out stimuli in the barn owl's optic tectum can emerge through stimulus-specific adaptation[J]. Journal of Neuroscience，2016，36（17）：4876-4887.

[38] Rodieck R W. Quantitative analysis of cat retinal ganglion cell response to visual stimuli[J]. Vision Research，1965，5（12）：583-601.

[39] 邱志诚，黎臧，顾凡及，等. 视网膜神经节细胞感受野的一种新模型 II.神经节细胞方位选择性中心周边相互作用机制[J].生物物理学报，2000，16（2）：296-302.

[40] Itti L，Koch C，Niebur E. A model of saliency-based visual attention for rapid scene analysis[J]. IEEE Transactions on Pattern Analysis and Machine Intelligence，1998，20（11）：1254-1259.

[41] Zhang L，Tong M H，Marks T K，et al. SUN：A bayesian framework for saliency using natural statistics[J]. Journal of Vision，2008，8（7）：32.

[42] Wang X，Lv G，Xu L. Infrared dim target detection based on visual attention[J]. Infrared Physics & Technology，2012，55（6）：513-521.

[43] Gerhard F，Deger M，Truccolo W. On the stability and dynamics of stochastic spiking neuron models：Nonlinear Hawkes process and point process GLMs[J]. PLoS Computational Biology，2017，13（2）：e1005390.

[44] Schwalger T，Deger M，Gerstner W. Towards a theory of cortical columns：From spiking neurons to interacting neural populations of finite size[J]. PLoS Computational Biology，2017，13（4）：e1005507.

[45] Truccolo W，Eden U T，Fellows M R，et al. A point process framework for relating neural spiking activity to spiking history，neural ensemble，and extrinsic covariate effects[J]. Journal of Neurophysiology，2005，93（2）：1074-1089.

[46] Pillow J W，Shlens J，Paninski L，et al. Spatio-temporal correlations and visual signalling in a complete neuronal population[J]. Nature，2008，454（7207）：995.

[47] Perkel D H，Gerstein G L，Moore G P. Neuronal spike trains and stochastic point processes[J]. Biophysical Journal，1967，7（4）：419-440.

[48] Cox D R，Isham V. Point processes[J]. Monographs on Statistics & Applied Probability，1980，65（432）：47-98.

第 6 章

鸟类视顶盖神经解码

从神经信息中解码视觉刺激是理解脑信息处理的重要手段。鸟类具有发达的视觉系统，是研究视觉信息解码的理想对象。本章以鸽为研究对象，利用多通道微电极阵列采集的 OT 区神经元集群响应信号中的动作电位信号和局部场电位（LFP）信号，设计了自然图像刺激模式，提取了动作电位特征和 LFP 特征，构建了线性和非线性两种重建模型，对自然图像视觉刺激进行了解码重建。

6.1 视觉刺激模式设计

有效解码鸽子视顶盖神经信息的前提是记录电极能够获取足够多的信息。这涉及两个问题：①刺激图像进入电极覆盖的视野范围；②有限电极数目和有限记录区域内获得足够多的图像刺激的神经信息。设计合适的视觉刺激模式是解决上述问题的关键。

刺激图像进入电极覆盖的视野范围通过测定鸽子所观察屏幕中 OT 区感受野所对应的位置实现。实验模式的具体步骤是：首先将屏幕分成 15×15 的棋盘格，然后在一个周期内让黑色小块随机落子，最后将此步骤重复 10 次，黑色小块的显现频率为 20Hz。运行 Matlab 工具箱（Psychtoolbox；MathWorks，Natick，MA，USA）的 PC 产生视觉刺激，并显示在位于每只鸽子右眼前方 40cm 的 CRT 显示器上。感受野测试刺激模式及实验装置如图 6-1 所示，在记录之前，每只鸽子头部的水平轴旋转了 38°，使得右眼的侧向凹窝与暴露的顶盖对侧[1]。

采用经典的基于 Spike 发放率的反向相关方法[2]分析响应数据确定神经元感受野的具体位置，得到的感受野如图 6-2 所示。从图中可以看出白亮部分的映射矩阵数值较高，认为是神经元的感受野所在位置。另外，不同神经元所测得的感受野位置不同，如图 6-3 所示，所有神经元感受野映射的范围就是图像覆盖的范围。

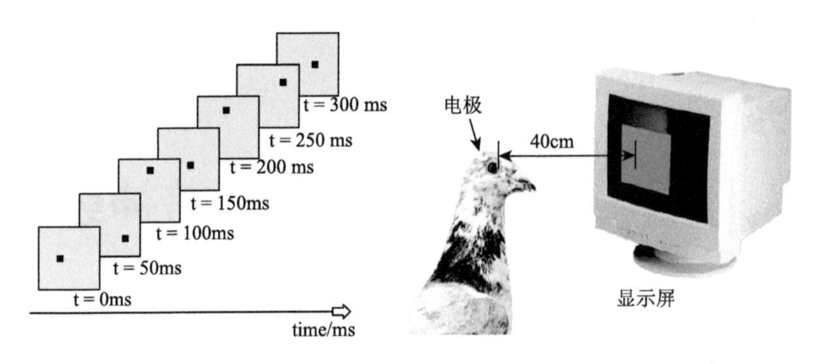

图 6-1　感受野测试刺激模式及实验装置

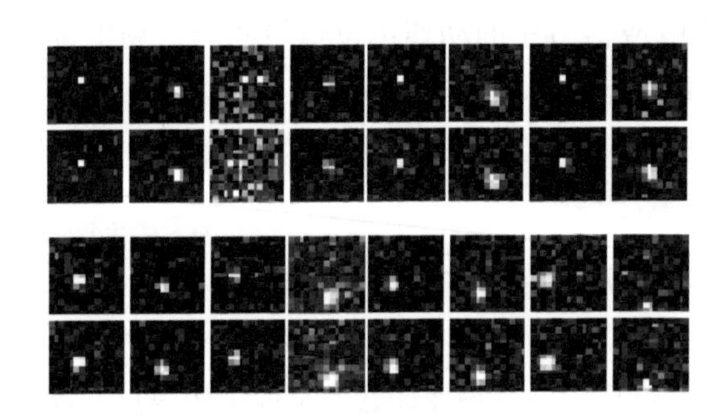

图 6-2　感受野图

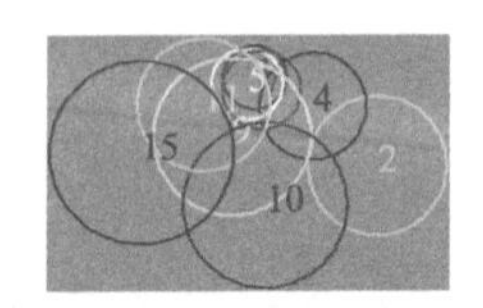

图 6-3　感受野间相对位置图

在记录神经元感受野范围确定的基础上进一步设计自然图像刺激模式。虽然电极技术得到了快速发展，但是现有的微电极阵列仍然不能满足实时自然图像重建的要求。另外，在生理结构上，鸽视顶盖大小有限，无法有效地进行多电极组合实验。为了解决这些问题，本节设计了扫屏刺激模式，使电极通道所采集的神经元能够接收到整张图像的信息。每次刺激下解码出被感受野所覆盖的区域，最后将每次的解码区域进行拼接得到整张图像。

由于鸽子视顶盖神经元对刺激没有方向选择性，本节选取了自右向左的移动方式。图像扫屏的刺激模式具体为：自然图像从右向左以每帧 2 个像素点的速度进行移动，直到图像从显示屏上消失，然后刺激图像向上移动 2 个像素点，再从右向左以相同方式进行移动，以此类推，直到整个图像以每 4 个（2×2）像素点经过神经元感受野的中心，如图 6-4 和图 6-5 所示。另外，每个刺激帧之后加入灰屏休息帧，以避免神经元发放疲劳。每个图像刺激重复 5 次循环，显示屏的刷新率为 30Hz。

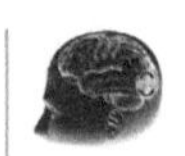

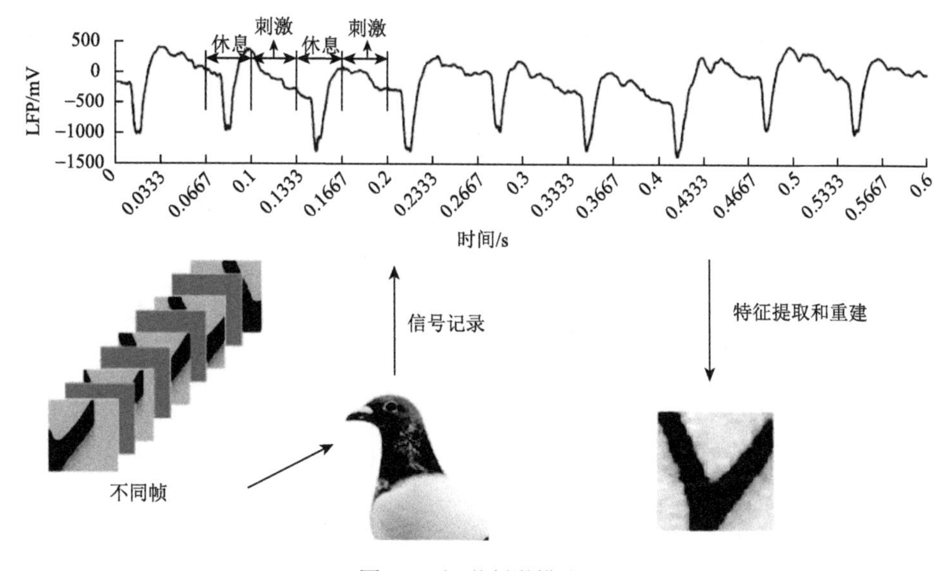

图 6-4　视觉刺激模式图

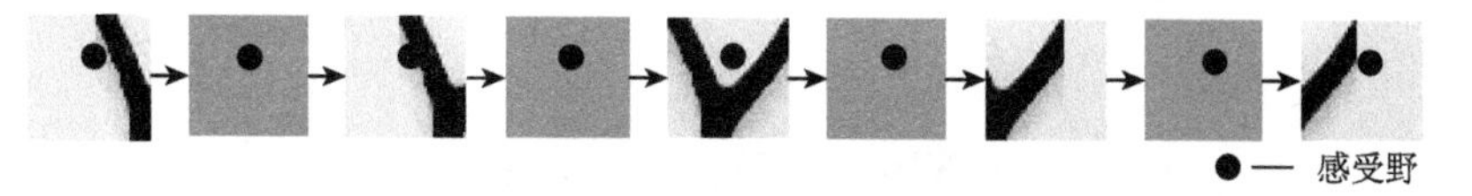

图 6-5　鸽子感受野观察刺激示意图

6.2　基于局部场电位的神经信息解码

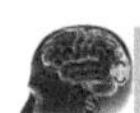

6.2.1　局部场电位特征提取

LFP 信号特征分为两大类：一类是幅值，一类是相位，本节通过计算实际刺激和响应矩阵 $\boldsymbol{R}$ 之间的互信息量，估计响应矩阵中所携带的实际刺激的信息量，从而获得不同频率点处所携带图像信息量的大小。用信息量确定有效表征外界视觉刺激的特征。用信息论量化不同频率点处特征携带的信息值，可以不受解码方式的影响，进而客观地阐述表征信息的处理机制。特征与刺激之间互信息的步骤如下。

（1）截取图片刺激后一段时间的 LFP 信号，对 LFP 信号进行离散傅里叶变换，提取所需频率对应采样点处的幅值相位特征。之后利用 $X_f = A_f(\cos(\Omega t + \varphi_f))$ 获得幅值和相位的联合特征。式中，X_f 为在频率 f 处幅值和相位的联合表示；A_f 为频率 f 处的幅值；φ_f 为频率 f 处的相位。

（2）将每个频率点处的幅值或者相位特征放置于矩阵中，构造响应矩阵 $\boldsymbol{R}$，如式（6.1）所示：

$$\boldsymbol{R}=\begin{bmatrix}1 & r_{1,1}^{1} & r_{1,2}^{1} & \cdots & r_{1,N}^{1} & \cdots & r_{1,1}^{v} & \cdots & r_{1,N}^{v}\\ 1 & r_{2,1}^{1} & r_{2,2}^{1} & \cdots & r_{2,N}^{1} & \cdots & r_{1,1}^{v} & \cdots & r_{2,N}^{v}\\ \vdots & \vdots & \vdots & & \vdots & & \vdots & & \vdots\\ 1 & r_{M,1}^{1} & r_{M,2}^{1} & \cdots & r_{M,N}^{1} & \cdots & r_{M,1}^{v} & \cdots & r_{M,N}^{v}\end{bmatrix} \tag{6.1}$$

式中，$r_{i,j}^{v}$ 为第 i 个像素块刺激时，v 通道 LFP 信号的第 j 个 X_f 特征数据。

（3）构造与响应矩阵相对应的刺激矩阵：

$$\boldsymbol{s}=\begin{bmatrix}s_{11},s_{12},\cdots,s_{1M}\\ s_{21},s_{22},\cdots,s_{2M}\\ s_{31},s_{32},\cdots,s_{3M}\\ s_{41},s_{42},\cdots,s_{4M}\end{bmatrix} \tag{6.2}$$

式中，s_{ij} 为第 j 次刺激时，第 i 个像素点处的灰度值。

（4）对于刺激矩阵的第 k 行刺激序列 $\boldsymbol{s}_k$ 和响应矩阵 $\boldsymbol{R}$ 的第 j 列序列，它们之间的互信息可用式（6.3）计算得出：

$$I(\boldsymbol{s}_k,\boldsymbol{R}_j)=\sum P(s_{ki})\sum P(r_{i,j}\mid s_{ki})\log_2\frac{P(r_{i,j}\mid s_{ki})}{P(r_{i,j})} \tag{6.3}$$

对数 $\log_2$ 的使用表明互信息的单位是元（bit），其中，$P(s_{ki})$ 为第 k 个像素点处的不同灰度值刺激出现的概率；$P(r_{i,j})$ 为在第 j 个频率点处所有响应信号中观察到 $r_{i,j}$ 的概率；$P(r_{i,j}\mid s_{ki})$ 为在给定刺激 s_{ij} 下在第 j 个频率点处观察到响应 $r_{i,j}$ 的概率。最后可得 LFP 在 j 频率点处携带的图像灰度值的信息。重复执行第（3）步，则可得出局部场电位每一个频率点处的特征所携带的图像灰度值信息。

计算的不同特征所携带的外界刺激信息量如图 6-6 所示。这四张图分别代表图像中心的四个像素点不同频率点处不同特征所携带的关于该像素点处灰度值的信息量，这四张图的结果整体表现为相位特征所携带的信息稍大于幅值特征所携带的信息。与 2009 年 kayser 等的发现一致：LFP 相位携带的信息量大于能量所携带的信息[2]。从图 6-6 中还可看出，幅值在频率点 43Hz、54Hz、62Hz 以及 74Hz 处所携带的信息最大，相位在频率点 74Hz、105Hz、144Hz 以及 175Hz 处所携带的信息最大，这有助于在后续解码过程中不重点考虑解码质量的情况下对特征进行降维。从图中还可以看出，幅值的主要携带频带集中在 35～100Hz，之后频带携带的信息都比较少且均匀分布，而相位在 100Hz 以后还携带有很多信息。

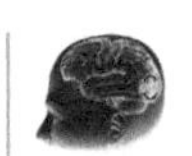

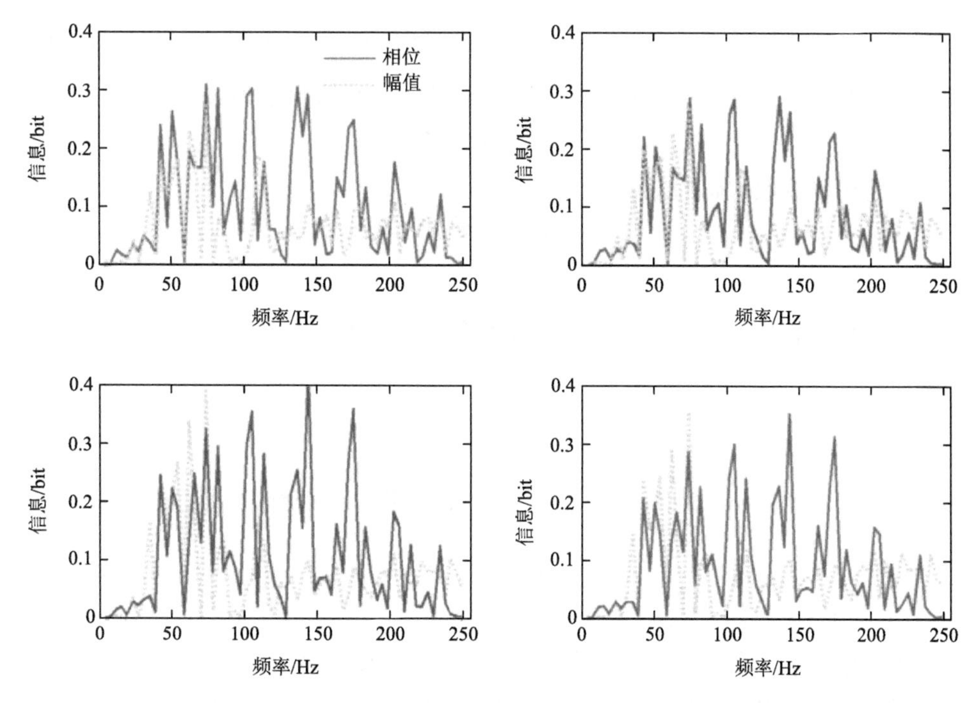

图 6-6　在不同频率点处不同特征所携带的外界刺激信息量

6.2.2　局部场电位神经信息解码模型的建立

实现视觉刺激的解码不仅需要有效的特征，而且需要高效的解码算法，同时为了避免算法单一造成分析结果不可靠，本节采用线性逆滤波器和非线性 BP 算法分别构建了解码模型[4]。

1）基于逆滤波算法的重建

线性逆滤波器的核心求解法则是最小二乘法，这使得其具备运算速度快的特点。选用该算法一方面能够很大程度上节约时间成本，另一方面也能够将线性算法解码结果与非线性算法解码结果对比分析，从而更全面地分析解码结果。

线性逆滤波器解码的设计思想为：利用训练集的原始视觉刺激和解码视觉刺激的协方差矩阵，并根据最小二乘法求得滤波器 $\boldsymbol{f}$。然后将测试集的响应矩阵 $\boldsymbol{R}$ 中的每一时刻特征与滤波器 $\boldsymbol{f}$ 卷积，卷积结果就是视觉刺激的解码值。

多元线性逆滤波解码器的构造：

设定解码滤波器 $\boldsymbol{f}$ 的转置：

$$\boldsymbol{f}^{\mathrm{T}}=[1 \quad f_1^1 \quad \cdots f_j^1 \cdots f_1^v \cdots f_j^v] \tag{6.4}$$

式中，f_j^v 为对 v 通道中提取的 LFP 信号的第 j 个特征的权值。根据最小二乘法[刺激与解码刺激间的方差 $(\boldsymbol{s}-\boldsymbol{u})^{\mathrm{T}}(\boldsymbol{s}-\boldsymbol{u})$ 达到最小] 求出线性逆滤波器 f:

$$\boldsymbol{f}=(\boldsymbol{R}^{\mathrm{T}}\boldsymbol{R})^{-1}\cdot(\boldsymbol{R}^{\mathrm{T}}\boldsymbol{s}) \tag{6.5}$$

最终可以获取解码的刺激:

$$\boldsymbol{u}=\boldsymbol{R}\cdot\boldsymbol{f}=\boldsymbol{R}(\boldsymbol{R}^{\mathrm{T}}\boldsymbol{R})^{-1}\boldsymbol{R}^{\mathrm{T}}\boldsymbol{s} \tag{6.6}$$

视觉输入刺激矩阵：$\boldsymbol{s}=\begin{bmatrix} s_0 \\ s_1 \\ \vdots \\ s_{M-1} \end{bmatrix}$，$s_i$ 为第 i 个刺激像素块（2×2）的对应向量（1×4），重建出的刺激矩阵：$\boldsymbol{u}=\begin{bmatrix} u_0 \\ u_1 \\ \vdots \\ u_{M-1} \end{bmatrix}$，$u_i$ 为第 i 个重建向量（1×4）。

2）基于 BP 神经网络模型的重建

本节建立了一个三层的 BP 神经网络模型。对刺激诱发的 LFP 信号进行幅值相位联合特征提取，并对联合特征进行 PCA 降维处理，使其作为输入层。对 LFP 信号对应的刺激像素块（2×2）变换为向量（4×1）作为输出层。三幅图像的隐含层节点分别设置为 60、[50 20]、[40 30]。

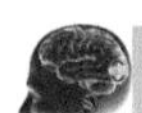 6.2.3 自然图像重建参数的选择

从响应特征矩阵不难看出，其构成与神经元的个数即与微电极阵列有关。另外，其神经元对每个刺激的响应数据也有时间长度，又因神经元自身的生物特性，当刺激发生时，神经元不会立刻进行发放，刺激结束时也不会立刻停止发放，因此也要考虑响应延迟时间。LFP 属于低频信号，又是通过短时傅里叶变换到频域内进行的特征提取，故频带的选取也是影响特征矩阵能不能较好地表征视觉刺激的重要因素。

通过上述分析，影响因素主要为神经元通道、响应数据截取时间长度、响应延迟时间以及频率带，接下来将分别讨论各个因素对重建结果的影响。

在讨论如何影响重建前，需要选择一个合适的评价指标，对影响因素进行量化评估。考虑到本节是针对自然图像进行重建，图像是靠像素点之间的相对差异表现图像特征，因此评价指标应更加关注重建序列与原始序列之间的关联性，也就是重建序列和原始序列之间的相对关系。鉴于此，本节选取了重建图像与原始图像之间的互相关系数作为评价指标，有效地评估影响因素对重建结果的影响。

归一化互相关系数表示为

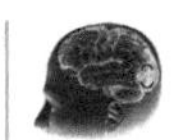

$$\rho_{s,u} = \frac{\sum_{n=0}^{L-1} s(n)u(n)}{\left[\sum_{n=0}^{L-1} s^2(n) \sum_{n=0}^{L-1} u^2(n)\right]^{1/2}} \tag{6.7}$$

式中，$\rho_{s,u}$ 为归一化互相关系数，$\rho_{s,u} \in [-1,1]$。$\rho_{s,u} = +1$ 为正相关，表明实际刺激与解码刺激形状及相位完全相同；$\rho_{s,u} = -1$ 为负相关，表明实际刺激与解码刺激幅值相同但相位相反。

以 LFP 信号中的幅值和相位联合特征为重建模型的输入，刺激图像为重建模型输出，对通道、通道数目、截取数据时间长度、延迟时间以及频带进行最优选择。以线性逆滤波器对树杈重建为例进行说明，设定初始截取数据时间长度为 0.4s，延迟时间为 0.01s，对单通道逐次进行自然图像重建，重建互相关系数如图 6-7（a）所示；将各通道按照重建互相关系数值进行降序排列，从最优通道逐

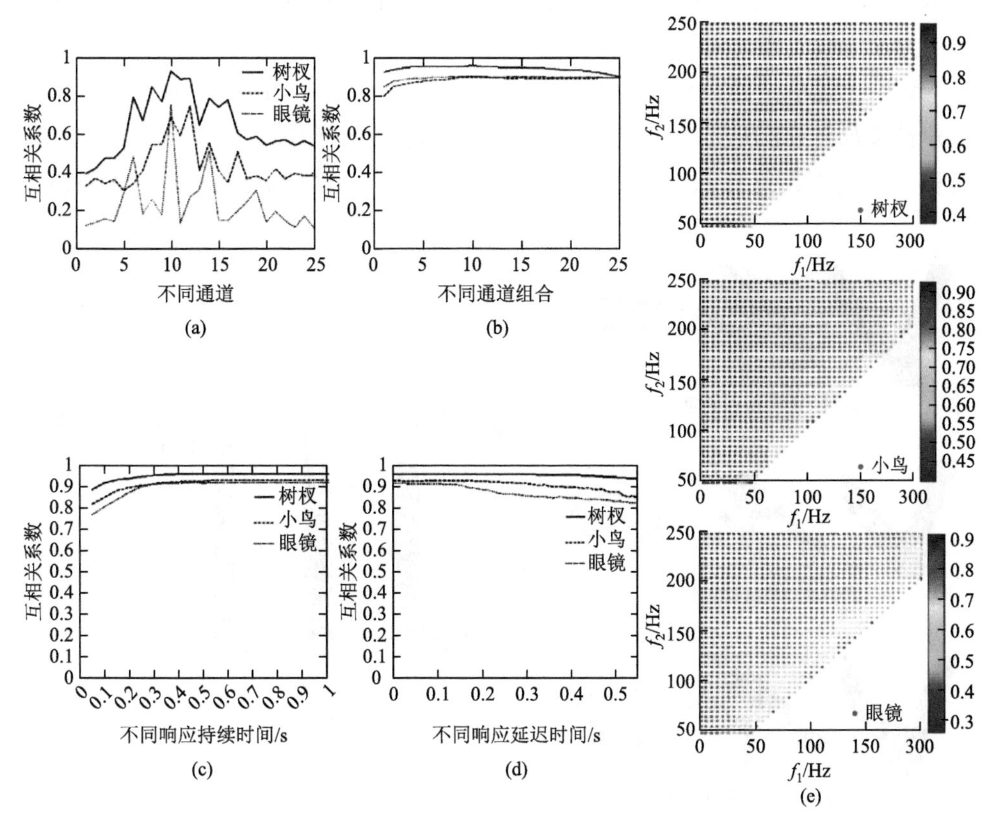

图 6-7　对影响重建结果的各个特征参数的选取[4]

（a）每个通道重建的互相关系数图；（b）不同通道数量重建的互相关系数图；（c）不同时间长度重建的互相关系数图；（d）不同延迟时间重建的互相关系数图；（e）不同频带下重建的互相关系数图

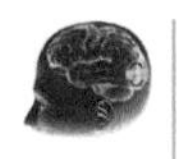

次累加通道进行不同通道数量的重建，得最优通道数量，如图 6-7（b）所示，选择最优通道数量为 6；设定重建通道数量为 6，延迟时间为 0.01s，进行最优数据时间长度选取，如图 6-7（c）所示，从图中得知，当数据时间长度大于 0.55s 时，重建互相关系数值趋于饱和。之后进行延迟时间选取，从图 6-7（c）可知，延迟时间不能大于 0.55s，如图 6-7（d）所示，从图中可知，延迟时间大于 0.14s 后重建互相关系数值开始显著下降。最后选取通道数目、截取的数据时间长度和延迟时间为最优时，对 LFP 信号特征进行频带选取，如图 6-7（e）所示，可以看出，当 $f_1 < 40\text{Hz}$ 与 $f_2 > 140\text{Hz}$ 时，树杈重建相关性达到了 0.95[4]。

6.2.4 基于局部场电位的自然图像信息解码

本节共采集了四只鸽子的数据，以其中一只鸽子的实验数据进行重建结果的展示。使用总数据的 80%作为训练数据，20%作为测试数据，并采用 5 折交叉验证的方法进行最佳模型的确定。

利用上述确定的最优参数，分别重建了树杈、小鸟、眼镜三幅自然图像，重建结果如图 6-8 所示。从图 6-8 可以看出，当参数选择最优时，通过线性逆滤波器和 BP 神经网络算法对图像重建的相关性达到了 0.8461±0.1135（0.9517±

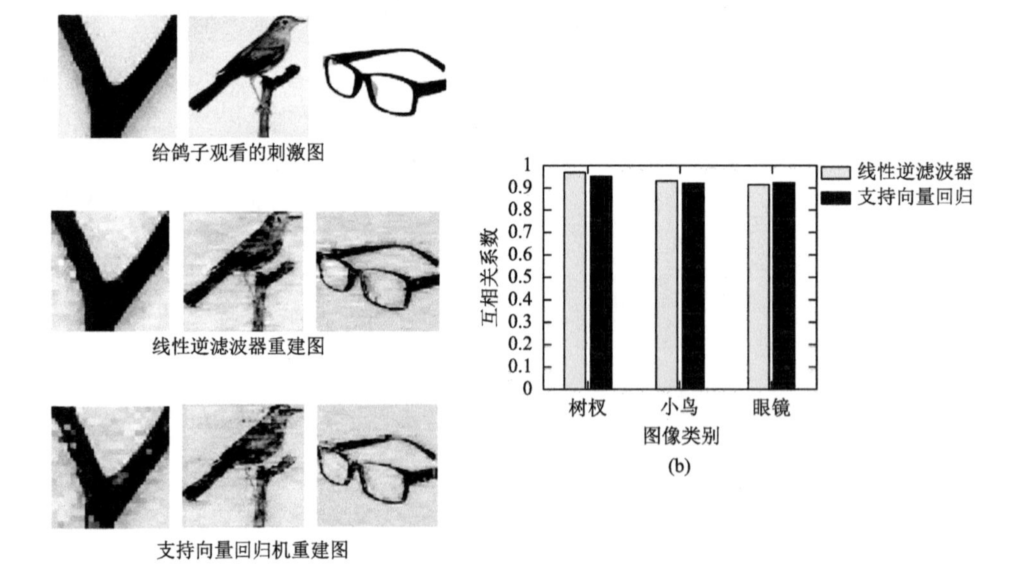

图 6-8 自然图像刺激图、重建图及相关性图

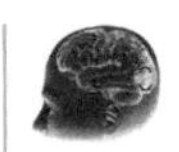

0.0079，0.8227±0.1369，0.7640±0.1956）。从研究结果发现，相比非线性方法，线性方法解码相关性较高，这可能意味着鸽子视顶盖区神经元响应更趋向于视觉刺激的线性表征[4]。

6.3　基于动作电位的神经信息解码

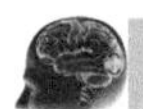

6.3.1　动作电位特征提取

利用 Spike 信号进行感知信息解码的关键是提取有效的神经元响应特征，实验中神经元通道动作电位的发放情况如图 6-9 所示。

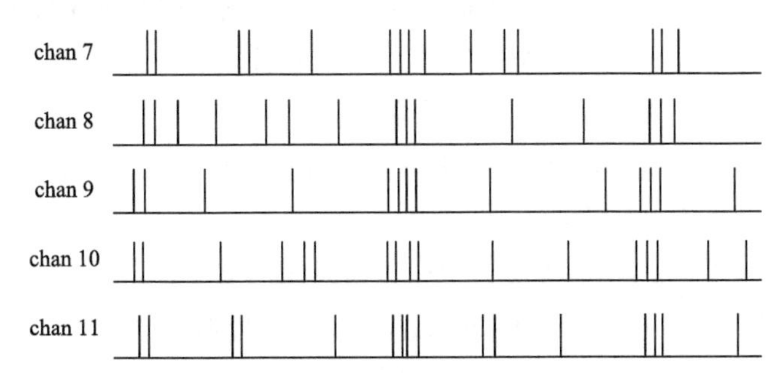

图 6-9　不同神经元通道的 Spike 发放

本节提取了 Spike 信号的发放率特征，其提取的实际操作为：在每一帧视觉刺激播放之后，统计刺激播放后 $(T-\text{delay})$ 时间段内对应时间窗口 bin 内的发放频率。其中，T 为视觉刺激后统计截止时刻；delay 为每帧视觉刺激后的统计开始时刻；bin 为时间窗口的大小。这些参数会随 OT 区神经元在刺激之后的信号发放情况的不同有不同程度的改变[5]。根据以上分析，本节中 Spike 信号发放率特征矩阵的提取具体步骤如下：

（1）将每一帧刺激后神经元的响应时间 $(T-\text{delay})$ 均分为 N 个时间窗（bin）。

（2）计算每个 bin 的时间长度 $(T-\text{delay})/N$。

（3）统计每个神经元的每个时间窗下对应的 Spike 发放个数，构成刺激响应下的发放个数响应矩阵 $\bar{R}_1$：

$$\bar{\boldsymbol{R}}_1=\begin{bmatrix}\bar{r}_{1,1}^1 & \bar{r}_{1,2}^1 & \cdots & \bar{r}_{1,N}^1 & \cdots & \bar{r}_{1,1}^v & \cdots & \bar{r}_{1,N}^v \\ \bar{r}_{2,1}^1 & \bar{r}_{2,2}^1 & \cdots & \bar{r}_{2,N}^1 & \cdots & \bar{r}_{2,1}^v & \cdots & \bar{r}_{2,N}^v \\ \vdots & \vdots & & \vdots & & \vdots & & \vdots \\ \bar{r}_{M,1}^1 & \bar{r}_{M,2}^1 & \cdots & \bar{r}_{M,N}^1 & \cdots & \bar{r}_{M,1}^v & \cdots & \bar{r}_{M,N}^v\end{bmatrix} \tag{6.8}$$

式中，$\overline{r}_{i,j}^{v}$为在第i个自然图像刺激时，v通道Spike信号的第j个时间窗bin的发放个数；M为刺激总帧数；$\overline{\boldsymbol{R}}_1$矩阵中的第一列为常数恒定补偿量。

（4）将响应矩阵$\overline{\boldsymbol{R}}_1$中每个神经元通道在每一帧刺激下的每一个时间窗口（bin）的发放个数$\overline{r}_{i,j}^{v}$乘以bin时间长度的倒数：$N/(T-\text{delay})$，求取神经元响应的发放率特征矩阵$\boldsymbol{R}_1$：

$$\boldsymbol{R}_1=\begin{bmatrix} r_{1,1}^{1} & r_{1,2}^{1} & \cdots & r_{1,N}^{1} & \cdots & r_{1,1}^{v} & \cdots & r_{1,N}^{v} \\ r_{2,1}^{1} & r_{2,2}^{1} & \cdots & r_{2,N}^{1} & \cdots & r_{2,1}^{v} & \cdots & r_{2,N}^{v} \\ \vdots & \vdots & & \vdots & & \vdots & & \vdots \\ r_{M,1}^{1} & r_{M,2}^{1} & \cdots & r_{M,N}^{1} & \cdots & r_{M,1}^{v} & \cdots & r_{M,N}^{v} \end{bmatrix} \tag{6.9}$$

由于实际情况中，从神经元集群响应中提取的发放率特征矩阵$\boldsymbol{R}$存在大量的信息冗余，这样不仅不利于特征矩阵的利用，而且会造成计算量的增加，降低数据分析效率。因此，采用合适的算法去除冗余和降低数据维度具有重要作用，其不仅能够提高特征的有效性，而且很大程度上降低了计算量。本节选择经典的PCA降维方法，实际操作步骤为：

（1）对发放率特征矩阵$\boldsymbol{R}_1$进行中心化得到矩阵$\boldsymbol{R}_2$。

（2）对步骤（1）中的中心化矩阵$\boldsymbol{R}_2$求协方差矩阵：

$$\boldsymbol{R}_c=\frac{\boldsymbol{R}_2^{\mathrm{T}}\boldsymbol{R}_2}{n-1}\boldsymbol{R}_c\in\boldsymbol{R}^{d\cdot d} \tag{6.10}$$

式中，n为$\boldsymbol{R}_2$矩阵特征维度；d为协方差矩阵空间维度。

（3）对矩阵$\boldsymbol{R}_c$进行特征值分解，将特征值按照降序排列，从中选择较大的p个特征向量并组成投影矩阵：

$$\boldsymbol{P}^{\mathrm{T}}\boldsymbol{R}_c\boldsymbol{P}=\boldsymbol{\Lambda}\Rightarrow\boldsymbol{P}_1^{\mathrm{T}}\boldsymbol{R}_c\boldsymbol{P}_1=\boldsymbol{\Lambda}_1 \tag{6.11}$$

式中，$\boldsymbol{\Lambda}$为特征值矩阵；$\boldsymbol{\Lambda}_1$为前p个特征向量组成的特征矩阵。

（4）对矩阵$\boldsymbol{R}_1$作投影变换，求取降维后的特征矩阵$\boldsymbol{R}$：

$$\boldsymbol{R}=\boldsymbol{R}_1\boldsymbol{P}_1 \tag{6.12}$$

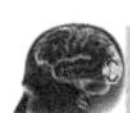

6.3.2 解码模型的建立

基于神经元动作电位特征，本节继续采用线性逆滤波器和非线性卷积神经网络模型构建了解码模型。逆滤波器算法与6.2.2节的步骤一致，仅仅输入特征和参数不同。

采用卷积神经网络对视顶盖神经元数据进行解码，用来实现刺激图像的重建，首先输入层为神经元的特征，卷积层的作用是从输入的Spike发放率数据中进一

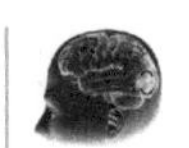

步提取重要特征。由于不同图像刺激时，神经元在有效响应时间内的 Spike 发放个数不同，所以同一图像刺激下多通道神经元的 Spike 发放率数据的局部特征是高度相关的，这意味着卷积层可以检测到用于图像重建的重要特征。下采样操作选用最大池化方法，用以提取最明显的重建特征，以减小重建模型的计算量并有效地保留结构信息，缓解过拟合的问题。回归层将全连接层的输出进行非线性映射为重建图像的灰度值。本节中卷积神经网络重建模型的结构如图 6-10 所示。

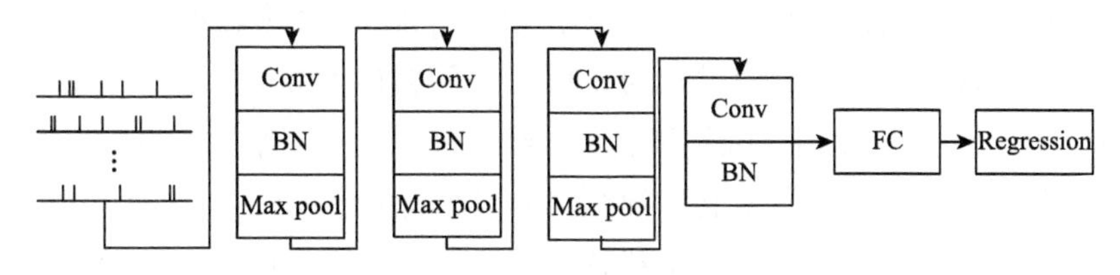

图 6-10　卷积神经网络重建模型的结构图

图 6-10 中，Spike 发放率数据作为输入层的输入，Conv 表示卷积层，BN 表示批量归一化层，Max pool 表示下采样方法为最大池化，FC 表示全连接层，Regression 表示对全连接层的输出值进行回归。

此外，在确定卷积神经网络重建模型的整体结构后，需要对卷积核的大小、数量和步长以及下采样操作的参数进行设置，卷积神经网络重建模型的各层设计如表 6-1 所示。

表 6-1　卷积神经网络重建模型的各层设计

层数	层类型	核尺寸	个数
1	卷积层	5×1	32
2	批量归一化层	\	\
3	下采样层	2×1	\
4	卷积层	5×1	32
5	批量归一化层	\	\
6	下采样层	2×1	\
7	卷积层	5×1	64
8	批量归一化层	\	\
9	下采样层	2×1	\
10	卷积层	5×1	64
11	批量归一化层	\	\
12	全连接层	\	\

由于 Spike 发放率数据表现为响应矩阵 $\boldsymbol{R}$ 的形式，所以使用一维卷积层和一维下采样层对高维的 Spike 发放率数据进行卷积和下采样操作。以前四次图像循环刺激获取的 Spike 发放率数据作为训练集，第五次图像循环刺激获取的 Spike 发放率数据作为测试集。实验中得到的 Spike 发放率数据表示为 $c\times m\times n$ 的形式，其中，c 为通道个数；m 为时间窗口个数；n 为图像刺激的总帧数。卷积神经网络重建模型输入层的数据为（$c\times m$）$\times 1$ 的形式，所以书中使用一维卷积神经网络实现对刺激图像的重建。输入层为多个通道的 Spike 发放率数据，设定单个神经元通道在一帧视觉刺激下响应时间为 0.25s，时间窗口为 2ms，因此，每个通道的时间窗口数量为 126，使用一维卷积层和一维下采样层对高维的 Spike 发放率数据进行卷积和下采样操作，本节卷积神经网络重建模型卷积核的步长均设为 1，下采样操作选择最大池化方法，其取样核的步长均设为 2。以输入单通道的 Spike 发放率数据为例，输入层的维数为 126×1，经过第一个卷积层后产生 32 个 122×1（$122=126-5+1$，$1=1-1+1$）的特征图；经过第一个下采样层后产生 32 个 61×1［$61=(122-2)/2+1$，$1=1/1$］的特征图；经过第二个卷积层后产生 64 个 57×1 的特征图；经过第二个下采样层后产生 64 个 29×1 的特征图；经过第三个卷积层后产生 64 个 25×1 的特征图，经过第三个下采样层后产生 64 个 13×1 的特征图；经过第四个卷积层后产生 64 个 9×1 的特征图；最后通过全连接层和回归层输出重建图像的灰度值[6]。

6.3.3　图像重建参数的选取

在对图像刺激进行重建时需要对各项参数进行选取，其中影响重建结果的参数包括神经元通道数目、时间窗口、神经元响应持续时间和刺激后开始时间，采用合适的量化评价标准以优化重建参数，然后实现对各项重建参数的选取。通过对重建参数的优化和选取使得重建模型结合 Spike 发放率特征矩阵获取较好的重建结果。本节以多元线性逆滤波器为重建模型展现各项参数的优化和选取过程。

1. 有效神经元响应通道的选择

本节利用鸽视顶盖神经元 Spike 发放率特征完成图像刺激的重建，在多通道微电极阵列植入过程和信号采集过程中，由于部分电极通道植入位置存在偏差以至于无法接触到视顶盖神经元和视顶盖神经元自发信号对信号采集的影响，多通道电极记录的神经元信号在进行图像重建时存在着很大的差异，因此需要对重建研究所需要的神经元通道和数目进行选择。对重建所需神经元通道和数目的选择

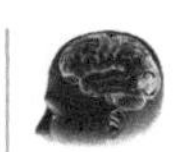

分为基于测定的视顶盖神经元感受野和基于重建互相关系数两种方式，共同选取用于图像重建研究的有效响应神经元。

1）基于视顶盖神经元感受野的神经元通道选择

通过提取视顶盖神经元在棋盘格刺激模式下的 Spike 信号发放个数，结合动作电位触发平均方法测定神经元感受野。由于测定神经元感受野是将神经元响应矩阵映射为 0～255 的数值，数值的大小一定程度上反映了神经元对外界视觉刺激响应的强度，选择映射数值较高和神经元通道比较集中的神经元感受野位置，然后根据这些神经元感受野的范围和位置确定用于图像重建的有效响应神经元。

2）基于重建互相关系数的神经元通道选择

本节中的图像刺激模式为扫屏刺激模式，通过测定神经元感受野的范围和位置可以确定用于图像重建的有效响应神经元通道位置，但根据神经元感受野的位置只能大概确定部分神经元，不免包含重建效果较差的神经元和遗漏重建效果较好的神经元。为了使有效响应神经元通道的选择更加准确，首先依次使用单个神经元通道进行图像重建，然后选用归一化互相关系数为量化评估标准对重建结果进行评估。图 6-11（a）为单个神经元通道的图像重建互相关系数，从图中看出，利用 Spike 信号发放率特征对图像刺激进行重建时各个神经元通道的互相关系数存在差异，即各个神经元通道记录的神经元响应信号所携带的刺激信息量不同，此外，相同的视顶盖神经元在对不同的图片刺激重建时也存在差异，所以对不同图像的重建应选取不同的神经元通道组合。各个神经元通道在重建图像刺激时的互相关系数依次降序排列，分别为树枝：7，5，3，11，4，8，9，1，2，10，15，16，6，13，12，14；杯子：3，4，7，2，13，14，15，9，5，8，11，10，12，

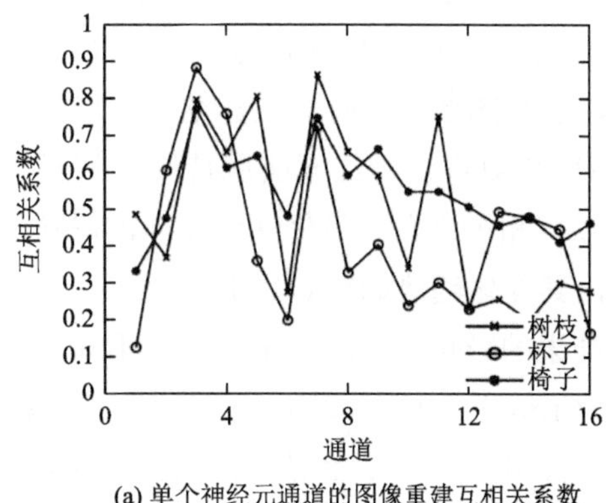

(a) 单个神经元通道的图像重建互相关系数

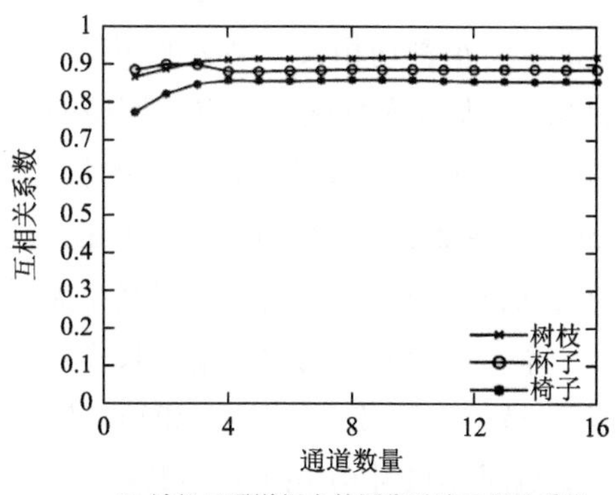

(b) 神经元通道组合的图像重建互相关系数

图 6-11　不同神经元通道的图像重建互相关系数

6，16，1；椅子：3，7，9，5，4，8，11，10，12，14，6，2，16，13，15，1。在对神经元通道重建图像刺激的互相关系数降序排列的基础上，根据经验将时间窗口设为2ms，神经元响应持续时间设为250ms，刺激后开始时间设为10ms，然后从重建互相关系数最优的神经元通道开始依次添加神经元通道用于图像重建，得到神经元通道组合下的重建互相关系数，如图6-11（b）所示[6]。

图6-11（b）中神经元不同通道组合下图像重建的互相关系数与图6-11（a）中单个神经元通道的图像重建互相关系数变化趋势相比较发现，神经元通道数目的增加可以使图像重建的互相关系数变化趋于缓和，有效响应神经元通道数目的增加使得图像重建的互相关系数也相应升高，当用于图像重建的有效响应神经元通道达到最优通道数目时，继续增加神经元通道个数发现重建的互相关系数无较大变化并趋于饱和，重建互相关系数的饱和表明当神经元通道数目达到最优时，之后增加的神经元所提供的刺激信息对于图像重建存在冗余。根据图6-11中重建互相关系数的变化，选择最优神经元通道数目，最优神经元通道数目为10、2、8，对应的神经元通道分别为树枝图像：7，5，3，11，4，8，9，1，2，10；杯子图像：3，4；椅子图像：3，7，9，5，4，8，11，10[6]。

通过基于测定的视顶盖神经元感受野和基于重建互相关系数两种方法选取神经元通道和数目，保证用于图像重建的神经元通道包含更多的刺激信息和神经元响应信号的有效性。

2. 时间窗口长度的选择

使用统计时间窗口对Spike发放时刻序列进行Spike发放个数统计是最通用的方法之一，本节利用Spike发放率特征重建图像刺激，时间窗口的长度与Spike发放率特征密切相关，会影响图像重建的效果。下面探究利用不同时间窗口长度的Spike发放率特征作为重建模型的输入，进行图像重建时对重建结果所产生的影响。选取上述最优重建效果的神经元通道和数目，神经元响应持续时间设为250ms，刺激后开始时间设为10ms，同样以互相关系数为量化评估标准，得到不同时间窗口长度下的图像重建互相关系数，其变化趋势如图6-12所示。

本节在探究不同时间窗口长度对重建结果的影响时，时间窗口具有不同的取值，设置时间窗口的起始值和结束值分别为1ms和50ms，以1ms作为时间间隔，为避免图6-12中互相关系数数据点过多造成其中的互相关系数无法辨认，图中选取25个互相关系数数据点进行图形的绘制。从图中看出重建的互相关系数随着时间窗口长度的增加呈总体下降趋势，并且大于10ms的时间窗口长度进行图像重

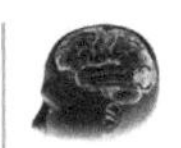

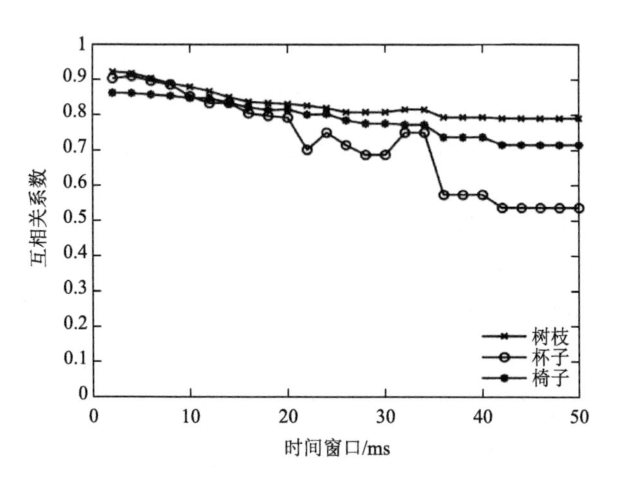

图 6-12　不同时间窗口长度的图像重建互相关系数

建的互相关系数小于 10ms 的时间窗口长度进行重建的互相关系数，由此可以在 1～10ms 的范围内选取重建的互相关系数的最优值。当时间窗口长度增加时，重建互相关系数出现下降情况，这表明 Spike 信号发放率特征在时间窗口较短时就包含了 Spike 序列对图像刺激编码的信息，时间窗口过长则会导致丢失过多的图像刺激信息，因此，根据图中重建互相关系数的变化趋势，选取其中重建互相关系数最高的时间窗口长度分别为：树枝 2ms、杯子 4ms、椅子 3ms[6]。

通过对不同时间窗口长度下图像重建互相关系数的比较，发现 Spike 序列在不同时间窗口长度下所编码的图像刺激信息量不同，选取不同时间窗口长度下图像重建最大的互相关系数，从而确定最优时间窗口长度。

3. 神经元响应持续时间的选择

神经元根据刺激时间长度的变化，其响应会呈现周期起伏的形式。有研究表明，初级视皮层神经元在短时长静止刺激下响应呈现出波峰形式，即随着刺激的出现，神经元响应的幅度会上升，出现一个或多个动作电位发放，随着刺激的消失，神经元响应幅度会下降，根据上述现象得到初级视皮层神经元编码短时长静止刺激的基本响应时间为 35～40ms。在图像刺激模式中，视顶盖神经元会对每帧图像刺激产生响应，这种神经元响应也会存在基本响应时间。图 6-13，为每帧图像刺激和灰屏休息帧下视顶盖神经元的 Spike 发放序列，图中经过每帧图像刺激或者灰屏休息之后，神经元的 Spike 发放不会立刻消失，而会持续存在一段时间，这段时间称为神经元响应持续时间。

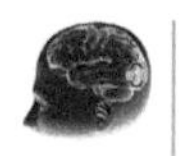

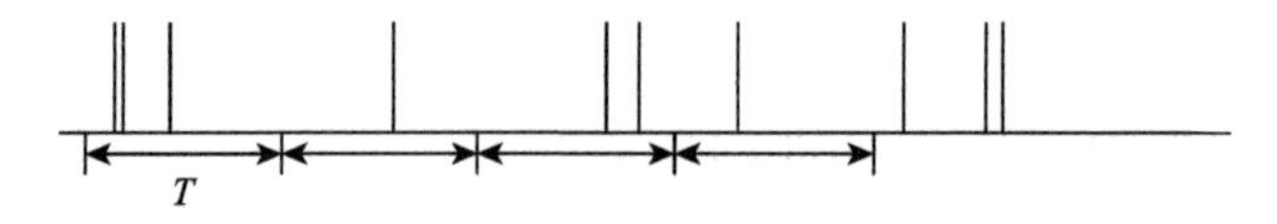

图 6-13　神经元响应持续时间示意图

神经元响应持续时间也是图像重建中的一项重要参数，设置神经元通道数目和时间窗口长度为上述最优参数值。为探究不同视顶盖神经元响应持续时间下图像重建的互相关系数，设置神经元响应持续时间起始值和结束值分别为 10ms 和 1000ms，以 10ms 作为时间间隔，绘制 25 个互相关系数数据点。不同神经元响应持续时间的图像重建互相关系数如图 6-14 所示，图像重建的互相关系数随着神经元响应持续时间的增加而呈现上升趋势，之后变化趋势缓慢并趋于饱和。由于重建互相关系数在神经元响应持续时间大于 200ms 后变化趋势缓慢并趋于饱和，因此神经元响应持续时间的最优值应大于 200ms。根据图中重建互相关系数的变化情况，选取其中重建互相关系数最高时的神经元响应持续时间，分别为：树枝 360ms、杯子 250ms、椅子 530ms[6]。

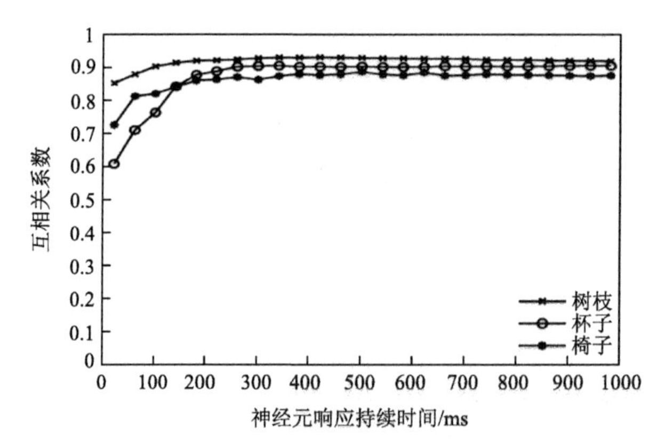

图 6-14　不同神经元响应持续时间的图像重建互相关系数

利用神经元在不同的响应持续时间下得到的图像重建互相关系数，由互相关系数的变化趋势可以得到本节用于重建的视顶盖神经元的基本响应时间可能为 250～530ms，这也表明 250～530ms 可能是视顶盖神经元对图像刺激信息进行编码和传输的基本响应时间，在基本响应时间里的刺激信息是视顶盖神经元处理的关键信息。此外，视顶盖神经元在编码不同图像刺激时，其对图像信息整合的时间也不相同。

4. 刺激后开始时间的选择

神经元在刺激出现时会经过一段延迟时间后对外界刺激信息进行编码和传

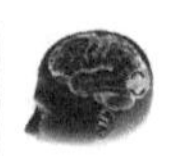

输。研究表明，初级视觉皮层在编码外界刺激信息时会出现延迟、瞬发、持续和消失这四个响应过程，其中，延迟响应过程即神经元会在一段延迟时间后对外界刺激信息做出响应。如图 6-15 所示，在图像刺激出现的时刻，视顶盖神经元没有立刻出现响应，而是在经过一段延迟时间后产生 Spike 发放。本节将这种 Spike 发放的延迟时间称为刺激后开始时间。

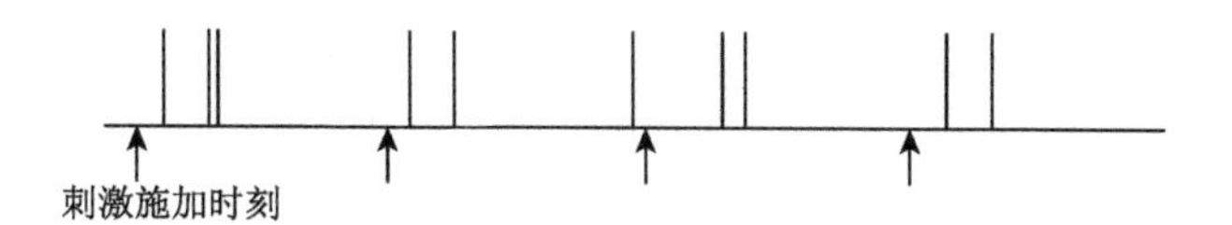

图 6-15　刺激后开始时间示意图

选取上述各项参数的最优数值，设置刺激后开始时间的起始值和结束值分别为 0ms 和 500ms，以 10ms 作为时间间隔，绘制 26 个互相关系数数据点。不同刺激后开始时间的图像重建互相关系数如图 6-16 所示，图像重建的互相关系数随着刺激后开始时间的增加呈现总体下降的趋势，刺激后开始时间的最优值应小于 100ms。根据图中互相关系数的变化情况，选取其中重建互相关系数最高时的刺激后开始时间，分别为：树枝 0ms；杯子 10ms；椅子 10ms，重建互相关系数的变化趋势表明视顶盖神经元在 10ms 内的响应就已经包含图像的有效刺激信息[6]。

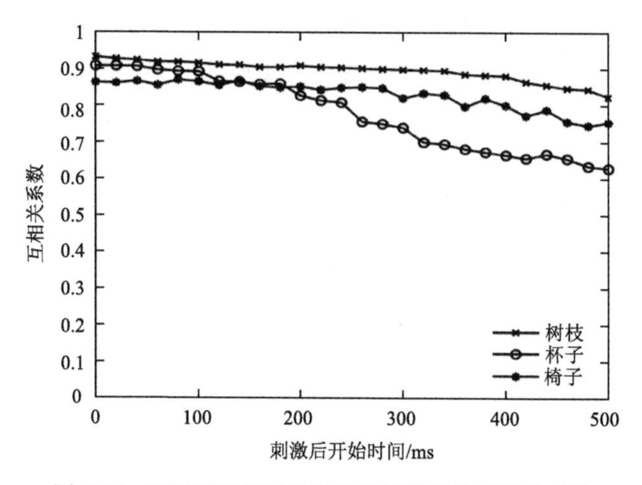

图 6-16　不同刺激后开始时间的图像重建互相关系数

采用上述方法对图像进行重建的各项参数选择如表 6-2 所示。其中，num 为神经元通道的数目；bin 为时间窗口；T 为神经元响应持续时间；delay 为刺激后开始时间。

表 6-2　图像重建的各项参数选择

分类	num	bin/ms	T/ms	delay/ms
树枝	10	2	360	0
茶杯	2	4	250	10
椅子	8	3	530	10

6.3.4　基于动作电位的自然图像信息解码

在上述动作电位特征提取、解码模型建立、重建参数选择的基础上，本节选取三幅图像作为刺激图像，如图 6-17 所示，为实际刺激图像。

图 6-17　实际刺激图像

根据构建的线性和非线性重建模型，分别采用线性逆滤波器重建模型和卷积神经网络重建模型对刺激图像进行重建，并对图像重建结果进行展示[6]。

利用线性逆滤波器重建模型对图像进行重建的结果如图 6-18 所示。

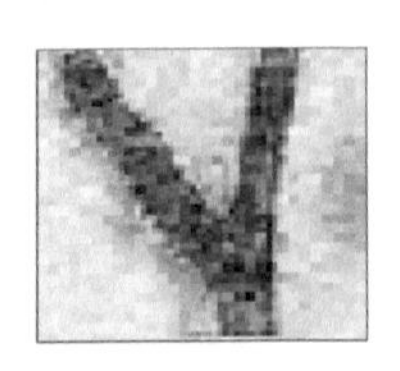
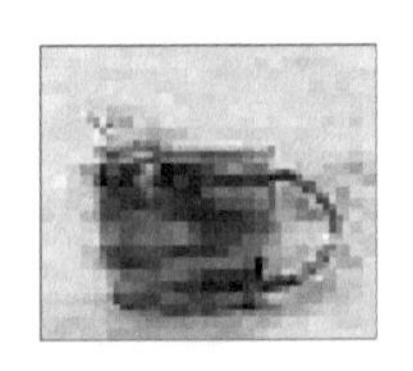

图 6-18　多元线性逆滤波器模型重建图像

利用卷积神经网络重建模型对图像进行重建的结果如图 6-19 所示。

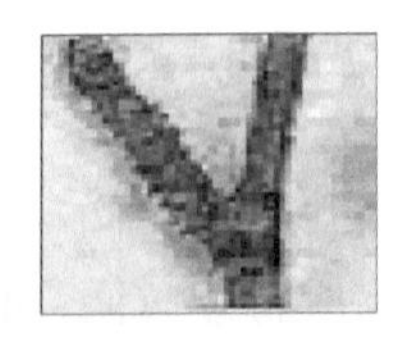

图 6-19　卷积神经网络模型重建图像

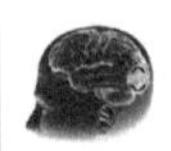

从以上重建的结果可以看出，Spike 发放率特征结合多元线性逆滤波器重建模型和卷积神经网络重建模型可以有效对图像刺激进行重建，表明 Spike 发放率特征中包含了图像刺激的有效信息，也验证了两种重建模型的有效性。

重建结果的评估：对于两种模型的重建结果需要选用合适的量化评估方法进行评定，本节使用下面三种评估方法对重建图像进行评估。

1）归一化互相关系数评估方法

归一化互相关系数常用在信号处理领域研究两个信号之间的相似性，图像也是信号的一种。互相关分析方法可以很好地反映实际刺激和重建刺激之间的相关性和变化趋势，归一化互相关系数的定义如式（6.7）所示，归一化互相关系数没有单位度量，其正负号表示两个序列的变化相关方向。根据相关性的定义，计算两种模型下图像重建的相关性，以此对重建结果进行评估。如图 6-20 所示，使用线性逆滤波器重建模型得到的重建图像与实际刺激图像的互相关系数为 0.9107±0.0219；使用卷积神经网络重建模型得到的重建图像与实际刺激图像的互相关系数为 0.9271±0.0176[6]。

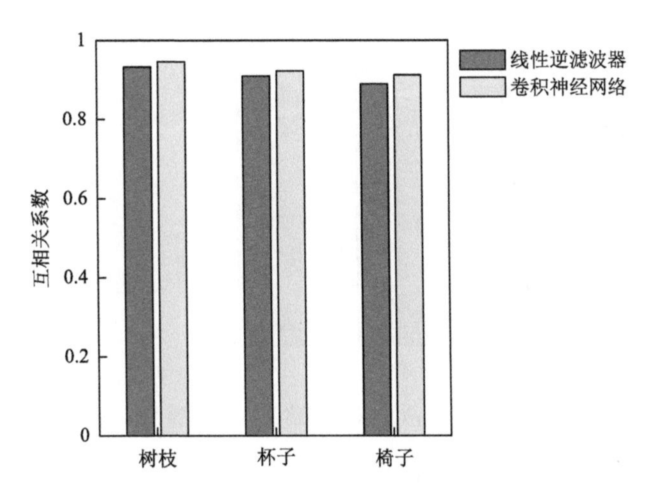

图 6-20　两种模型重建的互相关系数

2）峰值信噪比评估方法

峰值信噪比（peak signal to noise ratio，PSNR）是一种对灰度图像质量进行评价的统计方法，PSNR 是基于实际图像与重建图像之间的均方误差对图像质量进行评价的，PSNR 评估方法的单位为 dB。

均方误差（mean square error，MSE）定义为

$$\mathrm{MSE}=\frac{1}{mn}\sum_{i=1}^{m}\sum_{j=1}^{n}s(i,j)-u(i,j)^2 \tag{6.13}$$

式中，图像的尺寸为 $m\times n$；$s(i,j)$和 $u(i,j)$分别为实际刺激图像和重建刺激图像中像素点的位置。

PSNR 的计算方法可以定义为

$$\mathrm{PSNR}=10\cdot\lg\left(\frac{s_{\max}^2}{\mathrm{MSE}}\right) \tag{6.14}$$

式中，$s_{\max}$ 为图像像素点中的最大值，8 位采样点表示 255。

如图 6-21 所示，使用线性逆滤波器重建模型得到的重建图像与实际刺激图像的峰值信噪比为（17.5830±1.5869）dB；使用卷积神经网络重建模型得到的重建图像与实际刺激图像的峰值信噪比为（18.6160±1.1830）dB。

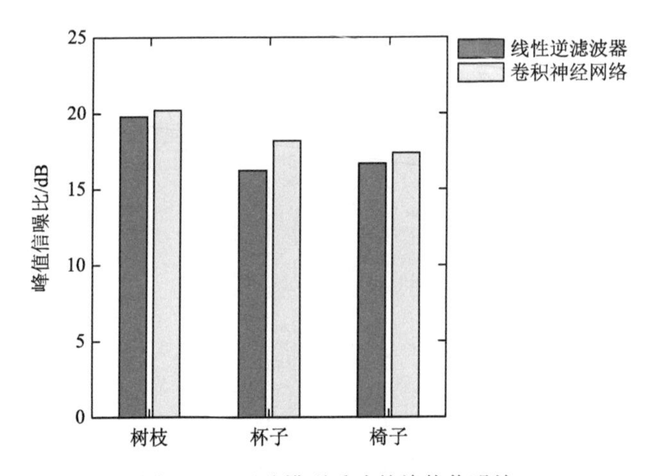

图 6-21　两种模型重建的峰值信噪比

3）结构相似性评估方法

结构相似性（structural similarity index measure，SSIM）是一种基于结构信息的图像质量评价方法。在 SSIM 评价方法中，使用亮度、对比度和结构度对图像质量进行评估。

SSIM 的计算方法可以定义为

$$\mathrm{SSIM}(s,u)=\frac{(2\mu_s\mu_u+C_1)(2\sigma_s\sigma_u+C_2)}{(\mu_s^2+\mu_u^2+C_1)(\sigma_s^2+\sigma_u^2+C_2)} \tag{6.15}$$

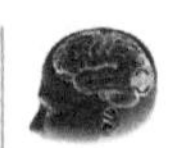

式中，μ_s 和 μ_u 分别为实际刺激图像 s 和重建图像 u 的平均灰度；σ_s 和 σ_u 分别为实际刺激图像 s 和重建图像 u 的方差；C_1 和 C_2 为常数。

如图 6-22 所示，使用线性逆滤波器重建模型得到的重建图像与实际刺激图像的结构相似性为 0.3837±0.0551；使用卷积神经网络重建模型得到的重建图像与实际刺激图像的结构相似性为 0.4135±0.0836[6]。

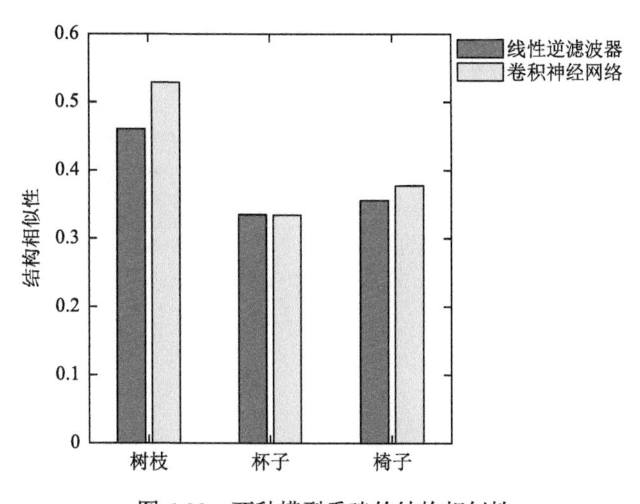

图 6-22　两种模型重建的结构相似性

采用上述图像质量评估方法，得到线性逆滤波器重建模型和卷积神经网络重建模型图像重建的各项结果，如表 6-3 所示[6]。

表 6-3　图像重建的各种评估方法

项目	线性逆滤波器	卷积神经网络
Corr	0.9107±0.0219	0.9271±0.0176
PSNR	17.5830±1.5869dB	18.6160±1.1830dB
SSIM	0.3837±0.0551	0.4135±0.0836

6.4　总　　结

本章的研究基于以下问题，即从神经元响应信号中能否解码重建视觉刺激图像？为此，我们在鸽子 OT 区植入了微电极阵列，设计了扫屏刺激模式，采集了自然图像刺激下的神经元集群响应特征，提取了鸽子 OT 区神经元局部场电位信号特征和动作电位特征，确定了模型的参数，设计了自然图像重建算法，有效重建了刺激的自然图像。

参考文献

[1] 刘丽君. 基于鸽 OT 区神经元局部场电位信号的字符重建研究[D]. 郑州：郑州大学，2018.

[2] Belitski A，Panzeri S，Magri C，et al. Sensory information in local field potentials and spikes from visual and auditory cortices：Time scales and frequency bands[J]. Journal of Computational Neuroscience，2010，29（3）：533-545.

[3] Kayser C，Montemurro M A，Logothetis N K，et al. Spike-phase coding boosts and stabilizesinformation carried by spatial and temporal spike patterns[J]. Neuron，2009，61（4）：597-608.

[4] 焦兴洋. 基于鸽视顶盖 LFP 信号的图像重建软件系统设计与实现[D]. 郑州：郑州大学，2019.

[5] 闫文明. 基于鸽视顶盖神经元动作电位信号的颜色字符重建研究[D]. 郑州：郑州大学，2019.

[6] 庞晨. 基于鸽视顶盖神经元动作电位的图像重建研究[D]. 郑州：郑州大学，2020.

第7章 生物视觉机制启发的类脑算法及应用

传统人工智能凭借计算速度快、精度高及海量的存储能力等优势，在现代信息处理与计算技术方面有极其广泛的应用。然而，其主要问题是自适应性差，无法根据外界的变化和需求的变化进行自我演化，在人与生物能轻易胜任的环境信息感知等领域存在着瓶颈。类脑计算是一种实现人工智能的手段。与传统人工智能方法相比，类脑计算更侧重于借鉴脑神经机制和认知行为机制，是当前人工智能进展的重要推动力量。

鸟类具有卓越的视觉。鸟类和哺乳类均有离顶盖和离丘脑视觉通路，当前在类脑感知中获得巨大成功的深度学习算法主要借鉴了离丘脑通路信息处理机制，而鸟类视觉更侧重于离顶盖通路，因此借鉴鸟类机制有望构建新型类脑计算模型。

本章首先阐述了本团队对于类脑智能和算法的认识和创新思路，然后结合生物视觉信息处理机制，介绍了具有典型意义和标志最新进展的几种类脑算法，并在7.5节给出本团队用鸟类视觉机制构建的实际应用例子。

7.1 类脑智能和算法引论

传统机器智能以数学和逻辑为基础，凭借计算速度快、精度高及海量的存储能力等优势，在现代信息处理与计算技术方面有极其广泛的应用。但其图灵机计算的本质需要人们对现实世界进行形式化的定义，模型能力取决于人对物理世界的认知程度，因此限定了机器描述问题、解决问题的程度。这使得目前的智能系统在感知、认知、控制等多方面都存在巨大瓶颈。而生物脑经过亿万年的进化所具有的对新环境新挑战的自适应能力、新信息与新技能的自动获取能力、在复杂环境下进行有效决策并稳定工作直至几十年的能力，多处损伤情况下的鲁棒性，都是当前机器智能技术所无法比拟的。因此，从信息处理与智能本质角度审视生物脑信息处理，借鉴其原理产生新型类脑智能计算技术，是实现人工智能创新的重要途径。

类脑智能算法具有以下特点：

（1）类脑智能算法受脑神经机制和认知行为机制启发。近年来脑与神经科学、认知科学的进展已经能够在脑区、神经簇、神经微环路、神经元等不同尺度，观测感知、认知任务下脑组织的部分活动并部分解析相关机制，这为类脑智能的研究提供了丰富的神经基础。

（2）类脑智能算法是以计算建模为手段，并通过软硬件协同实现为机器智能的形式。类脑智能在信息处理机制上类脑，感知、认知行为和智能上类生物。它突破了传统图灵机的框架，实现了一种新型的逻辑，配合新的计算机架构，适合更高效处理，表现出更高级的智能。

当前类脑智能算法的研究还处于萌芽期，其中感知智能由于神经环路、功能的较多的神经发现，在其类脑智能方面已经有了一些突破性进展。主要分为脑启发和脑模拟两种方式。

脑启发指不需要完全了解脑的工作原理就能研究类脑的算法。真正具有启发意义的，很可能是相对基本的原则。每一项基本原则的阐明及其成功运用于机器智能系统，都可能带来类脑计算研究的进步，同时也会加深人们对脑的理解。

近几十年来，机器视觉领域很多里程碑式的进展都从哺乳类视感知神经机制中获得启发。早期人工神经网络研究主要是借鉴神经元、突触连接等基本概念，而细节实现上与脑神经网络存在巨大差异。1996 年，Field 以稀疏性为规则化项，对图像块进行表征学习，获得类似于哺乳类初级视觉皮层（V1 区）简单细胞感受野的滤波器[1]，引起了当时的轰动，同时也为稀疏编码在压缩感知、信息表征、信号处理等领域得到广泛应用奠定了理论基础[2-5]。1982 年，Fukushima 和 Miyake 基于局部感受野机制和分层表征机制提出了 Neocognitron 算法[6]，它就是卷积神经网络（CNN）的雏形；LeCun 等在 1998 年正式提出 CNN 算法[7]，但是由于当时数据量和计算能力的限制，该算法并没有表现出很好的性能；直至 2012 年，具有更深和更宽结构的 AlexNet 取得了当年 Imagenet 比赛冠军，一举确立了 CNN 在机器视觉中的统治地位[8]；同样借鉴哺乳类动物局部感受野、分层表征机制和稀疏性的模型还有 Riesenhuber 和 Poggio 在模式识别领域获得成功的 HMAX 模型[9]。2015 年 Alpha Go 5∶0 击败欧洲围棋冠军樊麾二段，2016 年其又以 4∶1 击败世界冠军李世石九段，它的成功很大程度上归因于基于 CNN 的估值网络，这在原理上很有可能是受脑的功能模块划分的影响[10]。

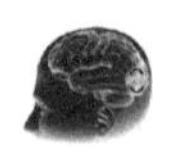

脑模拟类脑计算，是指从神经结构出发，用机器构建脑模型，用计算模拟的方法研究脑如何工作，并为计算系统提供启发。

始于 2005 年的瑞士蓝脑计划[11]试图通过计算模拟的方法在计算机上重建完整的鼠脑，以达到对脑信息处理机制以及智能的深度探索。经过 10 年努力，蓝脑计划较为完整地完成了特定脑区内皮质柱的计算模拟。2009 年，分层时序记忆模型[12]模拟了脑皮层的六层组织结构及不同层次神经元之间的信息传递机制、皮质柱的信息处理原理等，该模型非常适用于处理带有时序信息的问题，并被广泛应用于物体识别与跟踪、交通流量预测、人类异常行为检测等领域。中国科学院自动化研究所 2013 年开展了脑模拟项目，该项目对小鼠脑在神经元、集群、脑区、整脑等多个尺度上感知、认知行为开展模拟，到 2016 年该大脑模拟系统从离子、神经元、神经微回路和介观回路，脑区、宏观回路和认知行为等多个尺度上初步模拟了大脑的认知功能[13, 14]。

通过综述类脑智能的发展历程可以发现，脑启发的类脑智能并没有追求对脑机制的完全理解，且具有更加明显的工程应用倾向。然而，若想获得真正逼近乃至超越生物水平的机器智能，还需要对脑信息处理机制进行更为深入的研究和借鉴。总之，类脑智能发展的根本是神经机制的解析和编码模型的建立，借鉴它们开发新型类脑智能算法，推动下一代人工智能的发展。

鸟类具有高空高速下卓越的视感知能力，能快速识别大场景、复杂背景下的弱隐目标，而这些正是当前机器视觉的瓶颈。鹰能够在几千米高空快速识别隐藏在草丛中的野鼠；白头海雕能够在复杂多变的海洋环境中快速识别鲑鱼和鳟鱼。鸟类和哺乳类均有离顶盖和离丘脑视觉通路，当前在类脑感知中获得巨大成功的深度学习（CNN）算法主要借鉴了离丘脑通路信息处理机制。鸟类的离顶盖通路在视觉中起重要作用，且其发达程度远远超过哺乳类。这意味着鸟类发达的离顶盖通路是实现其优于哺乳类的高空高速下快速、准确视感知能力的神经基础。因此，借鉴鸟类机制构建新型类脑计算模型，有望产生新型类脑计算体系。这也是本团队近年来以及未来的重要研究目标。

新型类脑感知体系的建立依赖于扎实的神经机制解析，因此，团队当前的研究更倾向于脑模拟的思路，侧重于对脑的深入理解，研究快速感知的相关神经机制、编码模型的构建，并探讨其可能的应用价值，即采用以神经机制解析为核心，神经结构、机制、编码模型及类脑计算互相交互的研究思路，如图 7-1 所示。

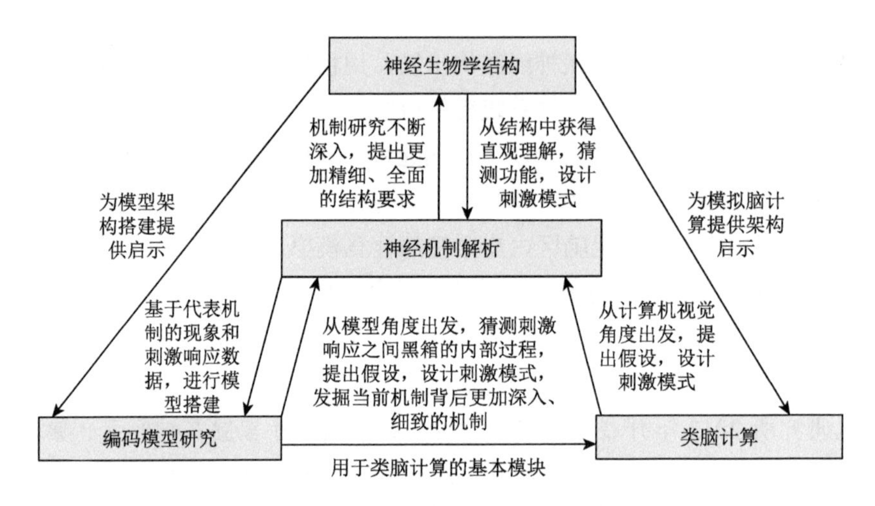

图 7-1　本团队类脑智能研究思路

下面将介绍哺乳类和鸟类具有典型意义和标志性的最新进展的几种类脑算法，并给出本团队在基于鸟类视觉感知机制的大场景下小目标感知的应用例子。

7.2　脉冲神经网络及应用

人工神经网络作为人工智能的一个重要分支，采用广泛连接的结构与有效的学习机制来模拟大脑信息处理的过程，是当前类脑智能研究中的有效工具[15]。第二代人工神经网络通常是全连接的，使用连续函数作为神经元的激活函数，输入和输出连续值。尽管它们在许多领域取得了突破性进展，但与生物神经网络中的信息处理过程相比，传统的人工神经网络在生物学上是不精确的，并不能真正模拟大脑中神经元的真实机制[16]。

神经科学的一些实验证据表明，视觉、听觉等许多生物感知系统都采用神经元发放动作电位（即脉冲）的时间来编码信息。基于此，更加符合生物神经系统实际情况的第三代人工神经网络模型——脉冲神经网络（spiking neural network，SNN）模型应运而生[15]。SNN 旨在填补神经科学和机器学习之间的鸿沟，使用真实的生物神经元模型来进行计算[16]。脉冲神经网络使用时间编码（temporal coding）方式进行信息传递与处理，直接利用神经元的脉冲发放时间作为网络模型的输入与输出。因此，相对于第一代和第二代人工神经网络，第三代人工神经网络模型能够更准确地描述神经系统感知机理，从而实现信息的高效处理[15]。

SNN 与机器学习中的神经网络有本质性的不同，SNN 使用脉冲值来驱动计

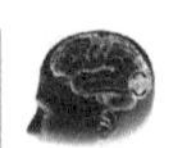

算，脉冲值是发生在时间点上的离散事件，而不是连续的值。脉冲的出现是由代表各种生物过程的微分方程决定的，其中最重要的是神经元的膜电位。本质上讲，一旦某个神经元的膜电位达到某个阈值电位，就会产生脉冲，随后这个神经元的电位就会被重置为静息膜电位，如图 7-2 所示。此外，SNN 通常是稀疏连接的，并有专门的网络拓扑结构[16]。

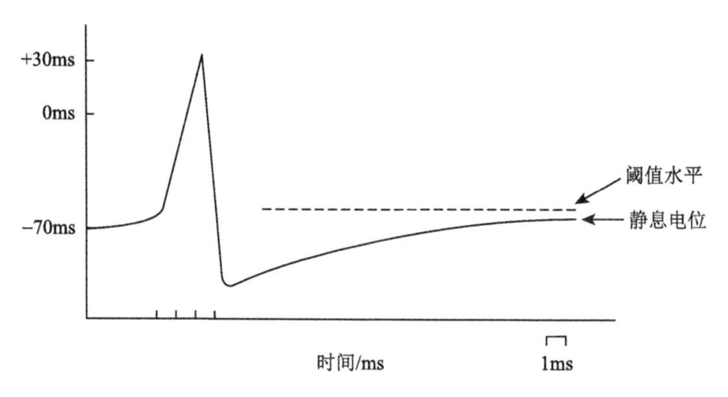

图 7-2　脉冲期间的膜电位变化

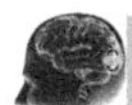

7.2.1　脉冲神经元模型

最基础的神经元模型为积分发放（integrate-and-fire）模型。其本质是将神经元建模为一个由并联电容和电阻组成的电路，分别对应细胞膜的电容和电阻。当然，这样简单的电路并不能产生动作电位，故假设当膜电容器充电到一定的阈值电位时，会产生动作电位，电容器放电，然后重新恢复至静息膜电位[17]。其动态过程可表示为

$$I(t) = C_m \frac{\mathrm{d}V_m(t)}{\mathrm{d}t} \tag{7.1}$$

式中，$I(t)$ 为输入电流；C_m 为膜电容；V_m 为膜电位。在积分发放模型中，外部输入电流 $I(t)$通常来自突触前神经元的脉冲信号[18]，所以突触电流为

$$I(t) = C_m \sum_{k=1}^{N_E} a_{E,k} S_{E,k}(t) + C_m \sum_{k=1}^{N_I} a_{I,k} S_{I,k}(t) \tag{7.2}$$

式中；$S_{E,k}$ 和 $S_{I,k}$ 分别为兴奋性和抑制性输入；$a_{E,k}$ 和 $a_{I,k}$ 为各自的权重参数。兴奋性和抑制性输入可由单位冲激函数表示[19]：

$$S_{E,k} = \sum_{t_{E,k}} \delta(t - t_{E,k}), S_{I,k}(t) = \sum_{t_{I,k}} \delta(t - t_{I,k}) \tag{7.3}$$

其中，$t_{E,k}$ 和 $t_{I,k}$ 分别为兴奋性和抑制性输入的次数。

由于上述模型没有反映出真实生物神经元中的离子扩散效应，所以引入漏电流项[18]，优化为泄漏积分与发放（leaky integrate-and-fire，LIF）模型[16]：

$$I(t)-\frac{V_m(t)}{R_m}=C_m\frac{\mathrm{d}V_m(t)}{\mathrm{d}t} \tag{7.4}$$

7.2.2　基于脉冲的神经编码

脉冲神经网络的目的是进行神经计算，所以神经脉冲需赋予计算意义，即与计算相关的量必须用脉冲神经元之间通信的 Spike 来表示，因此原始的模拟数据需要编码为 Spike 时间序列才能输入到脉冲神经网络中[18]。然而，生物脑如何进行神经编码是神经科学研究中尚未解决的问题。所以，基于现有生物学的知识，人们提出了许多神经信息编码方法[20]。

测量神经元（或集群）传递信息的常用方法为互信息（mutual information）。作为神经信息编码器的神经元将输入信号（In）转换为输出信号（Out），其可靠性根据观察输出信号中（互信息）所获得的有关输入信号的信息量评估。互信息 $I(\mathrm{In};\mathrm{Out})$ 为

$$I(\mathrm{In};\mathrm{Out})=H(\mathrm{In})-H(\mathrm{In}\mid\mathrm{Out}) \tag{7.5}$$

式中，$H(\mathrm{In})$ 为输入的信息；$H(\mathrm{In}\mid\mathrm{Out})$ 为在给定特定 Out 信号下输入的条件信息。例如，具有方向选择性的感知神经元对不同的方向选择性地响应（编码），那么，这个神经元传递的信息可以用一个给定输入从相匹配的输出的正确估计程度来衡量，即 $H(\mathrm{In}\mid\mathrm{Out})$。

实际上，式（7.5）中的互信息是由解码能力 $H(\mathrm{In}\mid\mathrm{Out})$ 决定的。因为神经元对输入的响应是不可控的，在完全解码（完全估计）的极端情况下，$H(\mathrm{In}\mid\mathrm{Out})$ 降为 0，最大信息 $H(\mathrm{In})$ 被无损地传递。在相反的情况下，In 和 Out 之间的相关性消失，因此，In 和 Out 相互独立，此时 $H(\mathrm{In}\mid\mathrm{Out})$ 等于 $H(\mathrm{In})$，即 $I(\mathrm{In};\mathrm{Out})$ 为 0。

本节讨论的神经元编码方案由 Jeong 总结[21]，每种编码方案在相同 In 下，使用不同的物理量表示 Out，即 $H(\mathrm{In}\mid\mathrm{Out})$ 变化。也就是说，不同的方案由于可变性而造成的信息损失程度是不同的。

1）脉冲计数编码[21]

一个神经元作为积分器，该神经元对触发前一系列的输入 Spike 计数。积分器不包括泄漏（leaky），因此，神经元的响应仅由给定突触权重的输入 Spike 的数

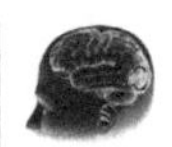

量决定，而不考虑 Spike 到达突触后神经元的速度（即输入发放率）和 Spike 到达的时间（即输入 Spike 时间）。

式（7.5）中，Out 表示感觉神经元的脉冲计数编码（spike-count code）输出的 Spike 发放数，不同的输入刺激诱发不同的 Spike 发放数，因此，该神经元具有输入选择性。该方案的优点是由于发放时间间隔（inter-spike interval，ISI）被排除在神经元信息的表示之外，所以对 ISI 的变化鲁棒性强。图 7-3 为脉冲计数编码。其中，（a）和（c）分别为一个感知神经元和一对突触前神经元及突触后神经元的突触计数编码示意图。

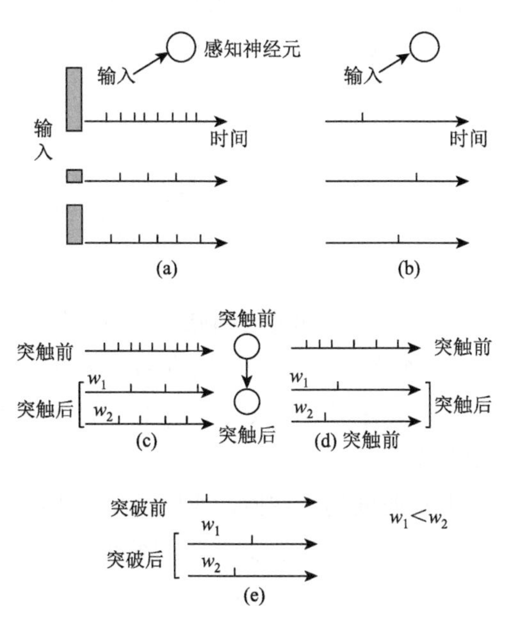

图 7-3　脉冲计数编码[21]

图 7-3（e）描述了两种不同权重值下突触后对突触前脉冲序列的响应($w_1 < w_2$)，突触后神经元对确定数量的入射突触前神经元发出脉冲。

2）发放率编码[21]

发放率（rate code）编码通过发放率表示一个感觉神经元的输出，如式（7.5）所示。图 7-3（a）和（d）分别是对感觉输入的突触后 Spike 序列和突触前 Spike 序列的图示。与突触计数编码不同，在发放率编码中，当突触前 Spike 发放率足够高时，将使带泄漏的突触后膜电位升高，并超过触发阈值发出 Spike。在图 7-3（d）中，前三个事件的突触前 Spike 信号有很高的发放率，因此会诱发突触后 Spike

信号，而最后三个事件的突触前脉冲信号的发放率很低，因此不会诱发突触后Spike信号。

由于发放率是一个时间平均值，它在一定程度上平均了ISI的可变性，所以发放率编码对ISI中的可变性具有鲁棒性，以及由于可变性而产生的时间平均的可靠性。但是，发放率编码的缺点是非常耗时，因为每个神经元都应集成足以评估每单位时间Spike数量的时间平均值的输入峰值。

3）时间编码[21]

上文中的发放率编码为了得到Spike数量的时间平均值，降低了其编码速度，这与生物学的观察不同，且无法复制生物大脑的快速决策。因此，Out使用触发动作电位时间编码（temporal code），时间编码基于单个Spike信号沿神经元传递重要的神经信息。

Thorpe[22]提出的延迟编码方案是时间编码的一个例子。如图7-3（b）所示，图片最左侧的条形图表示输入到感觉神经元的强度，其中延迟（Out）因不同的输入（In）而不同，输入强度决定了触发动作电位时间，输入越强，Spike被诱发越快。

为了避免时间平均效应，神经元发出的脉冲应为稀疏的。理想情况下，单个Spike的触发时间足以传送如图7-3（b）（感觉神经元）和（e）所示的输入信息。因此，调整脉冲的阈值，使其达到单个或几个Spike，将使泄漏积分器的时间平均效应失效，从而利用延迟信息。

由于时间编码并不是取时间的平均值，所以当ISI中的变化性存在时，可变性会直接破坏式（7.5）中的Out信号，此时时间编码很容易出错。

7.2.3 脉冲神经网络学习算法

上文中，神经编码定义了信息和脉冲模式之间的关系，但如何使用脉冲神经网络进行有效计算仍然是一个问题，这需要适当的学习方法以调整网络中的权重，还需要建立对信息传输有效果的网络拓扑结构。脉冲神经网络学习算法可以分为无监督学习和监督学习[20]。

1. 无监督学习[23]

无监督学习是根据局部事件进行的，局部事件没有解决任务的概念，也没有任何关于变化是好是坏的概念，学习只是根据局部活动用以适应。Hebb在1949年的假设中描述了突触连接的调节，促进了许多无监督学习方法的产生[24]。无监

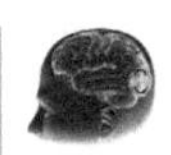

督学习可以由如下部分构成：①在无任何活动的情况下权重的自发增长或衰减[25]；②由突触后脉冲引起的、与突触前脉冲到达无关的效应[26]；③与短期突触可塑性有关的突触后变量无关的突触前脉冲引起的效应[27]；④突触前脉冲与突触后脉冲或突触后去极化共同引起的效应[28]；⑤所有上述效应可能取决于当前的突触权重值，如接近最大权重的突触的变化可能较小[24]。目前的 SNN 学习算法虽然使用了 Hebbian 可塑性，但其他突触可塑性如短期可塑性（short-term plasticity）使用较少。

脉冲时间相关可塑性（spike timing dependent plasticity，STDP）是 Hebbian 无监督学习算法的一种变体。在 STDP 规则中，权重的调整量与前后两个神经元激活的时间差呈函数关系[18]，如果突触前脉冲在突触后脉冲之前出现，突触权重就会增加，即假设突触前和突触后脉冲的时间间隔 $t = t_{\text{post}} - t_{\text{pre}}, t > 0$，那么，突触权重将会升高，权重升高的量是关于 t 的函数，函数随 t 呈指数衰减。如果突触前脉冲在突触后脉冲之后出现，那么突触效能就会降低，降低的量也表现为 t 的指数形式，如式（7.6）所示：

$$W(t) = \begin{cases} A_+ \exp\left(\dfrac{-t}{\tau_+}\right) \\ -A_- \exp\left(\dfrac{t}{\tau_-}\right) \end{cases} \tag{7.6}$$

式中，A_+ 为突触改变的最大值；A_- 为最小值；τ_+ 和 τ_- 为时间常数。图 7-4 给出了突触权重的改变与时间间隔 t 的函数。STDP 函数的形状在网络中是不固定的，不同的突触可以有不同的形状。

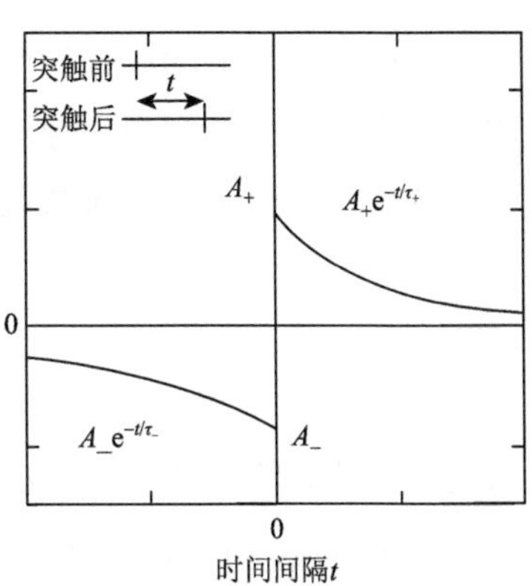

图 7-4　STDP 学习窗函数[23]

STDP 已经被广泛用于设计脉冲神经网络的学习算法。但是，此学习算法没有考虑 STDP 的不同生物学特性，例如，在同一神经元的不同树突状区域产生不同的学习规则[29]。STDP 引入的新生物学特性有助于开发新学习算法，新算法可能在生物学上更为合理，并且具有优异的计算特性[23]。

2. 监督学习

SpikeProp 是最早的有监督的脉冲神经元学习方法之一，它的灵感来自经典反向传播算法[30]。SpikeProp 是一种多层脉冲神经网络，其中两个神经元通过具有不同权重和延迟的多个连接进行连接。一个神经元 j，有一个突触前神经元集 Γ_j（前继神经元集合，注意与后续后继神经元集合 Γ^i 相区分）接收一组在触发时间 $t_i, i \in \Gamma_j$ 时的脉冲，任何神经元在仿真间隔中最多产生一个峰值，当内部状态变量达到阈值 ϑ 时触发，阈值为常数，且在整个神经网络中为统一阈值。内部状态变量 $x_j(t)$ 是由冲击脉冲决定的，而冲击脉冲是由脉冲响应函数 $\varepsilon(t)$ 描述的，由突触效能决定其权重 w_{ij}：

$$x_j(t) = \sum_{i \in \Gamma_j} w_{ij} \varepsilon(t - t_i) \tag{7.7}$$

脉冲响应函数有效地模拟了单个脉冲冲击神经元的未加权突触后电位（post-synaptic potential，PSP），PSP 的大小由突触权重 w_{ij} 调节以获得突触后电位。第 k 个突触末梢的延迟 d^k 是由突触前神经元发放时间与突触后电位开始上升的时间差决定的，将在突触末梢 k 的突触前脉冲描述为具有延迟 d^k 的标准 PSP，单个突触末梢在突触前神经元 i 的发放时间 t_i 对状态变量的未加权贡献为

$$y_i^k(t) = \varepsilon(t - t_i - d^k) \tag{7.8}$$

其中，脉冲响应函数为

$$\varepsilon(t) = \frac{t}{\tau} e^{1 - t/\tau} \tag{7.9}$$

τ 模拟了决定 PSP 的上升和衰减时间的膜电位衰减时间常数。将式（7.7）扩展到每个连接包含多个突触，并代入式（7.8），那么神经元 j 接收所有神经元 i 的输入的状态变量 x_j 可以被描述为突触前贡献的加权和：

$$x_j(t) = \sum_{i \in \Gamma_j} \sum_{k=1}^{m} w_{ij}^k y_i^k(t) \tag{7.10}$$

式中，w_{ij}^k 为与突触末梢 k 的权重；神经元 j 的触发时间 t_j 被定义为状态变量第一次超过阈值 ϑ 的时间。因此，触发时间 t_j 是状态变量 x_j 的非线性函数。

SpikeProp 算法的目的是对于给定的一组输入脉冲模式 $\{P[t_1,\cdots,t_h]\}$ 及输出神经元 $j \in J$，学习其目标脉冲发放时间 $\{t_j^d\}$。其中，输入脉冲模式 $P[t_1,\cdots,t_h]$ 定义为由每个输入神经元 $h \in H$ 的单个脉冲的输入时间。下文中的误差函数选用最小均方误差，交叉熵函数也同样适用。那么，给定脉冲发放时间 $\{t_j^d\}$ 和实际发放时间 $\{t_j^a\}$，其误差函数为

$$E = \frac{1}{2} \sum_{j \in J} (t_j^a - t_j^d)^2 \tag{7.11}$$

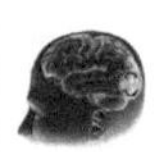

对于反向传播算法，将每一个突触末梢k当作独立的、具有权重w_{ij}^k的连接，因此需要计算权重更新值：

$$\Delta w_{ij}^k = -\eta \frac{\partial E}{\partial w_{ij}^k} \tag{7.12}$$

式中，η为学习率；w_{ij}^k为从神经元i到神经元j的连接k的权重。

与传统反向传播算法类似，上述权重更新规则可以在以$J-1,\cdots,2$编号的多隐层I的网络中进行误差方向传播和更新。

在 SpikeProp 中，输入层、输出层和隐层的每个神经元都只能触发单个脉冲，这种学习算法依赖于网络中使用的神经元模型。此外，SpikeProp 和其他基于梯度的方法一样，是基于误差函数的梯度估计，因此存在局部极小问题，静息神经元（silent neuron）和不发放神经元也是另一个阻碍梯度计算的问题[23]。

近年来，研究者提出了 QuickProp[31]、Resilient propagation（RProp）[32]、Levenberg Marquardt BP[33]和自适应学习率 SpikeProp[34]等算法来提高原始 SpikeProp 算法的性能。

研究表示，单脉冲编码方案限制了脉冲神经元网络中信息传输的多样性和容量[35]，多个脉冲可以极大地增加神经信息的丰富度[36]。此外，从生物学角度，与单脉冲学习相比，多脉冲学习似乎更为合理[37]。

ReSuMe 是一种由 STDP 和 anti-STDP 学习窗相结合的监督学习算法，用以产生多个输出脉冲，旨在产生一个理想的输出脉冲序列来表征时空输入脉冲模式[38, 39]。这是一个生物学上合理的监督学习算法，其输入和输出序列随机生成，使用的神经元模型为 LIF 模型[23]。

在具体介绍 ReSuMe 算法之前，首先介绍 Widrow-Hoff 规则[40]。Widrow-Hoff 规则源于梯度下降法，又称为最小均方（least mean square，LMS）规则和δ规则。在 Widrow-Hoff 规则中，它的目的是根据最小化目标值和输出值的最小均方误差来更新连接权重，即

$$\text{error} = (t - \boldsymbol{W}_j^{\mathrm{T}} X)^2 \tag{7.13}$$

式中，t为目标值；$\boldsymbol{W}_j^{\mathrm{T}} X$为输出值。那么，在 Widrow-Hoff 规则中，连接到神经元j的权重的更新量为

$$\Delta W_j = \eta (t - \boldsymbol{W}_j^{\mathrm{T}} X) X \tag{7.14}$$

ReSuMe 算法中，为了响应时空输入脉冲$S(t) = [s_1(t), s_2(t), \cdots, s_N(t)]$，调整神经元的突触权重来生成期望的脉冲序列$s_d(t)$，将精确的脉冲时间加入 Widrow-

Hoff 规则中，使用 STDP 和 anti-STDP 学习窗调整突触权重。此时，在时间 t 处第 i 个突触的权重的更新量为[23, 39]

$$\Delta w_i(t)=[s_d(t)-s_o(t)]\left[a+\int_0^{+\infty}\mathrm{Tw}(s)s_i(t-s)\mathrm{d}s\right] \tag{7.15}$$

式中，常数 a 是一个非赫布项（non-Hebbian）。若实际输出的脉冲序列 $s_o(t)$ 的脉冲数比期望的脉冲序列 $s_d(t)$ 的脉冲数多，那么，此非赫布项使权重下降；若 $s_o(t)$ 的脉冲数比 $s_d(t)$ 的脉冲数少，则使权重上升[23, 39]。$\mathrm{Tw}(s)$ 为学习窗函数，其函数形式与 STDP 类似，参数定义可参考前文，即

$$\mathrm{Tw}(s)=\begin{cases}A\mathrm{e}^{-s/\tau} & s\geqslant 0\\ 0 & s<0\end{cases} \tag{7.16}$$

$\int_0^{+\infty}\mathrm{Tw}(s)s_i(t-s)\mathrm{d}s$ 为学习窗函数和第 i 个神经元的输入脉冲序列的卷积。当 $s_d(t)$ 的输入包含一个在期望脉冲出现前发放的脉冲时，w_i 升高；当输入包含一个在实际输出脉冲出现前发放的脉冲时，w_i 降低。当实际的输出脉冲序列接近期望的脉冲序列时，权重的增加和减少相互补偿，最后趋于稳定[23, 39]。

由 ReSuMe 算法衍生出 DL-ReSuMe（delay learning-based remote supervised method for spiking neurons）[41]等算法，其可显著改善 ReSuMe 的性能。除此之外，近年来 SNN 多脉冲监督学习算法还包括脉冲模式关联神经元（spike pattern association neuron，SPAN）[42]、Chronotron 算法[43]等。

虽然上文所述的学习算法可以训练多个输出脉冲，但它们都是基于单个或单层神经元，而生物大脑是由大量互相连接的神经元组成的，所以应设计多层脉冲神经元网络来学习多个脉冲信息，在这种情况下，学习算法控制不同的神经元来产生不同的期望脉冲[37, 44]。

Taherkhani 等[23, 45, 46]在 2018 年提出一种具有多层脉冲神经元的 SNN 的监督学习算法。它使用多个脉冲的精确时间，是一个在生物学上合理的信息编码方案。使用 STDP、anti-STDP 和延迟学习（delay learning）并行学习隐层和输出层神经元的参数[23, 45]。在对数据集的分类任务中，该算法具有较好的结果。它有一些重要的性质，首先，它利用隐神经元发放脉冲的次数来训练隐藏神经元的输入权值；其次，该算法用不同的方法来调整隐含层中与抑制和兴奋神经元相关的权重。延迟学习虽然增加了学习算法的复杂度，使运行时间增加，但可以提高算法的性能[23, 45]。

虽然训练多个脉冲的多层神经元学习算法在生物学上更合理，但对于多层网络来说，训练多个脉冲是一项困难的学习任务，未来仍是一项具有挑战性的工作[23]。

近年来，深度学习在模式识别领域实现成功应用，且脉冲神经网络在生物理论实现、低功耗硬件实现和理论计算能力方面具有优势。因此，越来越多的深度神经网络（如 CNN）与脉冲网络相结合，用于分类等任务。

Masquelier 和 Thorpe 的网络[47]可能是最早出现的脉冲卷积神经网络（spiking convolutional neural network，SCNN），它由卷积层、池化层、特征发现层和分类层组成，其中仅特征发现层使用非监督学习。Wysoski 等[48]也采用了类似的方法，使用不同方向的高斯（DOG）滤波器提取初始特征，这个网络也只有一个非监督学习的可训练层。此外，这两个网络都没有训练早期的特征提取层，而是使用手工 Gabor 或 DOG 滤波器[49]。

2017 年，Amirhossein 等提出了一种多层学习的 spiking CNN。使用生物学上合理的稀疏编码模型启发的学习型检测器取代手工卷积滤波器[49, 50]，此检测器类似于在灵长类视觉皮层（V1 区）中神经元的感受野结构。构建类似于 V1 感受野的稀疏表示可以通过不同的方法实现，如使用反 Hebbian 反馈突触连接的简单 Hebbian 单元，结合稀疏正则化的最小化重建误差方法等。在脉冲编码方面，稀疏独立局部网络（sparse and independent local network，SAILnet）可以生成自然图像的视觉特征的稀疏表示，用以训练网络的卷积核[49, 50]。

此外，SCNN 模型的另一个具有生物可解释性的应用是使用由赢者取全（winner-take-all，WTA）-阈值 LIF 神经元组成的特征发现层，该层堆积在卷积-池化层上，使用无监督的概率 STDP 学习规则。传递到 WTA 阈值神经元的信息通过“赢者取全”的竞争模式来提取独立的特征[49]。

分类实验结果表明，spiking CNNs 在图像分类方面比 spiking DBN 和全连通 SNN 具有更高的准确率。这种比较提供了对不同 SNN 架构和学习机制的深入了解，以便在未来的研究中根据不同目的选择正确的网络架构[51]。

总的来说，SNN 的提出似乎是一种倒退，因为二代神经网络已经将连续输出转变为二进制输出，而且脉冲序列的训练可解释性不强。然而，脉冲序列能增强我们处理时空数据，也就是处理真实世界感知数据的能力。

SNN 在理论上比第二代网络更强大，却没有得到广泛的应用，目前在实际应用中存在的主要问题是没有有效的训练方法。虽然有无监督的生物学习方法，如 Hebbian 学习和 STDP，但还没有已知的有效的监督训练方法为 SNN 提供比第二代网络更优异的性能。另外，因为 SNN 的运行需要模拟微分方程，所以在普通硬件上模拟 SNN 需要耗费大量算力[16]。

因此，SNN 一方面是下一代神经网络，另一方面，它们还不能成为实现大多数任务的实用工具。所以，为了正确地将 SNNs 用以完成现实任务，未来需要考虑 SNN 网络结构中的生物学定义，尽可能模仿大脑的学习过程，开发有效的算法[16]。

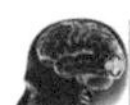 7.2.4 脉冲神经网络应用举例

本节对脉冲神经网络的应用举例由 Mostafa 于 2018 年提出[52]，用以对公开数据集 MNIST 进行手写体识别。

首先使用无泄漏的 IF 神经元模型，其中突触电流核函数呈指数衰减，即神经元的动态膜函数为

$$\frac{\mathrm{d}V_{\text{mem}}^{j}(t)}{\mathrm{d}t}=\sum_{i}\omega_{ji}\sum_{r}\kappa(t-t_{i}^{r}) \tag{7.17}$$

式中，V_{mem}^{j} 为神经元 j 的膜电位；ω_{ji} 为神经元 i 和神经元 j 的突触连接权重；t_{i}^{r} 为神经元 i 的第 r 个脉冲出现的时间。突触电流核函数 κ 可定义为

$$\kappa(x)=\Theta(x)\exp\left(-\frac{x}{\tau_{\text{syn}}}\right) \tag{7.18}$$

其中，

$$\Theta(x)=\begin{cases}1 & x\geqslant 0\\ 0 & \text{其他}\end{cases}$$

由上述定义可知，突触电流在输入脉冲到达时立刻跳变，然后随时间常数 τ_{syn} 呈指数衰减。当神经元的膜电位超过发放阈值（设为 1）时，神经元发出脉冲，随后膜电位被重置为零。如果突触电流的积分为负，膜电位可降到零以下。

假设神经元在时间 $\{t_1,\cdots,t_N\}$ 由 N 个源神经元以权重 $\{w_1,\cdots,w_N\}$ 接收 N 个脉冲，且神经元在时间 t_{out} 以脉冲响应，那么在 $t<t_{\text{out}}$ 时，膜电位为

$$V_{\text{mem}}(t)=\sum_{i=1}^{N}\Theta(t-t_i)\omega_i(1-\exp(-(t-t_i))) \tag{7.19}$$

设输入脉冲的一个子集 $C=\{i\text{：}\ t_i<t_{\text{out}}\}$，$C\subseteq\{1,\cdots,N\}$，即只有这个子集的输入脉冲才会影响输出神经元第一次脉冲的时间，称这组输入脉冲为因果输入脉冲。因果输入脉冲集合中的权重和必须大于 1，即 $\sum_{i\in C}\omega_i>1$，否则神经元无法激活，所以可以定义 t_{out}：

$$1=\sum_{i\in C}\omega_i(1-\exp(-(t-t_i))) \tag{7.20}$$

因此，

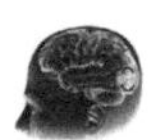

$$\exp(t_{\text{out}}) = \frac{\sum_{i \in C} \omega_i \exp(t_i)}{\sum_{i \in C} \omega_i - 1} \tag{7.21}$$

因为脉冲时间总是以指数形式出现，所以令 $\exp(t_x) \to z_x$，做参数代换：

$$z_{\text{out}} = \frac{\sum_{i \in C} \omega_i z_i}{\sum_{i \in C} \omega_i - 1} \tag{7.22}$$

式（7.22）给出了输入神经元脉冲和输出神经元第一次脉冲的关系。将式（7.22）关于突触权重和输入脉冲次数求导

$$\frac{\mathrm{d}z_{\text{out}}}{\mathrm{d}w_p} = \begin{cases} \dfrac{z_p - z_{\text{out}}}{\sum_{i \in C} \omega_i - 1} & p \in C \\ 0 & \text{其他} \end{cases} \tag{7.23}$$

$$\frac{\mathrm{d}z_{\text{out}}}{\mathrm{d}z_p} = \begin{cases} \dfrac{w_p}{\sum_{i \in C} \omega_i - 1} & p \in C \\ 0 & \text{其他} \end{cases} \tag{7.24}$$

由于在激活输出脉冲时，输入脉冲神经元的权重和大于 1，那么对于 $\{z_i\text{：} i \in C\}$，输出脉冲时间总是大于因果集中的任何输入脉冲时间，所以输出神经元第 Q 个脉冲时间表达式为

$$z_{\text{out}}^{Q} = \frac{\sum_{i \in C^Q} \omega_i z_i}{\sum_{i \in C^Q} \omega_i - Q} \tag{7.25}$$

式中：C^Q 为在第 Q 个脉冲输出前输入的脉冲标号集合。式（7.25）只有分母为正时才成立，即有足够大的输入脉冲和足够大的总正权重值来推动神经元超过触发阈值 Q 次。根据神经元的性质，在后续研究中假设一个神经元在发出第一个脉冲后不再继续发送脉冲，进入一个无限长的不应期。在这样的假设下，每个输入表示中最多出现一次脉冲，以使脉冲活动变得稀疏，并迫使训练算法最优地利用每个脉冲。

z 域内输入和输出脉冲时间之间的线性关系仅在局部区间内有效，当因果输入集合发生变化时，就会产生不同的线性关系。输入脉冲因果集是根据输入脉冲时间及其权重决定的。许多具有高权重值的早期脉冲会使输出神经元提前发放，从而抵消了后续脉冲对输出神经元发放时间的影响。因此，由 $z = \{z_1, \cdots, z_N\}$ 到 z_{out} 的动态非线性变换与传统人工神经网络的静态非线性加权输入不同。

下面介绍脉冲神经网络的结构。

在前馈神经网络中，神经元按层排列，一层的神经元以 all-to-all 的方式投射到下一层的神经元上，神经元的第一个脉冲的时间为输出，一旦此神经元出现脉冲，它就不允许再出现脉冲，直到网络复位并出现一个新的输入。选定因果输入集合是算法的重点：首先对输入脉冲时间进行排序，然后考虑更多的早期输入脉冲，直到找到一组诱发输出神经元产生脉冲的输入脉冲。输出神经元的脉冲必须小于因果集合中任何输入脉冲的脉冲时间，否则因果集合是不完整的。因此，本节所介绍的算法可概括如下。

算法 1　L 层脉冲神经网络算法

输入：输入脉冲时间 z^0；

L 层神经元个数 $\{N^1,\cdots,N^L\}$；

权重矩阵 $\{W^1,\cdots,W^L\}$，其中 $W^l[i,j]$ 为第 $l-1$ 层的神经元 j 对第 l 层的神经元 i 的权重；

输出：最顶层神经元的初次脉冲时间 z^L

过程：

步骤 1 令层数 $r=1toL$，第 r 层的神经元 $i=1toN^r$；

步骤 2 选定因果输入集合。

将 z^{r-1} 的下标按升序排列生成 z^{sorted}，并将权重 $W^r[i,:]$ 与之对应，生成 w^{sorted}。若神经元 $i=N$，则下一个输入脉冲为无穷；若 $i=1to(N-1)$ 则下一输入脉冲赋值为 $z^{\text{sorted}}[i+1]$。当 $\{1,\cdots,i\}$ 个神经元的输入权重和大于 1 且 z_{out} 小于下一输入脉冲，则输出此时的下标集合作为 C_i^r，否则为空集。

步骤 3 更新 $z^r[i]$。将因果输入集合的生成的 z_{out} 赋给 $z^r[i]$，否则为无穷。

步骤 4 迭代，输出。

训练网络时，根据标准的反向传播算法，可设计损失函数为

$$L(g,z^L)=-\ln\frac{\exp(-z^L[g])}{\sum_i \exp(-z^L[i])} \tag{7.26}$$

式中，g 为目标类别，使用标准梯度下降来最小化训练样本的损失函数，并使用

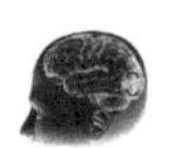

Adam 算法进行优化，其中较低层权重的损失函数梯度可由层间反向传播的误差来衡量。

最后，使用 MNIST 数据库对网络的分类效果进行验证。MNIST 数据库包含 70000 张（28×28）灰度的手写数字图像。使用 60000 个标记数字作为训练集（Train），并使用剩下的 10000 个数字作为测试集（Test）。

结果表明，当输入层—隐层—输出层的神经元数为 784—800—10 时，网络分类的错误率可达到最低值 2.45%，表明此脉冲神经网络结构可以达到良好的分类效果。

在 MNIST 任务中，前馈全连接人工神经网络的错误率在 0.9%～2%。然而，人工神经网络是逐层评估的，导致它做出分类决策的时长低于此处提出的脉冲神经网络。

7.3　经典哺乳类动物脑启发算法及应用

哺乳类动物脑结构和脑机制的研究一直是神经科学的研究热点，其成果极大地推动了人工智能的发展。哺乳类动物脑机制启发的类脑算法和模型较多，较为典型的有稀疏性编码网络、卷积神经网络和循环神经网络等。稀疏性编码机制使得可以用较少的信息对事物进行编码，极大地提高了信息处理的速度，对图像压缩、图像理解等领域的发展贡献较大。卷积神经网络受到分层感知和感受野机制的启发，因其在计算机视觉的突出表现备受关注。循环神经网络则因为考虑了同层神经元之间的连接和反馈，在处理有上下文关系的序列时效果较好。本节将对经典的类脑算法进行介绍并给出最新的应用成果。

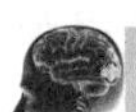

7.3.1　稀疏编码网络

1. 标准的稀疏性编码模型

Olshausen 和 Field[53]认为，图像的稀疏编码是视觉感知的基本特性，神经元对外界输入的图像刺激并不是始终做出响应，而仅仅只有少量神经元对刺激产生响应。1996 年，Olshausen 和 Field 在 *Nature* 杂志上发表的论文指出[53]：自然图像经过稀疏编码后得到的基函数类似于 V1 区简单细胞感受野的反应特性，这些反应特性包括局部性、方向性和信息选择性。基于以上认识，研究者构建了图像的稀疏编码模型。模型假设输入图像 $I(x,y)$ 可由一系列基函数线性叠加而成，即

$$I(x,y)=\sum_i a_i\phi_i(x,y) \tag{7.27}$$

式中，a_i 为编码系数。要求系数 a_i 尽可能稀疏，也就是对于一组输入向量，应使得尽可能少的几个系数远大于零。该问题就转化成寻找构成图像空间的基函数问题，而且要求基函数尽量相互独立。按照信息论的观点，假设保持图像中的信息（即联合熵）不变，降低变量间相关性的一个方法是尽可能地降低各个变量的熵。基于这一目标，可构建能量方程，如式（7.28）所示：

$$E=-[\text{preserve}\quad\text{information}]-\lambda[\text{Sparseness of}\ \ a_i] \tag{7.28}$$

式中，第一项为编码的信息保持度，可反映由编码序列重建的图像逼近原图像的程度；第二项为编码系数的稀疏度；λ 为正常数，反映第二项相对于第一项的重要性。信息保持度可由式（7.29）所定义的原图与重构图之间的最小均方误差来度量：

$$[\text{preserve}\ \ \text{information}]=-\sum_{x,y}\left[I(x,y)-\sum_i a_i\phi_i(x,y)\right]^2 \tag{7.29}$$

如果只有少量的系数处于活跃状态而大部分系数处于非活跃状态，也就是在该组编码序列中，只有少量的系数具有较大的值而大部分系数的值很小或者为零，则认为这组系数的稀疏度较高，即

$$[\text{sparseness of}\ a_i]=-\sum_i S\left(\frac{a_i}{\sigma}\right) \tag{7.30}$$

式中，σ 为一个正的尺度常数。对于非线性函数 $S(x)$，Olshausen 及 Field 定义了 $-e^{-x^2}$ 、$\log(1+x^2)$ 和 $|x|$ 三种可选形式。近年来，L1 正则也就是 $|x|$ 因其表现较好而应用广泛。如果非零系数较多，$\sum_i S\left(\frac{a_i}{\sigma}\right)$ 的值越大，稀疏性 $-\sum_i S\left(\frac{a_i}{\sigma}\right)$ 程度也就越小；反之，若非零系数越少，$\sum_i S\left(\frac{a_i}{\sigma}\right)$ 的值越小，则系数的稀疏程度越高。

在以上定义的基础上，可定义损失函数如下：

$$\min E=\sum_{x,y}\left[I(x,y)-\sum_i a_i\phi_i(x,y)\right]^2+\lambda\sum_i S\left(\frac{a_i}{\sigma}\right) \tag{7.31}$$

一般通过交替更新的策略求解该优化方程，即先假设基函数 $\phi_i(x,y)$ 是给定

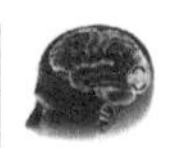

的，更新系数 a_i；然后，假设系数 a_i 是给定的，更新基函数 $\phi_i(x,y)$。对给定的自然图像

$$a_i = b_i - \sum_j C_{ij} a_j - \frac{\lambda}{\sigma} S'\left(\frac{a_i}{\sigma}\right) \tag{7.32}$$

式中，$b_i = \sum_{xy} \phi_i(x,y) I(x,y)$；$C_{ij} = \sum_{xy} \phi_i(x,y) \phi_j(x,y)$。

基函数 $\phi_i(x,y)$ 则采用梯度下降法更新，其学习规则为

$$\Delta\phi_i(x_m, y_n) = \eta a_i [I(x_m, y_n) - \hat{I}(x_m, y_n)] \tag{7.33}$$

式中，$\hat{I}$ 为重构图像，$\hat{I}(x_m, y_n) = \sum_i a_i \phi_i(x_m, y_n)$；$\eta$ 为学习速率。

从式（7.32）和式（7.33）可以看出，a_i 及 $\phi_i(x,y)$ 的动态更新过程就是在系数满足稀疏分布的前提下，获得一组基函数，并实现重构图像误差的最小化。

图 7-5 是以自然图像为训练序列获得的基函数。从图中可以看出，基函数具有明显的局部性、方向性及带通性。基本上都是照片上不同物体的边缘线，这些线段形状相似，方向各异，与 V1 区简单细胞的调谐属性类似。

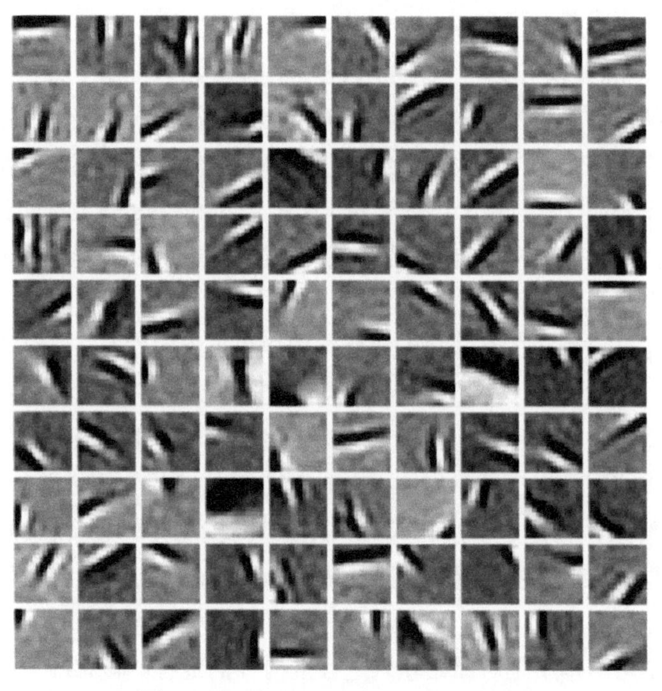

图 7-5　标准稀疏编码模型基函数图像[53]

2. 稀疏性编码模型的神经科学依据

由 4.1 节和 4.2 节可知，属于大脑的外侧状膝体（LGN）的神经信号会被传送到视觉皮层区 V1，而 V1 区的神经元具有多种类型的感受野特性。V1 区的细胞数大大超过 LGN 的细胞数，因此 V1 区细胞对细胞输出的信息表达存在过完备性。这种过完备表征的特点提供了复杂信息的简单表示方法，使得用于表征外界刺激的神经元数量大大减少，从而可以最大限度地节约用于传递信息的能量。神经生理学的研究表明，稀疏编码是神经信息群体分布式表达的一种有效策略。

可以从两个方面来理解稀疏编码的原理：一方面，接受同一刺激的神经元集群中，只有极少数的神经元被激活；另一方面，对单个神经元来说，它对输入刺激的响应分布具有稀疏特性。也就是说，一个神经元集群中的神经元在大部分时间都处于不激活的状态，单个神经元响应的概率分布则会在零点附近有一个尖峰，而尾部则很扁平。这一原理及其启发下的稀疏编码模型对信号处理的研究意义重大。

3. 稀疏性编码网络应用举例

1969 年，麻省理工学院 Lettvin 教授提出了“祖母细胞学说”，认为人脑中存在一些“超级神经元”，单独一个这样的神经元会对一些复杂的目标（如人脸）有强烈的响应，而不需依靠大量神经元相互协同工作[54]。虽然这一学说是否成立尚无定论，但是在 2012 年著名机器学习专家 Andrew Ng 等主持的谷歌大脑项目中，以稀疏性为约束的深层自编码网络[55]的实验结果则在一定程度上解释了这种“祖母细胞”产生的原因。

Google Brain 给出的稀疏自编码网络同样也是深度学习在特征表示层次研究的重要代表。在此之前，虽然稀疏编码网络能够表示初级视觉皮层中简单细胞对外界视觉刺激的编码过程，但由于它结构较浅，所以通常捕获的是低级特征和简单的不变性。Google Brain 项目组在 16000 个 CPU 构建的大规模并行计算平台上，以稀疏性为约束，构建了多层自编码网络，实现了图像识别领域的突破，同时该网络的高层神经元模拟了颞下回（inferior temporal，IT）区老祖母细胞的响应属性。

自编码学习的本质是对原始输入进行重构[55]的过程。该稀疏自编码网络的基本模型如图 7-6 所示。

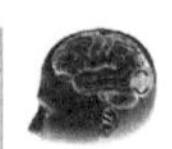

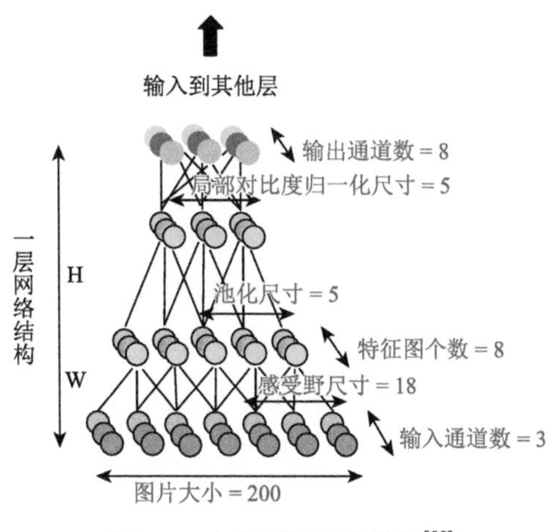

图 7-6　自编码器基本模型[55]

由图 7-6 可知，该网络包含三个部分。深层稀疏自编码网络由如图 7-6 所示的网络重复三次组成，整个模型可以认为是一个九层网络。

该网络在进行学习时，将第二个子层 H 的参数固定，第一子层的编码权重 W_1 和解码权重 W_2 使用式（7.34）调整：

$$\underset{W_1,W_2}{\text{minimize}}\sum_{i=1}^{m}\left(\boldsymbol{W}_2\boldsymbol{W}_1^{\mathrm{T}}x^{(i)}-x^{(i)2}_{\ 2}+\lambda\sum_{j=1}^{k}\sqrt{e+\boldsymbol{H}_3(\boldsymbol{W}_1^{\mathrm{T}}x^{(i)})^2}\right) \tag{7.34}$$

式中，λ 为稀疏性和重构之间的折中参数；m 和 k 分别为一层中的样本数和池化单元数；$\boldsymbol{H}_j$ 为第 j 个池单元的权重向量。目标函数中的第一项确保对有关数据的重要信息进行编码，而第二项则鼓励稀疏性，同时将相似的特征集合在一起，以更好地学习不变性特征。

使用大量未标记的自然图像作为输入，对网络进行训练，直至收敛。然后检查该深层网络高层神经元敏感的刺激图像，结果发现，某些神经元对人脸、猫脸及人的背影等特征敏感（图 7-7）。也就是说，这些高层神经元具有类似老祖母细胞的响应属性，因此，以稀疏性为约束的深层自编码网络的架构、训练和运行过程在一定程度上解释了老祖母细胞的形成原因。

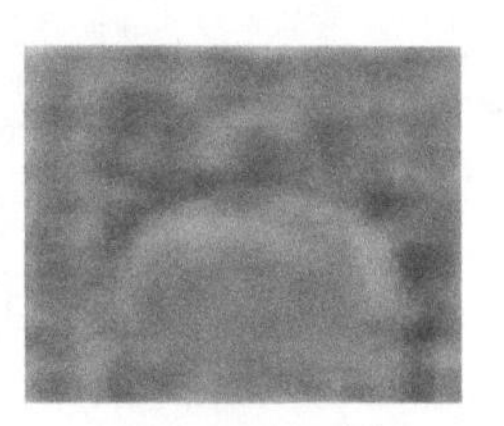

图 7-7　人脸、猫脸及人的身体神经元刺激可视化[55]

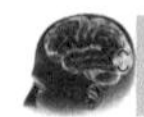 7.3.2 卷积神经网络

1. 卷积神经网络基本原理

20 世纪 60 年代，Hubel 和 Wiesel[56]在研究猫脑皮层中用于局部敏感和方向选择的神经元时发现其独特的网络结构可以有效地降低反馈神经网络的复杂性。Fukushima 等在 1980 年融合了当时有关生物视觉的知识，提出了神经认知机，以期构建出一个能够工作的人工视觉系统[57]。1998 年，AI 研究者 Yann LeCun 在神经认知机的基础上，开发出卷积神经网络 LeNet[7]。2006 年，Hinton 和 Salakhutdinov 在 *Science* 上发表文章[58]，正式提出了深度学习的概念。这一研究立即在学术圈引起了巨大的反响，以斯坦福大学、多伦多大学为代表的众多世界知名高校纷纷投入巨大的人力、财力进行深度学习领域的相关研究。2012 年，在著名的 ImageNet 图像识别大赛中，Hinton 领导的小组采用深度学习网络 AlexNet 一举夺冠[59]。深度学习算法在世界大赛的脱颖而出，也再一次吸引了学术界和工业界对深度学习领域的关注。随后，相继出现了 VGG 系列[60]、GoogLeNet、Inception[61]系列、ResNet[62]等深度学习网络模型。截至目前，卷积神经网络作为研究热点已持续多年，特别是在机器视觉领域得到了广泛应用。

卷积神经网络由一个或多个卷积层、池化层（下采样层）和顶端的全连接层组成，有时还包括正则化层，其典型代表如图 7-8 所示。卷积神经网络的训练过程主要是学习卷积层的卷积核参数和各层之间的连接，预测过程则是基于输入数据和网络参数计算类别标签。

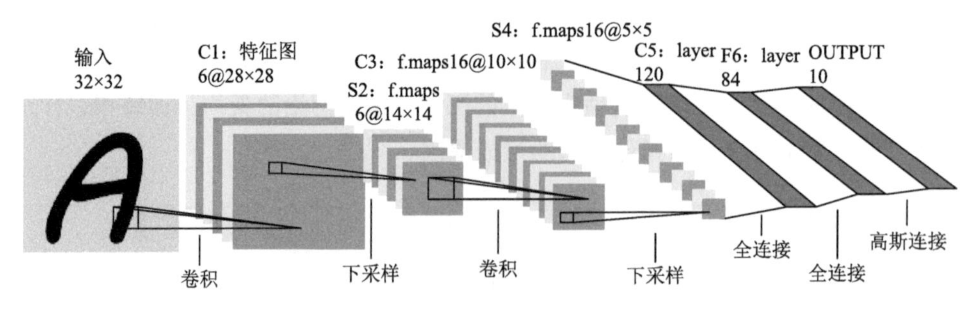

图 7-8　LeNet 结构示意图

卷积神经网络是一种前馈神经网络，其关键组成部分包括激活函数、网络结

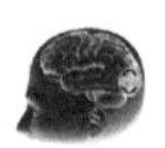

构和学习算法。网络结构通常包括卷积层、池化层和全连接层，常用的参数学习算法是反向传播算法。

1）激活函数

为更好地模拟生物现象，刺激到达神经元后，经过激活函数计算后才能输出。如图 7-9 所示，输出的 y 值中，w_i 是权重，它的正负模拟兴奋/抑制，大小模拟强度。θ 是阈值，输入和超过阈值时，神经元才被激活。卷积神经网络中常用的激活函数及其特点如表 7-1 所示。

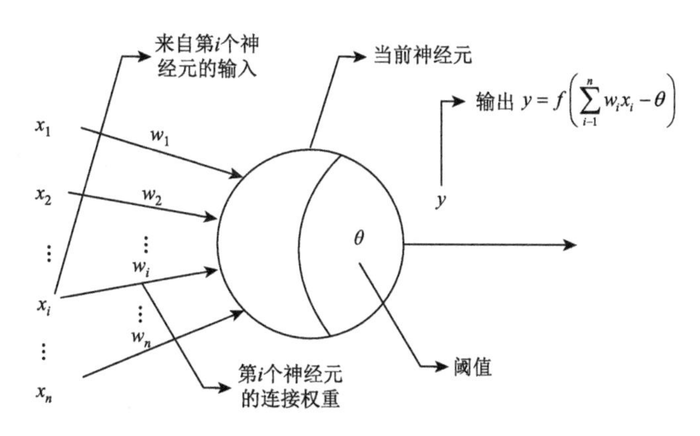

图 7-9　神经元中信号传递示意图

表 7-1　常用的激活函数及其特点

函数名	函数定义	优点	缺点
sigmoid	$\sigma(x)=\dfrac{1}{1+\mathrm{e}^{-x}}$	单调连续，输出范围有限，优化稳定，可以用作输出层。它在物理意义上最为接近生物神经元	容易产生梯度消失，输出并不以 0 为中心
ReLU	$\mathrm{relu}(x)=\max(0,x)$	能够快速收敛，缓解了梯度消失的问题，无监督预训练时有较好的表现，提供了神经网络的稀疏表达能力	随着训练的进行，可能会出现权重无法更新的情况
tanh	$\tanh(x)=\dfrac{1-\mathrm{e}^{-2x}}{1+\mathrm{e}^{-2x}}$	比 Sigmoid 函数收敛速度更快；相比 Sigmoid 函数，其输出以 0 为中心	容易产生梯度消失
Leaky ReLU	$\mathrm{leakyrelu}(x)=\max(ax,x)(a=0.01)$	避免了梯度消失	需要选择合适的参数 a

2）卷积层

在卷积层，使用可学习的卷积核对上一层的特征图进行卷积以获得输入图像的局部特征。每个输出特征图可以组合卷积多个特征图的值。其实现原理可由式（7.35）来进行描述。

$$x_j^l = f(u_j^l) \tag{7.35}$$

$$u_j^l = \sum_{i \in M_j} x_i^{l-1} \cdot \boldsymbol{\omega}_{ij}^l + b_j^l \tag{7.36}$$

式中，u_j^l 为卷积层 l 的第 j 个通道的净激活，它通过对前一层输出特征图 x_i^{l-1} 进行卷积求和与偏置后得到；x_j^l 为卷积层 l 的第 j 个通道的输出；$f(\cdot)$ 为激活函数；M_j 为用于计算 u_j^l 的输入特征图子集；$\boldsymbol{\omega}_{ij}$ 为卷积核矩阵；b_j^l 为偏置项。

3）下采样层

下采样层也称池化层，将每个输入特征图通过式（7.37）进行下采样：

$$x_j^l = f(u_j^l), u_j^l = \beta_j^l \mathrm{down}(x_j^{l-1}) + b_j^l \tag{7.37}$$

式中，u_j^l 为下采样层 l 的第 j 个通道的净激活，它由前一层输出特征图 x_i^{l-1} 进行下采样加权、偏置后得到；β 为下采样层的权重系数；b_j^l 为下采样层的偏置项；符号 down（·）表示下采样函数，它通过对输入特征图 x_j^{l-1} 通过滑动窗口方法划分为多个不重叠的 $n \times n$ 图像块，然后对每个图像块内的像素求和、求均值或最大值。池化操作通过去掉特征图中不重要样本的方法，来进一步减少参数数量。

4）全连接层

在全连接层，将所有二维图像的特征图拼接成一维向量后作为输入，通过对输入加权求和并通过激活函数的响应后得到输出结果，计算公式如下：

$$x^l = f(u^l) \quad u^l = w^l x^{l-1} + b^l \tag{7.38}$$

式中，u^l 由前一层的输出特征图 x^{l-1} 进行加权和偏置后得到；ω^l 为全连接网络的权重系数；b^l 为全连接层 l 的偏置项。在 CNN 中，前面的卷积和池化相当于做特征提取，而后面的全连接层起到“分类器”的作用。由于神经网络属于监督学习，在模型训练时，根据训练样本对模型进行训练，从而得到全连接层的权重。

5）反向传播算法

反向传播算法是神经网络有监督学习中的一种常用方法，其目标是根据训练样本和期望输出来估计网络参数。对于卷积神经网络而言，采用反向传播算法来优化卷积核参数、下采样层网络权重、全连接层网络权重和各层的偏置参数等。反向传播算法的本质在于允许对每个网络层计算存在有效误差，并由此推导出一个网络参数的学习规则，使得实际网络输出更加接近目标值。衡量实际输出与目标值之间接近程度的函数通常被称为损失函数，常见的损失函数有交叉熵和均方误差函数等。

同其他机器学习模型一样，卷积神经网络训练的过程实际就是优化损失函数的过程。损失函数越小，说明卷积核参数、池化层权重、全连接层权重及各层的偏置

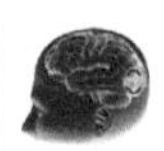

项越符合训练样本。模型训练好之后，即可对新的数据进行分类、判断或预测。

2. 卷积神经网络的神经科学依据

卷积神经网络是一种模仿生物神经网络行为特征的算法数学模型，由神经元、节点与节点之间的连接（突触）所构成。每个神经网络单元抽象出来的数学模型也称感知器，它接收多个输入，对这些输入加权求和后产生一个输出，这个输出通常是输入的非线性函数，这个非线性函数称激活函数。该过程类似于神经末梢感受各种外部环境的变化，也就是接收外部刺激，然后产生电信号传导到神经元。

CNN 与经典全连接神经网络的不同在于卷积操作和权值共享。卷积操作使得 CNN 更相似于生物神经网络的同时，减少了网络模型的复杂度，减少了权值的数量。卷积架构的动机是洞察到在一个位置有用的特性在另一个位置也可能有用。这种结构类似于灵长类动物视皮层电生理实验中所发现的“超柱”现象。为了发现不同的局部特征，可以定义不同的卷积核。这一想法也受到神经电生理的实验启发。例如，一些神经元在感受野内表现出水平光棍出现时兴奋，而另一些只有垂直光棍出现时才会兴奋。也就是说，视觉皮层中的神经元有各自所偏好的特征。不同的卷积核发现图像中的不同特征，有些可能发现纹理特征，有些可能发现朝向特性等。

卷积神经网络以其出色的表现赢得了众多研究者的青睐，但也同时对视觉神经科学的研究产生了相应的影响。虽然说卷积神经网络是一个仿生模型，但它与视觉系统结构的一致性仍待考究。就 CNN 的卷积、非线性、归一化和池化而言，尽管这些层是由人工神经元构成的，其可以合理地映射到真实的神经元（或神经元群），但很多计算的实现都不是生物式的。例如，归一化是使用高度参数化的除法方程实现的。所以以上也只是将 CNN 的组成部分与视觉系统做了相关对应。

值得一提的是，CNN 的发展催生了一些视觉神经科学领域的研究分支，如 Tomaso Poggio 和 Jim DiCarlo 实验室的研究工作。他们使用基于卷积的堆叠和最大池化的模型解释了视觉系统的若干性质[63, 64]。

3. 卷积神经网络应用举例

由以上内容可知，卷积神经网络中的池化操作会将图像中不同部分的结构关系忽略，即便是把一个人的脸、鼻子或眼睛换一个奇怪的顺序，池化的结果也一模一样。这与生物视觉感知物体的方式明显不同。

为克服上述缺陷，Hinton 等提出了新的胶囊（capsule）网络结构[65]。Hinton

和 Sabour 受到神经科学的启发，认为大脑被组织成称为胶囊的模块。这些胶囊特别擅长处理物体的姿态（位置、大小、方向）、变形、速度、反照率、色调、纹理等特征。他们推测，大脑可能存在一种机制，将低层次的视觉信息传递到它认为能最好地处理这些信息的胶囊。

胶囊可以被看成一种新的神经元模型。每个胶囊给出的输出是一组向量，利用这些向量存储特征的不同属性。为了解决这组向量向更高层的神经元传输的问题，采用了动态路由机制，这是胶囊网络的一大创新点。这一动态路由机制使得胶囊网络可以识别图形中的多个图形。

胶囊网络（CapsNet）是一个非常浅的网络，中间只有两个卷积（Conv）层和一个全连接（FC）层。CapsNet 网络结构如图 7-10 所示。需要注意的是，最后胶囊输出的概率总和并不等于 1，也就是胶囊有同时识别多个物体的能力。

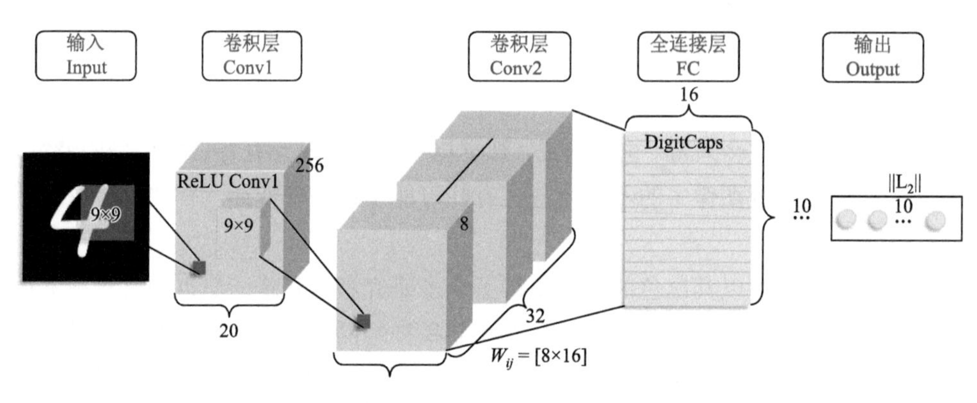

图 7-10　CapsNet 网络结构

CapsNet 不仅在 MNIST 上达到了较好的性能，而且在 MultiMNIST 上也得到了较好的结果。图 7-11 中，上边的数字是 MultiMNIST 数据集中的原图，下边的数字是重构的结果。R 表示的是重构，L 是标签。例如，左上角的 L：（2，7）表示 MultiMNIST 中的标签分别是 2 和 7，R：（2，7）表示的是 CapsNet 识别出来的数字也是 2 和 7。

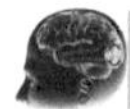7.3.3　循环神经网络

1. 循环神经网络基本原理

与传统的神经网络不同，循环神经网络隐层的节点间存在连接，从而通过循环结构形成“记忆”，两者的对比如图 7-12 所示。

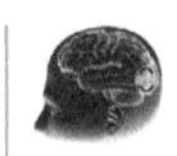

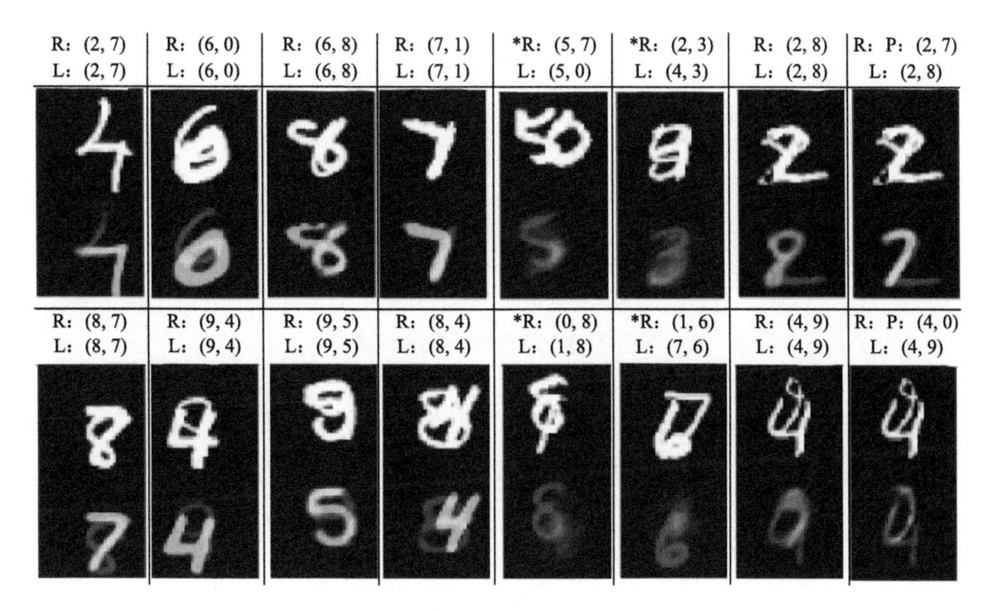

图 7-11　CapsNet 在 MultiMNIST 上的实验结果

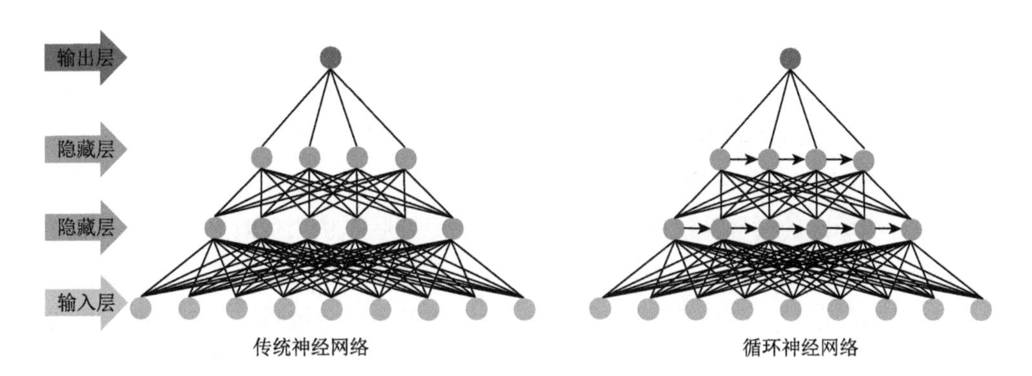

图 7-12　传统神经网络与循环神经网络的对比

图 7-13 是一个简单循环神经网络，其中，$\boldsymbol{x}_t$ 是一个向量，表示时间 t 处的输入层的值；$\boldsymbol{h}_t$ 是一个向量，它表示隐层的值，可以认为这一层其实是多个节点，节点数与向量 $\boldsymbol{h}_t$ 的维度相同，指时间 t 处的“记忆”；$\boldsymbol{y}_t$ 是一个向量，它表示输出层的值；$\boldsymbol{U}$ 指输入层到隐层的权重矩阵；$\boldsymbol{V}$ 指从隐层到输出层的权重矩阵，循环神经网络隐层 $\boldsymbol{h}_t$ 的值不仅仅取决于当前这次的输入 x，还取决于上一次隐层的值 $\boldsymbol{h}_{t-1}$，而权重矩阵 $\boldsymbol{W}$ 就是上一次的 $\boldsymbol{h}_{t-1}$ 值作为本次输入的权重。

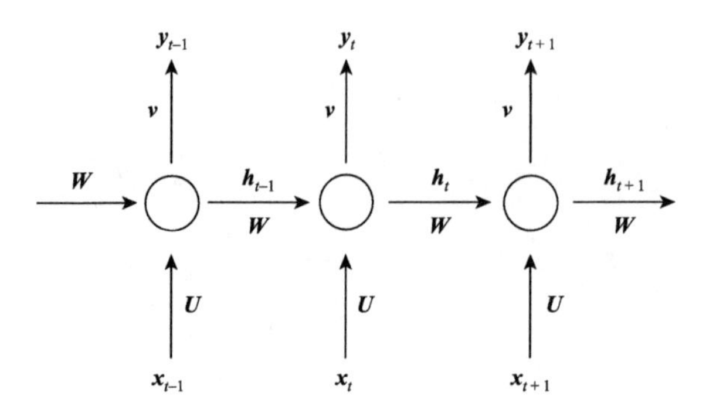

图 7-13　简单循环神经网络

概括来讲，隐层的数据被存入一个“记忆”单元，该保存在“记忆”中的数据会被作为另一个输入与原始输入一起送入神经网络。时间 t 处的记忆可以表示为 $\boldsymbol{h}_t = f(\boldsymbol{h}_{t-1}, x_t)$，此处的 f 可以是 tanh 等函数，所以 t 时刻“记忆”单元 $\boldsymbol{h}_t$ 和输出 y_t 可以写成式（7.39）和式（7.40）：

$$\boldsymbol{h}_t = f(\boldsymbol{W}\boldsymbol{h}_{t-1} + \boldsymbol{U}\boldsymbol{x}_t) \tag{7.39}$$

$$\boldsymbol{y}_t = g(\boldsymbol{V}\boldsymbol{h}_t) \tag{7.40}$$

式中，g 可以是 tanh 等函数。学习参数（$\boldsymbol{U}$，$\boldsymbol{W}$，$\boldsymbol{V}$）是固定的，f 被不断重复利用。这使得网络可以灵活地适应输入序列的长度变化。

循环神经网络（RNN）算法在处理长序列模型时存在梯度消失和梯度爆炸问题。为此，Schmidhuber 等提出了长短期记忆（long short term memory，LSTM）网络。对于标准的循环神经网络，每个时刻的隐层状态由当前时刻的输入与之前所有的隐层状态结合组成。其隐层只有一个细胞状态，即 h，记忆单元容量的限制导致早期的记忆会呈指数级衰减，对于短期的输入非常敏感。LSTM 模型在原有的短期记忆单元 h 的基础上，增加一个记忆单元 C 来保持长期记忆。为了控制长期状态 C，LSTM 引入了三个门控制器：输入门（input gate）、遗忘门（forget gate）和输出门（output gate）。门控制器决定了信息是否能够传递或者传递的比例。遗忘门决定了上一时刻的状态 C_{t-1} 保留到当前状态 C_t 的程序；输入门决定了当前时刻网络的输入 x_t 保存到单元状态 C_t 的程序；输出门来控制单元状态 C_t 输出到 LSTM 的当前输出值 h_t 的程度。LSTM 网络架构如图 7-14 所示。

2. 循环神经网络的神经科学依据

脑神经系统中同时存在前馈、层内递归和层间反馈三种类型连接。层内递归连接是指神经元收到的来自同层其他神经元的连接，层间反馈连接则是指从高

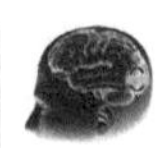

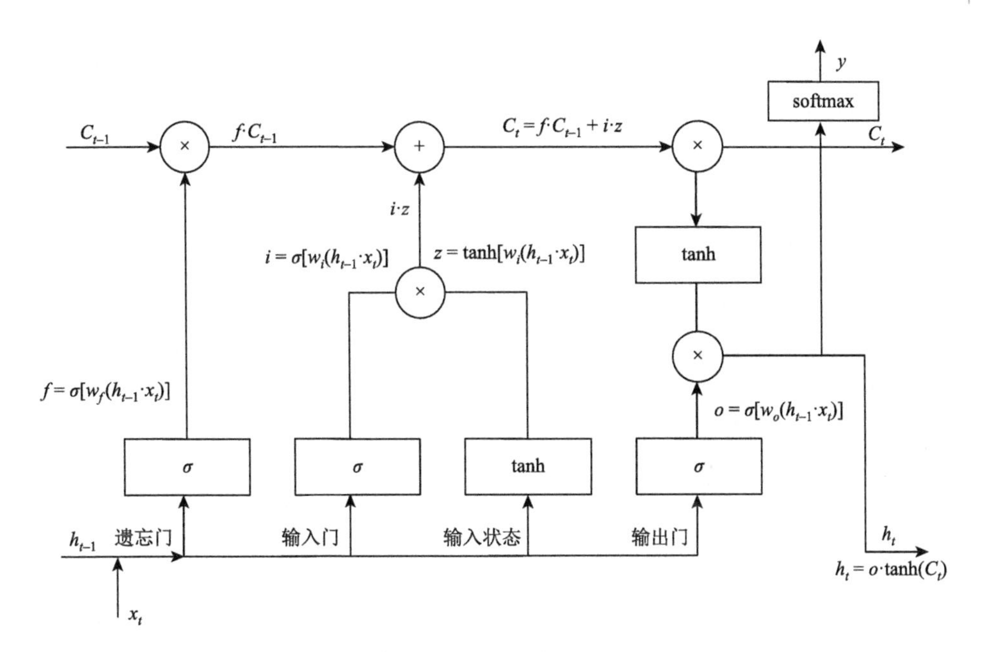

图 7-14　LSTM 网络架构图

层神经元到低层神经元的连接。解剖学证据表明，前馈和反馈连接的数量大致相等，而层内递归连接的数量则是最多的。很多神经科学和心理学的研究也支持层内递归连接与一些重要的神经机制有直接联系，如非经典感受野现象等。递归连接和反馈连接的存在导致视觉神经系统的网络存在环路连接，因此视觉处理实质上是一个动态过程。即使视觉输入是静态的图像，视觉神经系统也会以递归迭代的方式动态产生处理结果。

递归连接在视觉感知中起着重要的作用，它的一个重要功能便是视觉上下文的调节。在视觉处理过程中，神经元对视觉输入的感知会受到来自周围其他神经元的影响。近年来处理时序数据的循环神经网络正是受到了层内递归和层间反馈的启发。

3. 卷积神经网络和循环神经网络的组合应用

近年来，卷积神经网络和循环神经网络都获得了长足的进展。两者结合的典型应用是在图像的标题生成方面。通俗来讲，图像标题生成就像是看图说话，结合了计算机视觉和机器翻译的最新进展，它不仅需要利用模型去理解图片的内容，还需要用自然语言去理解它们之间的关系[66]。在抓住图像语义信息的基础上，生成人类可读的句子。其生成过程如图 7-15 所示。看图说话实例如图 7-16 所示。

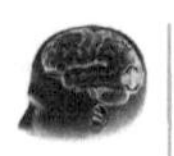

完成以上实验时，将卷积神经网络（CNN）从测试图像中提取的特征作为输入，并训练 RNN 将图像的高级表示“翻译”为标题。

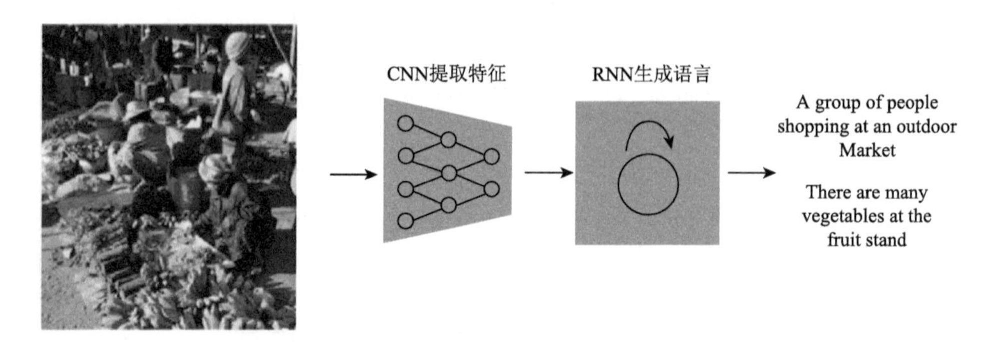

图 7-15　图像标题生成过程[66]

A women is throwing a frisbee in a park

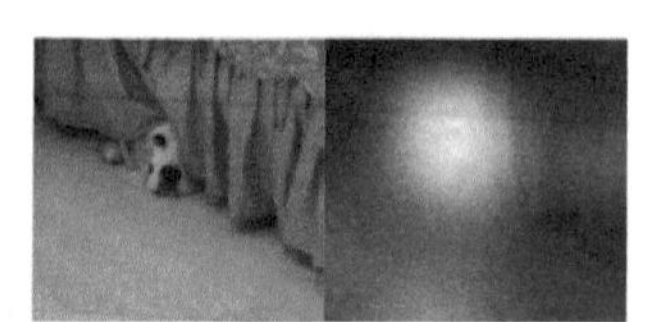
A dog is standing on a hardwood floor

A stop sing is on a road with a mountain in the background

A little girl sitting on a bed with a teddy bear

A group of people sitting on a beat in the water

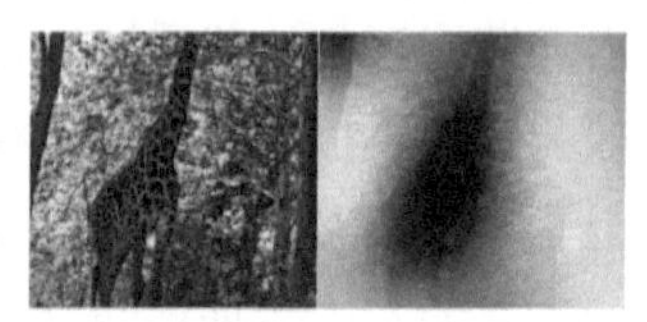
A giraffe standing in a forest with trees in the background

图 7-16　看图说话实例[66]

7.4　鸟类离顶盖机制启发下的运动检测算法

鸟类的视网膜-顶盖-圆核通路是其主要的视觉通路，虽然该通路中的顶盖和圆核的神经元感受野范围都非常大（见 3.2.1 节），但在模式判别的行为实验中，鸟类表现出非常高的分辨率。Dellen 等提出了一种模拟视网膜-顶盖-圆核视觉通路的神经模型[67]，以解决运动敏感的宽场神经元所获取的整体信息处理是如何实现局部视觉特征分析的这一问题。该模型描述了时空视觉信息是如何被顶盖和圆核的宽场神经元所组织的，以及在缺乏局部感受野结构的情况下实现频域下的运

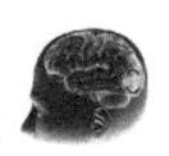

动处理。该模型可以在一定程度上解释离顶盖通路能使鸟类检测、定位运动目标、估计自运动参数的功能。

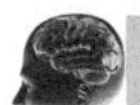

7.4.1　运动物体的局部速度计算模型

运动分析在若干独立的时空频带内并行进行，即将视频分解成在不同时空频带运动的正弦光栅，且复杂的运动可以通过大量的光栅拼接在一起进行构造[68]。

任意的时空灰度图像可以用一个在某一区间内定义的函数 $c(x,y,t)$ 来表示，该函数确定了 x、y 和 t 时刻各点的对比度（contrast）。简单起见，由静态的图像开始讨论，即对于所有时间 t：

$$c_0(x,y,t)=c_0(x,y,0) \tag{7.41}$$

定义图像速度为向量 $\boldsymbol{r}$，其平行和垂直速度分量为 r_x 和 r_y，而在极坐标中，速度可写为 r 和方向 θ，其中，$r_x=r\cos\theta$，$r_y=r\sin\theta$。若前述静止图像以恒定速度 $\boldsymbol{r}$ 平移，

$$c_r(x,y,t)=c_0(x-r_xt,y-r_yt,t) \tag{7.42}$$

设任意时-空图像函数 $c(x,y,t)$ 的傅里叶变换为 $\tilde{c}(u,v,w)$。简化起见，考虑二维 $c(x,t)$ 的情况，即在垂直空间维度上没有变化。定义以下符号：

$$\boldsymbol{a}=\begin{pmatrix}x\\t\end{pmatrix},\ \boldsymbol{b}=\begin{pmatrix}u\\w\end{pmatrix} \tag{7.43}$$

式中，u 和 w 分别为 x 和 t 对应的空间频率变量和时间频率变量，则函数和它的二维傅里叶变换可以写成

$$c(\boldsymbol{a})\to_2 \tilde{c}(\boldsymbol{b}) \tag{7.44}$$

式中，$\to_2$ 代表二维傅里叶变换。设 $\boldsymbol{r}$ 为水平运动速度，令 $\boldsymbol{a}'=\begin{pmatrix}x'\\t'\end{pmatrix}$ 为平移后坐标，则

$$\boldsymbol{a}'=\begin{pmatrix}x-rt\\t\end{pmatrix}=\boldsymbol{A}\boldsymbol{a},\ \boldsymbol{A}=\begin{bmatrix}1 & -r\\0 & 1\end{bmatrix} \tag{7.45}$$

其傅里叶变换为

$$c(\boldsymbol{a}')\to_2 \tilde{c}((\boldsymbol{A}^{-1})^{\mathrm{T}}\boldsymbol{b}) \tag{7.46}$$

$$(\boldsymbol{A}^{-1})^{\mathrm{T}}=\begin{bmatrix}1 & 0\\r & 1\end{bmatrix} \tag{7.47}$$

即

$$c(x-rt,t)\to_2 \tilde{c}(u,w+ru) \tag{7.48}$$

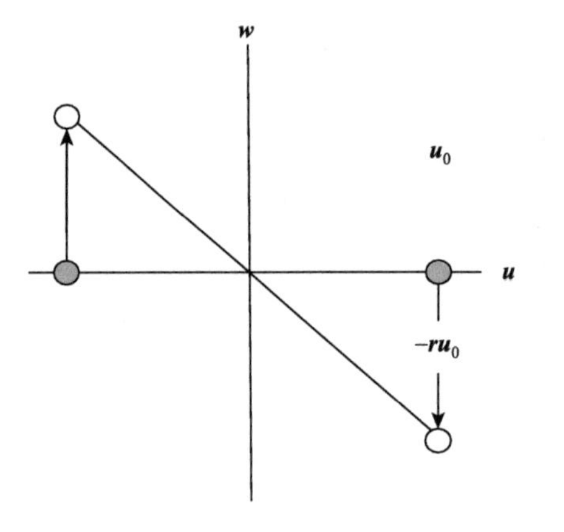

图 7-17　运动对二维时-空图像傅里叶变换的影响

如图 7-17 所示，静态余弦分量的频谱完全落在 u 轴上，涂色圆表示其位置。运动余弦分量的频谱如空心圆所示。显然运动余弦分量的频谱所在的直线方程为 $w = -ru$，对应式（7.48）右侧的频率分量，该直线方程为二维情况下的运动约束方程，即速度为 r 的频率分量均在 $w = -ru$ 上。

将此方法推广到三维空间，若速度为 $\boldsymbol{r} = (r_x, r_y)$，那么运动图像和它们的傅里叶变换为

$$c(x - r_x t, y - r_y t, t) \to_3 \tilde{c}(u, v, w + r_x u + r_y v) \tag{7.49}$$

对应的三维空间约束方程为

$$w = -\boldsymbol{r} \cdot f = -(r_x u + r_y v) = -rf\cos(\theta - \alpha) \tag{7.50}$$

式中，θ 为图像运动的方向；α 为空间频率分量的方向。即三维空间所有速度为 $\boldsymbol{r}$ 的运动图像，均在平面 $w = -\boldsymbol{r} \cdot f$ 上，故该平面的方程也称为运动约束方程。Dellen 的局部运动检测模型即是基于此运动约束方程构建的。

7.4.2　鸟类离顶盖通路启发下的全局运动检测算法

前文中，运动估计在傅里叶域中得到了重新阐述，即平移的二维图像的运动对应傅里叶域中通过运动约束方程定义的特征平面，该方程将图像速度与傅里叶空间的时空频率相关联。

运动检测的局部模型由灵长类动物丘脑皮层通路的神经元计算模型所启发[68]。而在非哺乳类脊椎动物中，如鸟类的离顶盖通路中的顶盖-圆核系统中的运动敏感神经元，它们的结构模式和响应特性与灵长类动物神经元不同。研究发现，对顶盖-圆核连接通路中的神经元建立模型，可启发全局运动检测算法[67]。

首先，简要回顾 3.2 节的相关内容。

在鸟类的离顶盖通路中，视网膜轴突以精确的视网膜局部方式投射到顶盖（OT），通路中丘脑圆核（Rt）的投射仅来自 OT 第 13 层或中央灰质层（SGC）中的细胞，却没有保持视网膜精确的拓扑投射[69]，如图 7-18 所示。

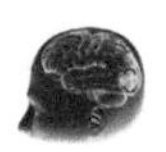

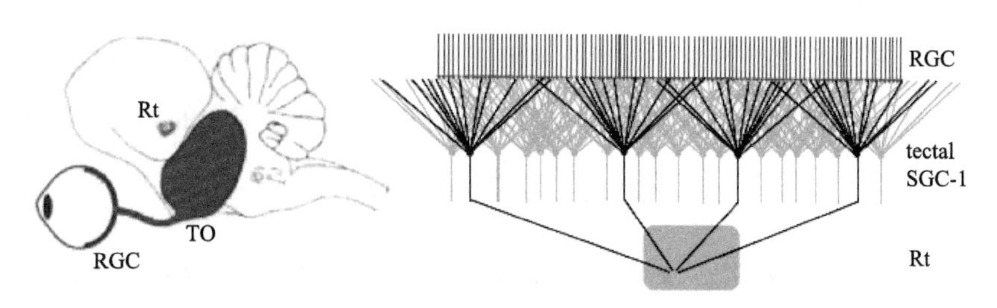

图 7-18　视网膜-OT-Rt 通路的连接示意图[67]

胞体位于顶盖第 13 层的神经元有跨越视野 10°～60°的大的圆形感受野[70]，其树突末梢的分布是稀疏的，其感受野为斑点状，因此树突终端感受野大小之和不到总感受野的 1%[71]。OT 神经元对微小的运动刺激有强烈的反应，但它们对刺激的方向或运动方向的选择性很弱[72]。在 OT-Rt 投射中，圆核神经元接收分布在整个 OT 的 SGC 神经元的输入，如图 7-18 所示，因此，视网膜-OT 投射的精确点对点拓扑映射完全丢失[73]。目前，OT-Rt 投射的功能被解释为实现了从视网膜拓扑到功能拓扑的转换[74]，Rt 的几个子区域与特定的视觉模态（如二维运动和深度运动）相关[75]。

考虑以下问题：①神经元的感受野和树突分布稀疏而广泛，那么，视网膜-OT-Rt 通路是如何组织空间信息的？②如何从感受野跨度可达 120°的运动敏感神经元（即圆核神经元）中获取局部速度估计值？

2010 年，Dellen 等[67]提出了视网膜-OT-Rt 通路的模型，并从理论上研究了该通路的空间组织。

根据上述通路解剖学结构，将 OT 和 Rt 神经元建模为加权求和单元，该求和单元对输入神经元的响应进行积分，然后对信号进行半波整流。模型参数由 OT 和 Rt 的解剖学和生理学数据提供。

设 OT 神经元 i 对二维刺激 $I(\boldsymbol{x},t)$ 的响应可以由一个连续时变的发放率函数表示，即

$$r_{tc}^{i}(t)=\left[\int_{A}R_{tc}^{i}(\boldsymbol{x})I(\boldsymbol{x},t)\mathrm{d}\boldsymbol{x}\right]_{+} \tag{7.51}$$

式中，A 为视野面积；$R_{tc}^{i}(\boldsymbol{x})$ 为 OT 神经元的感受野；$\boldsymbol{x}=(x,y)$ 为位置向量；t 为视觉输入的时间维度；$[\ ]_{+}$ 表示被整合在感受野上的视觉输入被整流作用。

$$[a]_{+}=\begin{cases}a & a>\tau\\0 & \text{其他}\end{cases} \tag{7.52}$$

式中，τ 为阈值参数。

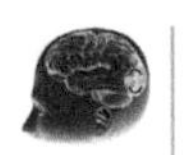

对神经元 i 的感受野 $R_{tc}^{i}(\boldsymbol{x})$ 进行傅里叶变换，将 n_{tc} 个 OT 神经元感受野的傅里叶变换乘以它们自身的发放率函数后求和，得到傅里叶空间的 OT 响应图：

$$M_{tc}(\boldsymbol{k},t)=\sum_{i=1}^{n_{tc}}R_{tc}^{i}(\boldsymbol{k})r_{tc}^{i}(t) \tag{7.53}$$

式中，$R_{tc}^{i}(\boldsymbol{k})=F[R_{tc}^{i}(\boldsymbol{x})]$；$\boldsymbol{k}=(k_x,k_y)$ 为空间频率。由上式，响应图 $M_{tc}(\boldsymbol{k},t)$ 由 OT 神经元数量决定。使用计算机仿真，对于大量的 OT 神经元，可得近似 A：

$$M_{tc}(\boldsymbol{k},t)\approx F[I(\boldsymbol{x},t)] \tag{7.54}$$

圆核神经元模型的示意图如图 7-19 所示，$M_{tc}(\boldsymbol{k},t)$ 的每个空间频率分量对应一个 OT 神经元亚群，而一个 OT 神经元可包含在一个以上的亚群中。将 OT 神经元亚群的响应随机采样得到圆核神经元 j 的响应：

$$r_{rc}^{j}(t)=\left[\int_{A'}R_{rc}^{j}(\boldsymbol{k})M_{tc}(\boldsymbol{k},t)\mathrm{d}\boldsymbol{k}\right]_{+} \tag{7.55}$$

式中，$M_{tc}(\boldsymbol{k},t)$ 为实空间 $R_{tc}(\boldsymbol{x})$ 的傅里叶变换，结合上式，可得

$$r_{rc}^{j}(t)=\left[\sum_{i=1}^{n_{tc}}\left(\int_{A'}R_{rc}^{j}(\boldsymbol{k})R_{tc}^{i}(\boldsymbol{k})\mathrm{d}\boldsymbol{k}\right)r_{tc}^{i}(t)\right]_{+}=\left[\sum_{i=1}^{n_{tc}}w_{ij}r_{tc}^{i}(t)\right]_{+} \tag{7.56}$$

其中，

$$w_{ij}=\int_{A'}R_{rc}^{j}(\boldsymbol{k})R_{tc}^{i}(\boldsymbol{k})\mathrm{d}\boldsymbol{k} \tag{7.57}$$

式中，w_{ij} 为 OT 神经元 i 与 Rt 神经元 j 的连接强度。因此，根据上述模型，OT-Rt 投射的连接模式由 OT 和 Rt 神经元的感受野结构决定。因此，神经元响应特性所表达的功能与网络连接直接相关。

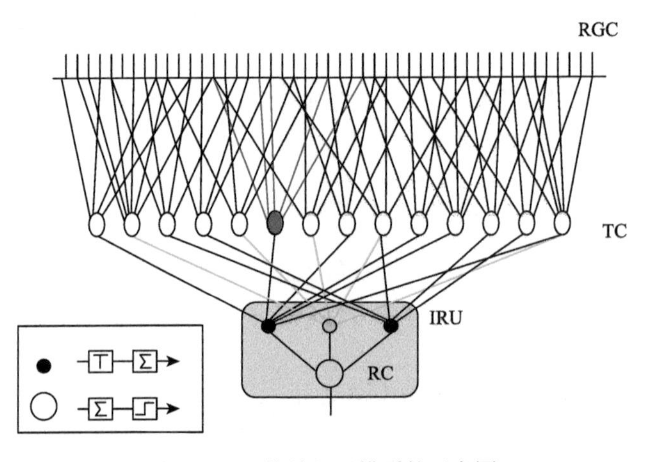

图 7-19　圆核神经元模型的示意图

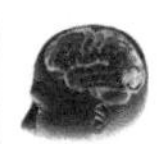

透射函数形式选择如下：首先，重建 OT-Rt 投射上的刺激，确保在通路的每一层都可使用相同数量的神经元对刺激编码；其次，在投射中包含空间频率，从而允许后续时空滤波操作。

用 n_{rc} 个圆核神经元响应的线性叠加来重建视觉刺激，即

$$M_{rc}(\boldsymbol{x},t)=\sum_{j=1}^{n_{rc}}R_{rc}^{j}(\boldsymbol{x})r_{rc}^{j}(t) \tag{7.58}$$

式中，$R_{rc}^{j}(\boldsymbol{x})$ 为 $R_{rc}^{j}(\boldsymbol{k})$ 的傅里叶反变换形式，当 n_{rc} 数量很大时，使用计算机仿真可得

$$M_{rc}(\boldsymbol{x},t)\approx I(\boldsymbol{x},t) \tag{7.59}$$

在视网膜-OT-Rt 通路中，Rt 神经元对运动方向有明显的选择性。研究表明可以使用依赖于空间频率的时间滤波器在全局傅里叶空间中进行运动处理[76]。假设该时间滤波发生在 OT 和 Rt 神经元之间。

令 Rt 神经元 j 对速度 $\boldsymbol{v}$ 的响应为

$$r_{rc,\boldsymbol{v}}^{j}(t)=\left[\int_{A'}R_{rc}^{j}(\boldsymbol{k})\tilde{M}_{tc,\boldsymbol{v}}(\boldsymbol{k},t)\mathrm{d}\boldsymbol{k}\right]_{+} \tag{7.60}$$

其中，

$$\tilde{M}_{tc,\boldsymbol{v}}(\boldsymbol{k},t)=\int T_{\boldsymbol{v},\boldsymbol{k}}(t-t')M_{tc}(\boldsymbol{k},t')\mathrm{d}t' \tag{7.61}$$

式中，$T_{\boldsymbol{v},\boldsymbol{k}}(t-t')$ 为对时间频率 $\omega=\boldsymbol{k}\cdot\boldsymbol{v}$（即运动约束方程）的时间选择滤波器。将式（7.61）与式（7.60）合并可得

$$r_{rc,\boldsymbol{v}}^{j}(t)=\left[\int_{A'}R_{rc}^{j}(\boldsymbol{k})\left(\int T_{\boldsymbol{v},\boldsymbol{k}}(t-t')\sum_{i=1}^{n_{tc}}R_{tc}^{i}(\boldsymbol{k})r_{tc}^{i}(t')\mathrm{d}t'\right)\mathrm{d}\boldsymbol{k}\right]_{+}=\sum_{i=1}^{n_{tc}}\int w_{ij}(t-t')r_{tc}^{i}(t')\mathrm{d}t' \tag{7.62}$$

其中，

$$w_{ij}(t)=\int_{A'}R_{rc}^{j}(\boldsymbol{k})T_{\boldsymbol{v},\boldsymbol{k}}(t)R_{tc}^{i}(\boldsymbol{k})\mathrm{d}\boldsymbol{k} \tag{7.63}$$

式中，$w_{ij}(t)$为 OT 神经元 i 与 Rt 神经元 j 的可变的功能性连接。目前的实验还无法确定 OT-Rt 通路中该时间滤波的具体性质，所以暂且令

$$T_{\boldsymbol{v},\boldsymbol{k}}(t)=\int\exp[i\omega't]\exp[-(\omega'-\boldsymbol{k}\cdot\boldsymbol{v})^{2}/\xi|\boldsymbol{k}|^{2}]\mathrm{d}\omega',\qquad t\geqslant 0 \tag{7.64}$$

式中，$\exp[-(\omega'-\boldsymbol{k}\cdot\boldsymbol{v})^{2}/\xi|\boldsymbol{k}|^{2}$ 为宽度为 ξ 的高斯函数，通过调整 ξ 的大小，来调整运动约束方程的约束程度。

根据上述模型，上述对速度 $\boldsymbol{v}$ 有选择性的一组 Rt 神经元集群可实现将图像中速度为 $\boldsymbol{v}$ 的部分与其他部分的分割。将对选择 $\boldsymbol{v}$ 敏感的 Rt 神经元响应加权求和，可得到重建分量在实空间的表示：

$$M_{rc,\boldsymbol{v}}(\boldsymbol{x},t)=\sum_{j}R_{rc}^{j}(\boldsymbol{x})r_{rc,\boldsymbol{v}}^{j}(t) \tag{7.65}$$

局部速度的计算需要速度和位置的联合表示。然而，Rt 神经元对速度有选择性，而对位置没有选择性。通过计算机仿真，可发现通过整合特定子群的响应可以从 Rt 神经元集群响应中检索到目标位置。假设这一计算是由位于视觉通路更高级的神经元执行的，称之为 $c1$ 神经元。

令 $c1$ 神经元 o 对速度 $\boldsymbol{v}$ 和位置 $\boldsymbol{x}$ 的联合选择性响应为

$$r_{c1,\boldsymbol{x},\boldsymbol{v}}^{o}(t)=\left[\sum_{j}R_{rc}^{j}(\boldsymbol{x})r_{rc,\boldsymbol{v}}^{j}(t)\right]_{+/-}=[M_{rc,\boldsymbol{v}}(\boldsymbol{x},t)]_{+/-} \tag{7.66}$$

式中，全整流$[\ ]_{+/-}$取绝对值。通过将具有速度选择性的 Rt 神经元的叠加加权响应进行全整流，可使其对位置和速度有联合选择性。进一步通过结合 $c1$ 在第二阶段 $c2$ 处的响应进行时空平滑：

$$r_{c2,\boldsymbol{x},\boldsymbol{v}}^{o}(t)=\int\exp(-(\boldsymbol{x}-\boldsymbol{x}')^{2}/\alpha^{2})R_{c2}(\boldsymbol{x}-\boldsymbol{x}')r_{c1,\boldsymbol{x}',\boldsymbol{v}}^{o}(t)\mathrm{d}\boldsymbol{x}' \tag{7.67}$$

式中，α 为平滑参数，在仿真中取 $\alpha=10°$，结构如图 7-20 所示。第二阶段的平滑操作可以由 $c1$ 神经元之间的水平交互来实现。

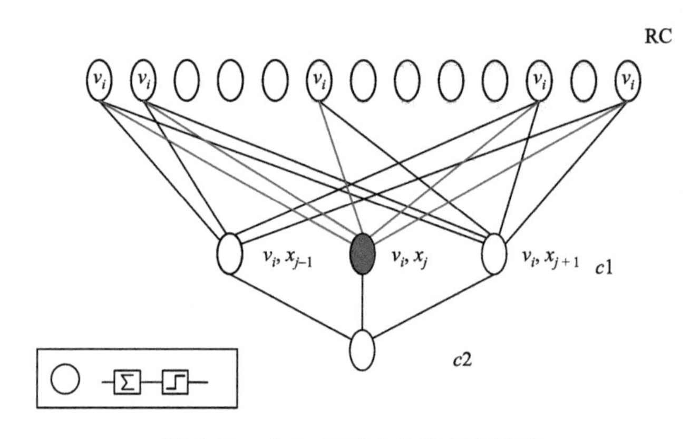

图 7-20　由 Rt 响应中提取局部速度

在 $c2$ 子区中找到对选择的位置 $\boldsymbol{x}$ 响应最强的 $c2$ 神经元，给输入序列 $I(\boldsymbol{x},t)$ 的每个点分配一个速度 $\boldsymbol{v}_{e}(\boldsymbol{x},t)$，得到局部速度估计：

$$\boldsymbol{v}_{e}(\boldsymbol{x},t)=\arg\{\max_{v}[r_{c2,\boldsymbol{x},\boldsymbol{v}}]\} \tag{7.68}$$

在 OT 和 Rt 神经元数量足够多的情况下，有

$$M_{tc}(\boldsymbol{x},t)=F[I(\boldsymbol{x},t)],M_{rc,\boldsymbol{v}}(\boldsymbol{x},t)=\tilde{F}[T_{\boldsymbol{v},\boldsymbol{k}}(t)\cdot_{t}F[I(\boldsymbol{x},t)]] \tag{7.69}$$

式中，$\tilde{F}$ 为傅里叶反变换；$\cdot_{t}$ 为时域卷积。因为式（7.64）中的全整流作用为取绝对值，所以可得 $\boldsymbol{v}_{e}(\boldsymbol{x},t)$ 更具体的形式：

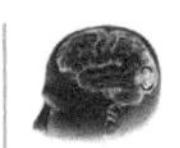

$$\boldsymbol{v}_e(\boldsymbol{x},t)=\arg\{\max_v[|\tilde{F}[T_{\boldsymbol{v},\boldsymbol{k}}(t)\cdot_t F[I(\boldsymbol{x},t)]]|\cdot_x \exp(-\boldsymbol{x}^2/\alpha^2)]\} \tag{7.70}$$

以上构建了一种利用全局时空滤波器进行光流计算的算法。

下文使用计算机仿真 OT-Rt 通路空间信息的组织方式。输入图像大小为 95 像素×128 像素，假设每个像素对应于 1°的视角，分辨率被限制为最大 1°。

对于 OT 神经元集群，使用式（7.53）计算了集群响应在傅里叶空间中的表示形式，并计算了输入图像的傅里叶变换 $F[I(\boldsymbol{x})]$ 与 $M_{tc}(\boldsymbol{k})$ 的相关系数，当神经元数量很大（≥10^6 个）时，相关系数大于 0.95，说明原始图像在很大程度上可以从 OT 集群神经元中恢复。图 7-21（a）为原始图像[77]，（b）为 3.5×10^4 个 OT 神经元响应重建的图像。

(a)　　(b)

图 7-21　OT 神经元集群的傅里叶空间的图像重建

计算输入图像 $I(\boldsymbol{x})$ 和 $M_{rc}(\boldsymbol{x})$ 的相关系数。当神经元数量很大（≥2.5×10^5 个）时，相关系数大于 0.9，说明原始图像在很大程度上可以从 Rt 神经元集群中恢复出来。图 7-22（a）为原始图像[77]，（b）为 2×10^4 个神经元响应重建的图像。

图 7-22　Rt 神经元集群的傅里叶空间的图像重建

测试运动敏感的 Rt 神经元集群进行运动分割的效果。选择性速度为 $\boldsymbol{v}=(1,$

0) [(°)/帧]，模拟具有该速度选择性的 Rt 模型神经元，测试在整体以 1(°)/帧向左移动的背景下，以 1(°)/帧的速度向右移动的伪随机点方块组成的刺激的响应，如图 7-23（a）所示[67]。

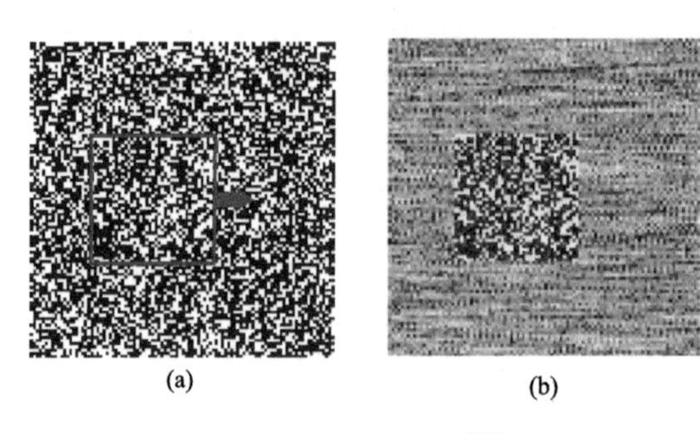

图 7-23　运动分割[67]

基于 12×10^4 个 OT 神经元集群和 8×10^4 个 Rt 神经元集群，通过计算输入图像序列的 $M_{rc,v}(\boldsymbol{x},t)$ 来模拟模型中的运动分割。图 7-23（b）表示 Rt 集群的响应 $M_{rc,v}(\boldsymbol{x},t)$，运动的伪随机点方块的边界被精细地分割，具有精确的时空细节。

最后，用实际例子演示该模型在真实图像序列中光流获取的效果。

使用连续 8 帧真实图像[77]生成视频，视频中共有四辆车在运动，分别为两辆向右移动的车，其中前方车辆速度较快；一辆向左运动的车，以及在画面中央、速度较缓向前运动的车。图 7-24（a）为真实图像，（b）为本节中介绍的算法输出的光流场。其中，运动对象的速度方向和大小的估计值接近物体的真实速度。

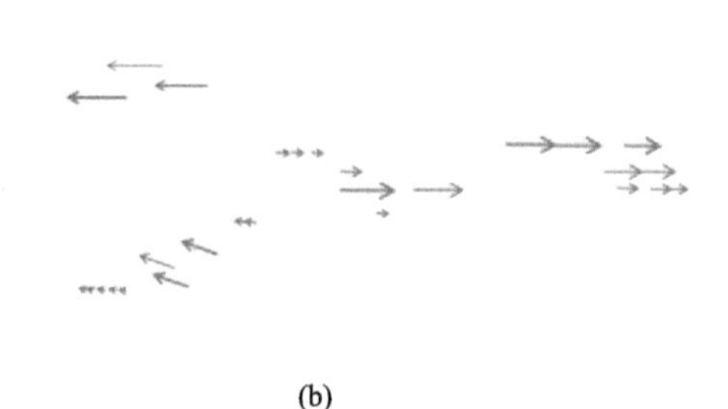

图 7-24　现实图像序列光流场

综上所述，通过对鸟类 OT-Rt 连接通路中的运动敏感神经元建立基于傅里叶

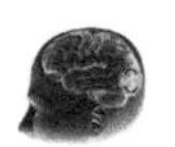

变换运动模型，证明了空间信息保留在通路不同阶段的神经元集群响应中，并且可以在任意阶段进行恢复。此外，模型证明了局部速度估计值可以从 Rt 模型神经元的集群响应得出。利用该模型，在给定参数集的情况下，计算了具有复杂运动的真实图片序列的局部速度场，证明了该方法的可行性[67]。

7.5　基于鸟类离顶盖–离丘脑–副视系统协同信息处理机制的大视场小目标检测模型

目标检测是计算机视觉方向的重要研究领域。在目标检测中，有许多经典的网络结构，从 Sermanet 等[78]提出的基于 CNN 的高效检测模型，到 R-CNN 系列[79-82]，以及 YOLO[83-85]和 SSD[86, 87]等模型，具有极高的精度及极快的检测性能。但上述方法运用到大视场小目标检测时，检测结果往往不尽如人意。

鸟类具有极其发达的视觉系统，能在大视场下迅速发现地面的小目标。鸟类优异的视觉感知能力得益于其发达的视觉系统。鸟类通过离顶盖、离丘脑及副视系统协同进行视觉信息处理。其中，离顶盖通路具有目标显著性信息处理的作用，离丘脑通路类似哺乳类的 V1-IT 通路，具有目标精细识别的作用，副视系统用于调整视网膜的聚焦。三条通路协同进行大视场小目标的识别。

本节给出了本团队提出的一种基于鸟类视觉三通路协同处理机制的大视场小目标协同处理模型，用于提高大视场小目标检测精度和速度。首先，基于鸟类视觉特点构建了大视场小目标检测框架。其次，基于离顶盖通路的功能构建了显著性信息处理模型。然后，基于副视系统的功能构建了显著性目标的超分辨率模型。最后，基于离丘脑通路的功能构建了目标检测模型。

7.5.1　基于鸟类离顶盖、离丘脑、副视系统信息处理机制的目标识别框架

大量神经科学实验发现了鸟类的显著性信息处理机制、分辨率提升机制、目标精细识别机制，但是，鸟类的显著性信息处理、分辨率提升、目标精细识别之间的相互关系尚不清楚。相关文献发现副视系统的基底视束核和扁豆核在对视场的扫视过程压制离丘脑通路的视觉输入，扫视结束后被易化。因此，本节设定鸟类在目标识别过程中，首先离顶盖通路定位视场中的显著性目标区域，发现目标。

然后副视系统调整视网膜进行聚焦。最后离丘脑通路对定位的目标进行精细识别。三条通路相关核团在执行上述任务时采用的算法策略目前并不清楚。本节也分别根据离顶盖通路、离丘脑通路、副视系统的功能设计了相关算法，模拟鸟类的视觉信息处理机制。

本节构建的模型框架如图 7-25 所示，它主要分为三个部分：①基于鸟类离顶盖通路功能的目标显著性检测方法，主要利用无监督的显著性方法确定小目标在整张图片中的位置，并去除图片中的大部分背景信息。②考虑小目标图像放大后的分辨率下降问题，基于鸟类副视系统的功能特点，采用基于 CNN 的 Super-Resolution 方法提高小目标的分辨率。③基于鸟类离丘脑通路功能用于检测 CNN 网络。

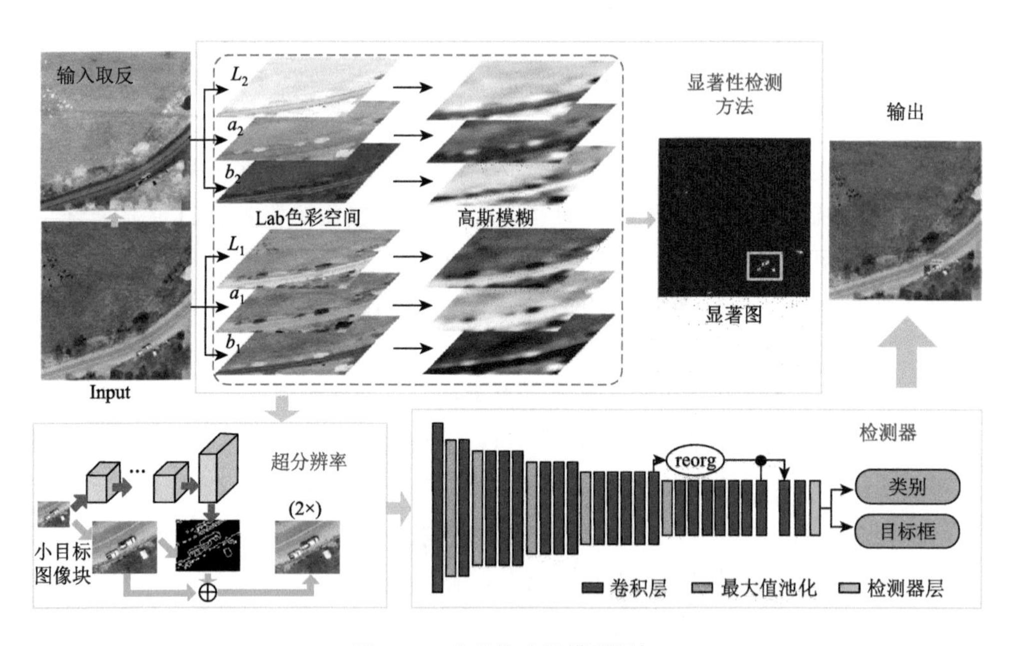

图 7-25　本节构建的模型框架

1. 基于鸟类离顶盖通路功能的目标显著性检测

大视场小目标往往具有特征少，尺寸小，背景信息大，特征与背景中其他物体的特征具有一定的相似性，所在的图像往往分辨率不高等特点（如图 7-26 的视野里只有一辆车，边界框为黄色）。显著性检测方法往往能提取出图像中的有用信息，并抑制背景信息，生成显著区域。

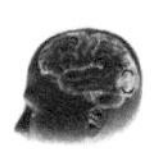

图 7-26　郊区、乡村等视场中的小目标图示

所有小目标（车辆）用黄色框标出

航拍图像往往不只有一个目标，并且目标没有一个固定的颜色分布，其中有不少目标是偏向于白色分布的，这就要求设计的显著性方法不能只是基于单一色彩。受 Work 的启发[88]，本节将航拍图像转为 Lab 空间模型，为了抑制均匀区域，突出小目标，定义标准偏差：

$$\sigma = \frac{\min(W, H)}{\sigma_s} \quad (7.71)$$

式中，W 和 H 分别为输入图像的宽度和高度；σ_s 控制着权重的强度。然后使用大小为 $3\sigma \times 3\sigma$ 的高斯低通滤波器 ω 对 Lab 空间的每个通道模糊化，并计算每个颜色通道的平方差作为显著图。

为了突出更多的潜在小目标，将航拍图像取反后重新将其转为 Lab 空间模型并模糊化处理，并将正反图像生成的显著图相互融合，以得到更完整的小目标表示。最终的显著图用式（7.72）表示，并进一步归一化到[0，1]范围内：

$$M_A = \sum_{i=1}^{2} \| (L_i, a_i, b_i) - (L_i^{\omega}, a_i^{\omega}, b_i^{\omega}) \|^2 \quad (7.72)$$

式中，L^{ω}、a^{ω}、b^{ω} 为高斯模糊化；L、a 和 b 为原 Lab 空间通道值；$i = 1$ 表示未被取反的图像，$i = 2$ 表示取反了的图像。

2. 图像的超分辨率分析

在获得显著图后，如何有效利用小目标的显著性信息是一个值得探讨的问题。针对这一问题，首先将显著区域映射回原图像，并通过裁剪直接将小目标从原图像分离。在此基础上，对小目标进行超分辨率分析。

本节采用了两种不同的图裁剪方式：方式Ⅰ和方式Ⅱ（图 7-27），图中小框线表示小目标的边框，大框线内的区域表示裁剪后保留的图像。

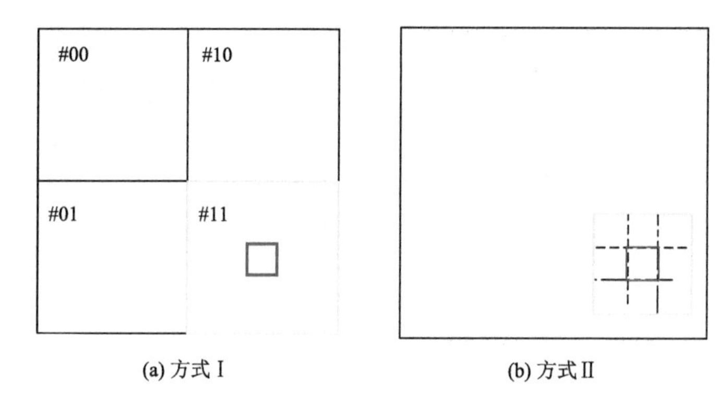

图 7-27　两种不同的图像裁剪方式

方式 I：将一张图片均匀裁剪成四张，编号为#00、#01、#10、#11。根据小目标显著性信息，只保留存在候选区域的子图片（#11），并在超分辨率重建后（SR）输入到检测网络中检测，进行精确的目标定位和分类。由于方式 I 采用均匀的裁剪方式，所以此时很容易将检测器得到的检测结果映射到原图像的位置上。子图像上小目标的中心坐标（x，y）在原图像上相对应的点（X，Y）的映射关系可以表示为

$$\begin{cases} X = x + \dfrac{W}{2} \times \mathcal{M}_1 \\ Y = y + \dfrac{H}{2} \times \mathcal{M}_2 \end{cases} \tag{7.73}$$

式中，W 和 H 分别为输入图像的长和宽；$\mathcal{M}_1\mathcal{M}_2 \in [00,01,10,11]$ 分别为子图片二进制编码的高位和低位。另外，为了去除更多的背景信息，也可以将图像均匀裁剪成六块或八块，但在裁剪的过程中，难免会把位于裁剪线上的小目标裁成几部分，在检测过程中往往会丢失这样的小目标。

方式 II：保留一定的背景信息有利于提高检测器的检测精度[60]，方式 II 在利用显著性方法得到小目标边框的基础上，将边框的长和宽放大一定倍数，中心点不变，以此来获取一定的背景区域。假设小目标中心点坐标为$[x, y]$，左上角坐标为$[x_{ul}, y_{ul}]$，放大 n 倍后，左上角坐标变为$[x_{ul} - n(x - x_{ul}), y_{ul} - n(y - y_{ul})]$。这种方式会带来一个问题：多个小目标会产生多张小图片，邻近的小目标被分割成几部分，造成检测器无法检测到这样的小目标，或存在重复检测。为此，可以采用以下两种方法解决：

（1）一幅小图像只保留一个检测结果；

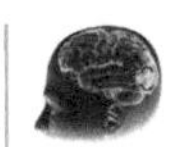

（2）根据中心点距离，通过聚类的方式判断小目标是否邻近，进而合并不同小目标的裁剪区域。以两个小目标为例，具体合并方式可参见图 7-28。

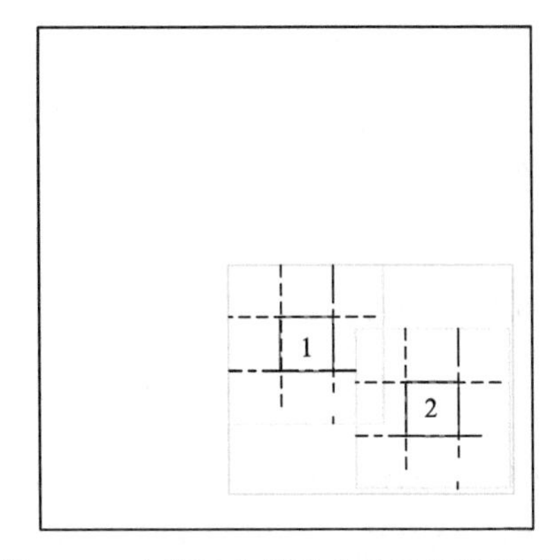

图 7-28　合并两个邻近小目标的裁剪区域

小型框线代表小目标的初始边框，中型框线为放大 3 倍后的裁剪框，大型为合并后的实际裁剪框

当采用方法（1）时，应该保留位于小图像中间位置的小目标，这样的小目标具有完整的特征信息，容易检测。这样处理小图像往往是耗时的，并且不能充分发挥检测器的性能。采用方法（2）时，主要考虑显著区域的聚类问题。本节采用基于欧几里得距离的聚类方法，假设利用显著性方法得到 n 个显著区域中心 $\{(x_1,y_1),(x_2,y_2),\cdots,(x_n,y_n)\}$，根据式（7.74）可以计算两两中心的欧氏距离：

$$d(\text{region}_i,\text{region}_j)=\sqrt{(x_i-x_j)^2+(y_i-y_j)^2} \qquad i,j=1,2,\cdots,n \tag{7.74}$$

式中，i，j 为两个不同区域中心的编号。假设所有小目标的 ground truth 所占像素均值为 ϕ，以 $\sqrt{\phi}$ 为距离度量，将中心距离小于这一度量的不同区域聚为一类。

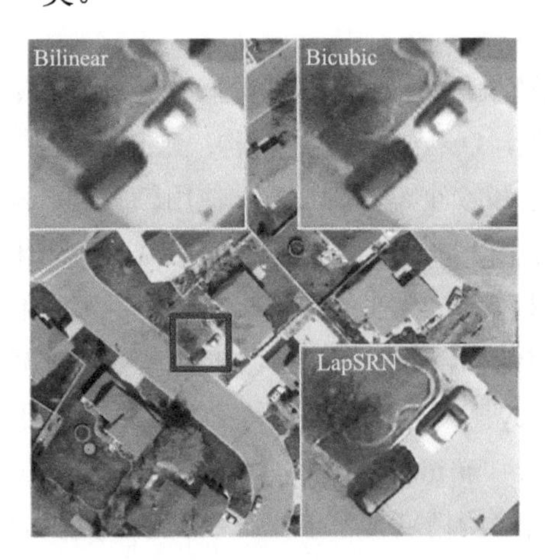

图 7-29　三种不同放大图像方法的比较

Bilinear、Bicubic 和 LapSRN 均是红色框内的部分图片放大 4 倍后的结果，分别表示双线性插值、双三次插值和拉普拉斯金字塔网络

在裁剪获得小图像后，为了增强小目标的特征，可以采用超分辨率（superresolution，SR）分析的方法重建图像，以得到小目标更精细的信息。简单的双线性插值或双三次（bicubic）插值虽然可以放大图像，但放大后的图像往往质量不高，图像变得模糊，小目标与背景之间的判别性依然不高。得益于 CNN 出色的特征提取能力，work 中的 LapSRN 在 SR 上表现得很好[89]，不但速度快，而且从图 7-29 可以看出重建后的图像依然是清晰的。本节采用 LapSRN 来对航拍图像进行 SR 重建。

LapSRN 具有两条分支：其中一条用于特征提取，另外一条用于图像重建[89]。特征提取分支用于重建残差图像并生成更高分辨率的特征图，图像重建分支采用逐个像素相加的方式，将上采样图像与特征提取分支得来的特征图相结合，从而输出高分辨率图像。从 LapSRN 模型结构来看，两个 CNN 网络相互耦合，并具有局部相似性，式（7.75）是其训练时采用的损失函数：

$$\mathcal{L}(\hat{y},y;\theta)=\frac{1}{N}\sum_{i=1}^{N}\sum_{s=1}^{L}\rho(\hat{y}_s^{(i)}-y_s^{(i)})=\frac{1}{N}\sum_{i=1}^{N}\sum_{s=1}^{L}\rho((\hat{y}_s^{(i)}-x_s^{(i)})-r_s^{(i)}) \tag{7.75}$$

式中，r_s 为残差图像；x_s 为放大后的低分辨率图像；$\hat{y}_s$ 为生成的高分辨率图像；y_s 为相应的高分辨率图像，并且 $y_s=x_s+r_s$；而 $\rho(\cdot)=\sqrt{x^2+\varepsilon^2}$ 为 Charbonnier 罚函数（$l1$ 范数的可微变量）[90]，ε 取经验值 0.001；θ 为需要优化的参数；N 为每个 batch 的样本数；L 为特征金字塔的层数。

文献[89]使用 MatConvNet 工具箱[91]训练 LapSRN 网络，网络中每个卷积层有 64 个大小为 3×3 的滤波器，并使用带泄漏线性修正单元激活函数（LReLUs）作为激活函数。根据前端的显著性方法，得到多个裁剪后的小图像，这些小图像被一一输入到 LapSRN 网络中进行超分辨率重建。需要说明的是，为了兼顾后端检测器的检测速度，在使用 LapSRN 网络时将图像的上采样率设为 2 倍，这样重建后的小图像不会显得太大。

3. 基于离丘脑通路信息处理机制的目标识别

得到高分辨率裁剪图像后，图像含有的背景信息较少，这将降低检测器的检测难度。本节选择 Darknet 作为特征学习的骨架，Darknet 有两种结构：Darknet-19[84]和 Darknet-53[85]。Darknet-19 有 19 个卷积层和 5 个最大池化层，使用较多的 3×3 卷积核，在每一次池化操作后把通道数翻倍。Darknet-19 使用了全局平均池化（global average pooling），还把 1×1 的卷积核置于 3×3 的卷积核之间，用来压缩特征。Darknet-53[85]则得益于 ResNet 的残差结构，训练深层网络时的难度得以减小。Darknet-53 有三个预测支路，根据 Alexey[92]的建议，在训练 Darknet-53 用于小目标检测任务时，将第二个上采样的步长（stride）设为 4，并将最后一层与第 11 层进行 route，这样可以提高小目标的检测精度。本节在 Redmon[93]提供的 Darknet 的基础上进行改进，并且根据不同的图像裁剪方式，检测器的规模也做相应的变化，以裁剪方式Ⅱ为例，由于裁剪后的图像往往比较小，需要检测器提取的特征相对较少，缩小网络尺寸不但不会影响检测精度，而且能进一步提高模型的检测速度。另外，检测器得到的检测结果是基于裁剪图像的。因此，

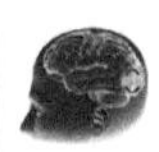

还需要结合图像裁剪信息将小目标的检测信息对应到原图像上，作为最终的检测结果。

另外，为了适应小图像的尺寸，将 CNN 网络的第一层卷积层尺寸也设计得尽可能小（288×288）。通过这种方式，本节的模型相较于其他直接将整张图片用于检测的模型，有着更高的检测精度。

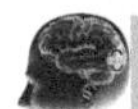

7.5.2　大场景小目标实验和结果

在 VEDAI 数据集[94]上测试了本节的模型，并在目标检测精度和速度两方面与现有方法进行了比较。所有目标检测方法的训练和测试都是在同一 NVIDIA Quadro P4000 GPU 下进行。

1. Evaluation Metrics

本节使用 Recall rate、F1-Score 和 Mean Average Precision（mAP）三个经典指标评价目标检测模型的性能。指标的计算公式如下：

$$\text{Recallrate} = \frac{\text{TruePositive}}{\text{TruePositive} + \text{FalseNegative}} \tag{7.76}$$

$$\text{F1-Score} = \frac{2 \cdot \text{Recall} \cdot \text{Precision}}{\text{Recall} + \text{Precision}} \tag{7.77}$$

$$\text{Mean Arerage Precision} = \frac{\text{TruePositive}}{\text{TruePositive} + \text{FalsePositive}} \tag{7.78}$$

式中，TruePositive 为真实目标被模型标记为正例的个数；FalsePositive 为真实目标被标记为反例的个数；FalseNegative 为虚假目标（或背景）被标记为反例的个数。在多类目标检测中，取每个类的 Average Precision 的平均值（mAP）作为一个评价指标。

2. Experiments on VEDAI Dataset

VEDAI 数据集[94]是一个包含九种类型车辆的公共数据集，包括 1024 像素×1024 像素和 512 像素×512 像素两种不同尺寸且内容基本相同的图像。图像类别分别是“car”、“pickup”、“truck”、“plane”、“boat”、“camping car”、“tractor”、“van”和“other”类别，其中“car”最多，有 1340 辆。每幅图像平均有 5.5 辆车，占据了图像总像素的 0.7%左右。该数据集所有图像都是从与地面相同的距离拍摄的，图像包含不同的背景，如田地、河流、山脉、城市地区（图 7-30）。

  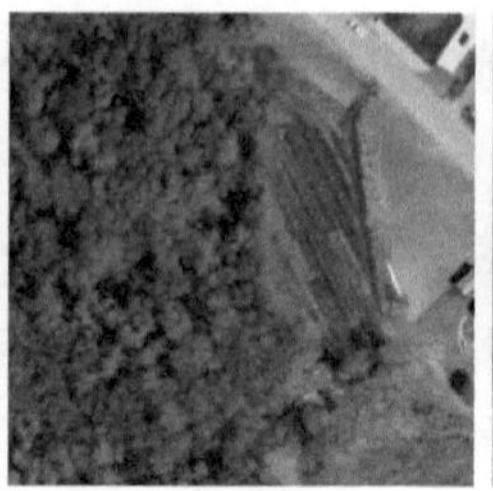 

图 7-30　VEDAI 数据集中的部分图像

在训练本节的模型前，对数据集和它的标签做了预处理。首先，只使用彩色图像，同时考虑到样本的稀缺性，只将数量多的类别作为检测对象，它们分别是“Car”“Truck”“Pickup”“Camping car”，共四类，如表 7-2 所示，类别编号分别为“0”“1”“2”“3”。

表 7-2　VEDAI 数据集的统计信息

类别	标签	数字标签	数量
Car	Car	0	1340
Truck	Tru	1	300
Pickup	Pic	2	950
Camping car	Cam	3	390

为了得到适合目标检测的标签以及与现有经典模型比较的一致性，本节采用文献[95]里对边框的宽和高变换的方法，对原标签的中心坐标[x，y]和边框的四个坐标：[x_{ul}，y_{ul}]，[x_{ur}，y_{ur}]，[x_{dr}，y_{dr}]和[x_{dl}，y_{dl}]进行变换，即

新的宽：$w = \max(x_{ul}, x_{ur}, x_{dr}, x_{dl}) - \min(x_{ul}, x_{ur}, x_{dr}, x_{dl})$；

新的高：$h = \max(y_{ul}, y_{ur}, y_{dr}, y_{dl}) - \min(y_{ul}, y_{ur}, y_{dr}, y_{dl})$；

假设输入图片的宽和高分别为 W 和 H，则可以得到训练和测试目标检测模型所需要的标签的格式：[class number，x/W，y/H，w/W，h/H]。

在只保留四种类别并去除所有原始的错误标签后，1024 像素×1024 像素的航拍图片共有 971 张，512 像素×512 像素（SCIs）的有 1001 张。

3. 显著性参数选择

本节使用的用于生成候选区域的显著性方法是一种自下而上的无监督图像处理方法，它涉及参数的选取。主要确定的参数有：σ_s、δ、max-w、max-h、min-w、

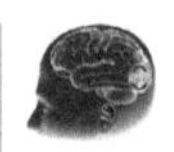

min-h、max-area、min-area。其中，参数 max-w、max-h、min-w、min-h、max-area、min-area 分别是用于保留最终候选区域的长、高和面积阈值。

本节分析了 VEDAI 数据集所有小目标长、高和面积分布特性。大部分小目标的尺寸在 20 像素×20 像素，最小的宽和高均为 5，最大的宽和高分别为 94 和 125，最大和最小面积分别为 9000 像素和 54 像素。为此，选定 max-w = 100，max-h = 130，min-w = 5，min-h = 5，max-area = 3000，min-area = 50。对于参数 σ_s 和 δ，本节通过使用 Precision、Recall 和 F1 曲线的拐点，确定参数 $\delta_1 = 33$，$\delta_2 = 17$，$\sigma_s = 52$，此时 Recall 为 0.8210。使用阈值 δ 对显著图进行二值化后可以得到显著区域，从图 7-31 可以看出，本节方法得到的显著区域比真实标签要大，这是因为本结果融合了正反图像。希望显著区域能包含所有的真实标签（recall 等于 1），因此，本节设置了较为宽泛的参数，这也造成出现了较多的不包含 ground truth 的显著区域［图 7-31（f）］，由于本节的目标检测框架中包含了目标精细识别部分，因此，在显著性模型中，不要求显著性方法能够非常精确地进行目标检测。

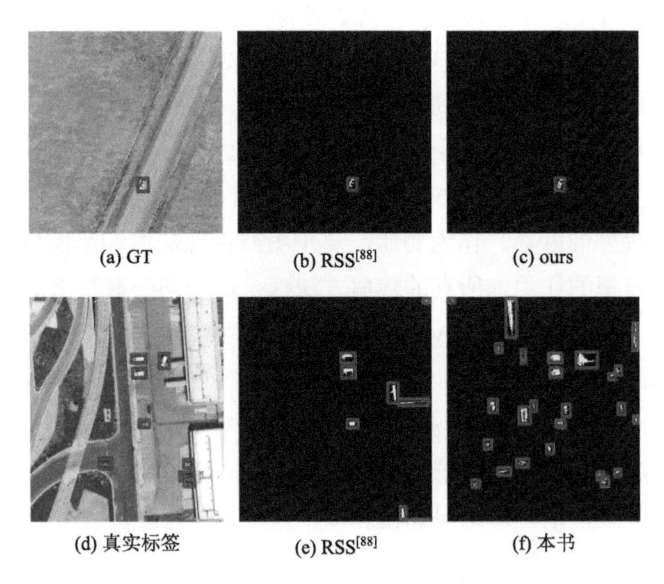

图 7-31　两种显著性区域生成方法的结果

相较于本团队的方法，区域稳定与显著法（RSS）[88]方法生成的区域偏小，并且不够完整

4. 小目标识别结果

为了测试图像分割和超分辨率分析的作用，对于方式 I，先将每张图片均匀裁剪成四张 256 像素×256 像素的图片，并去除负样本。这样，用于训练和测试

的正样本数共为 1480。对于方式Ⅱ，按照将候选框放大 3 倍和聚类（用于合并裁剪区域）的原则在原始图片裁出 2418 张小图片。

本节采用 Darknet53 架构作为特征检测器。为了简化其训练过程，不加入负样本进行训练（虽然 work 表明加入负样本可以提高模型的检测精度[81]）。另外，训练用于方式Ⅱ的检测器时，考虑到裁剪后的小图像尺寸大多在近 288 像素×288 像素范围内，将检测网络的第一层卷积层大小设置为 288 像素×288 像素。

在训练开始前，使用 *K*-means 方法为检测器生成四个实验框（共有四类），并将参数 angle 设为 30，这意味着在训练过程中每张图片将在［–30°，+30°］之间随机旋转一个角度，这样做的一个好处是可以增加训练样本，并防止过拟合。另外，采用 a weight decay = 0.0005，a momentum = 0.9，batch = 64，max-batches = 45000，即训练达到 45000 个 batch 后停止学习，初始学习率为 0.0001，100 次迭代以后为 0.001，25000 迭代以后为 0.0001，35000 次以后为 0.00001。每次训练后，都选择一组最好的权重用于测试。对于方式Ⅰ选用 1230 个正样本（来自 839 张 512 像素×512 像素的航拍图片）用于训练，将剩余的 250 个正样本用于测试。对于方式Ⅱ，选用 2021 个正样本用于训练，397 个正样本用于测试。所有训练集和测试集的标签均由程序生成或手工注释得到。

本节的目标检测模型是一个端到端的网络，因此在测试时将整张图片作为输入。对于方式Ⅰ，选为测试的 250 个正样本对应着 162 张航拍图片，利用这 162 张图片检测本节模型的好坏。作为对比，逐步考察图像裁剪和单图像超分辨率算法在团队模型中发挥的作用，所有的裁剪方法都是基于同一参数下的显著性方法。

实验中，本节选用 YOLOV3[85]（特征提取网络为 Darknet-53）作为与团队模型比较的 baseline。用同样的参数和数据集训练 YOLOV3。实验结果如表 7-3 所示（所有指标的值均为百分数），方法一栏中，Image Cropping 的方式Ⅰ用“IC 1”表示，方式Ⅱ用“IC 2”表示。超分辨率分析用 SR 表示。表 7-3 中所有指标值均为百分数，最好的结果加粗显示。

表 7-3　不同图像裁剪方法和超分辨率分析方法对目标检测性能的影响

方法	分辨率	AP				mAP	recall	F1-score
		Car	Tru	Pic	Cam			
YOLOV3 [56]	512×512	62.57	39.24	57.94	41.11	50.21	48	57
IC 1	256×256	65.91	49.96	63.65	55.03	58.64	62	64
IC 1 + SR（Bilinear）	512×512	56.62	36.04	51.30	47.71	47.92	53	56

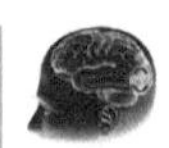

续表

方法	分辨率	AP				mAP	recall	F1-score
		Car	Tru	Pic	Cam			
IC 1 + SR（Bicubic）	512×512	66.69	47.25	63.51	55.16	58.15	63	65
IC 1 + SR（LapSRN）	512×512	**75.39**	**62.44**	**75.49**	66.60	69.98	**75**	**75**
IC2	—	64.62	50.89	63.49	67.30	61.57	64	67
IC 2 + SR（Bilinear）	—	60.96	43.64	55.37	62.60	55.64	59	63
IC 2 + SR（Bicubic）	—	65.90	52.45	64.81	72.25	63.85	65	68
IC 2 + SR（LapSRN）	—	73.75	60.21	74.69	**75.28**	**70.99**	70	73

由表 7-3 可知，不管是方式 I 还是方式 II，在仅仅利用显著性信息对输入图像进行裁剪处理时，用于输入检测器的图像中小目标的占比与原图像相比变大了，模型的检测精度（mAP）也因此较 Baseline 方法有所提升（方式 I 使 mAP 提升 8.43 个百分点，方式 II 使 mAP 提升了 11.36 个百分点）。并且，此时的 Recall 和 F1-Score 也要比 Baseline 方法高。当在裁剪的基础上使用 Bilinear 方法放大裁剪图像时，图像分辨率有所提高，但直观来看 Bicubic 方法会使图像变得模糊，小目标的边缘等特征变得不明确（如图 7-29 所示），因此使用 Bilinear 方法时，模型的检测性能提升不大甚至有所下降（采用方式 I 时）。从实验结果来看，采用 Bicubic 方法会使上述情况有所好转，Bicubic 方法在放大小目标时显然要比 Bilinear 方法更能保留小目标的细节信息。从三个评价指标的值来看，当不采用 LapSRN 方法时，各种基于方式 II 的检测结果均要好于同种基于方式 I 的检测结果，这与方式 I 得到的裁剪图像仍然存在较多的背景信息是有很大关系的。

从表 7-3 中可以看到，经过方式 II 和基于 CNN 的 SR（LapSRN）算法处理后的图片，团队的模型在小目标检测上使 mAP 达到 70.99%，这比原始的 YOLOV3 算法检测得到的 mAP 值还要高 20.78 个百分点，同时也比 Bilinear 方法和 Bicubic 方法高出不少。这说明基于 CNN 的 SR 操作可使小目标的特征得到增强。另外，与方式 I 相比，采用方式 II 得到的 mAP 要高 1.01 个百分点，显然采用方式 II 更有利于提高检测精度：小目标占比更大，背景信息更少，单张小图片小目标数量更少。

图 7-32 展示了采用不同处理方法得到的 Precision-Recall 曲线和 Recall-IoU 曲线，可以看出，采用显著性分割和超分辨率重建相结合方法可以使模型有更好的表现。

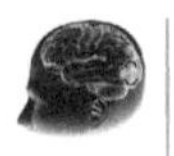

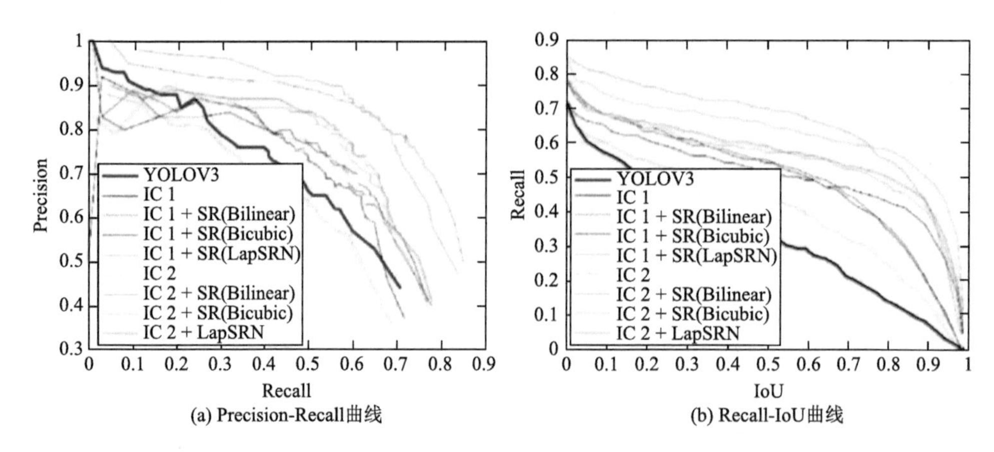

(a) Precision-Recall曲线

(b) Recall-IoU曲线

图 7-32　采用不同处理方法得到的 Precision-Recall 曲线和 Recall-IoU 曲线

最后，展示了本节目标检测模型进行分类和定位的可视化结果，如图 7-33 所示。

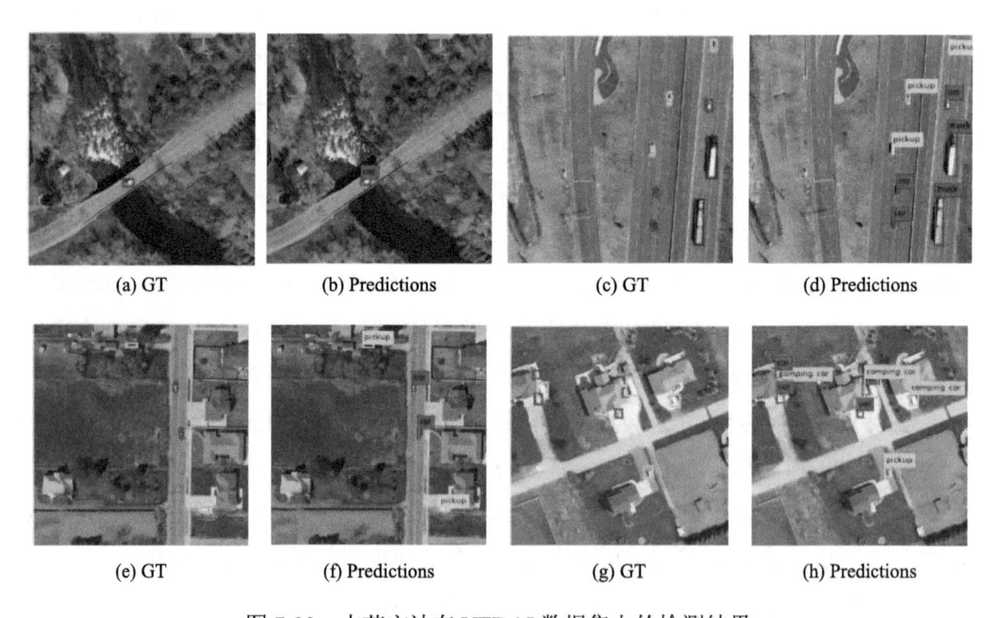

(a) GT　(b) Predictions　(c) GT　(d) Predictions

(e) GT　(f) Predictions　(g) GT　(h) Predictions

图 7-33　本节方法在 VEDAI 数据集上的检测结果

图 7-33 中，(a)、(c)、(e)、(g) 是真实标签，(b)、(d)、(f)、(h) 是与之对应的预测结果（带有分类信息和位置信息）。

也在 HOG + SVM + LBP、Faster RCNN with VGG-16 backbone、Faster RCNN with ResNet-50 backbone 等目标检测模型上用 VEDAI 数据集进行了训练和测试。

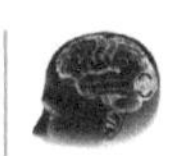

表 7-4 是检测精度和速度的比较，所有指标值均用百分数表示，最好的结果使用加粗显示。从表 7-4 可以看到，使用 VGG-16 的 Faster RCNN 在检测精度上表现最差，但在速度上比使用 ResNet-50 的 Faster RCNN 更快，因为在网络深度上 VGG-16 骨架比 ResNet-50 骨架更浅。从检测精度来看，本节的模型显然要比其他几种方法好。另外，在检测时间上，尽管采用了检测速度最快的 Darknet 算法作为检测器，但由于需要生成显著区域和利用超分辨率生成质量更高的图像，检测时间随之增加。虽然在检测时间上，不如 YOLOV2 和 YOLOV3，但是本节的模型相较于其他模型也有一定的优势，得益于 MatConvNet[91]、Caffe[96]这样的工具箱或框架，基于 CNN 的超分辨率算法往往可以得到快速的实现，并且可以借助 GPU，使代码的运行时间得到保障。虽然还不能达到影视播放的标准帧率（25 桢/s），但本团队的模型还是比其他方法的表现更出色。

表 7-4　几种不同方法在 VEDAI 数据集上的检测结果

方法	主干网络	mAP	每秒处理帧数
HOG + SVM + LBP[94]	—	53.43	—
Faster RCNN[81]	VGG-16	37.50	1.00
Faster RCNN[81]	ResNet-50	47.61	0.83
YOLOV2	Darknet-19[84]	63.20	**54**
YOLOV3	Darknet-53[85]	50.21	27
Ours（IC 1）	Darknet-19[84]	66.80	4.00
	Darknet-53[85]	69.98	3.60
Ours（IC2）	Darknet-19[84]	**71.67**	4.15
	Darknet-53[85]	70.99	3.68

7.5.3　结论

本节基于鸟类的视觉信息处理机制构建了一个用于大场景中小目标检测的模型。利用一种无监督的自下而上的显著性方法生成显著区域，根据显著区域获得背景少的小图片，利用基于 LapSRN 的超分辨率方法重建小图片，提升小图像的分辨率，再使用检测器对小目标进行分类定位。通过 VEDAI dataset 数据集测试了团队模型的性能，实验结果表明，本节模型在小目标检测有更优异的表现，与 YOLOV3 相比，VEDAI dataset 数据库提升了 20.78%。本节模型对于速度要求不是很高的大场景中小目标检测任务具有显著优势。

在本节航拍图像的小目标检测中，虽然团队的模型有良好的表现，但仍有一些不足之处。由于没有对检测器（darknet）的结构做出根本性的改进，在模型的测试中，对于被遮挡的小目标和位置密集的多个小目标等问题，误检和漏检的情况依然存在。在后期工作中，团队将尝试在显著性方法中加入自上而下的先验性，并尝试用更简单的检测器，以达到更好的检测性能。

7.6 总　　结

本章首先介绍了对于类脑智能和算法的认识和创新思路。基于该研究思路，分别介绍了脉冲神经网络、稀疏性编码机制算法、卷积神经网络、循环神经网络、基于小世界集群编码模型的若隐目标识别，鸟类离顶盖机制启发下的运动检测算法，基于鸟类离顶盖-离丘脑-副视系统协同信息处理机制的大视场小目标检测模型等具有典型意义和标志最新进展的几种类脑算法。

当前在类脑智能中获得巨大成功的深度学习算法主要借鉴了哺乳类离丘脑通路信息处理机制，而鸟类视觉更侧重于离顶盖通路，因此借鉴鸟类机制有望在未来构建高效的新型类脑计算体系。

参考文献

[1] Olshausen B A，Field D J. Emergence of simple-cell receptive field properties by learning a sparse codefor natural images[J]. Nature，1996，381（6583）：607-609.

[2] Li Y Q，Cichocki A，Amari S I. Analysis of sparse representation and blind source separation[J]. Neural Computation，2004，16（6）：1193-1234.

[3] Mairal J，Elad M，Sapiro G. Sparse representation for color image restoration[J]. IEEE Transactions on Image Processing，2008，17（1）：53-69.

[4] Agarwal S，Roth D. Learning a sparse representation for object detection[C]. European Conference on Computer Vision. Bercin：Springer-Verlag，2002.

[5] Kutyniok G. Compressed sensing：Theory and applications[J]. Corr，2011，52（4）：1289-1306.

[6] Fukushima K，Miyake S. Neocognitron：A new algorithm for pattern recognition tolerant of deformations and shifts in position[J]. Pattern Recognition，1982，15（6）：455-469.

[7] LeCun Y，Bottou L，Bengio Y，et al. 1998. Gradient-based learning applied to document recognition[J]. Proceedings of the IEEE，86（11）：2278-2324.

[8] Krizhevsky A，Sutskever I，Hinton G E. ImageNet classification with deep convolution networks[C]. International Conference on Neural Information Processing Systems. Curran Associates Inc，2012.

[9] Riesenhuber M，Poggio T. Hierarchical models of object recognition in cortex[J]. Nature Neuroscience，1999，2（11）：1019-1025.

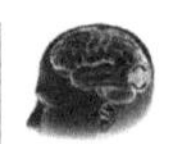

[10] Silver D，Huang A，Maddison C J，et al. Mastering the game of go with deep neural networks and tree search[J]. Nature，2016，529（7587）：484-489.

[11] Hill S，Markram H. The blue brain project[C]. International Conference of the IEEE Engineering in Medicine & Biology Society. IEEE，2008.

[12] George D，Hawkins J. Towards a mathematical theory of cortical micro-circuits[J]. PLoS Computational Biology，2009，5（10）：e1000532.

[13] Zhang T L，Zeng Y，Zhao D C，et al. Hippocampusinspired memory spiking neural network[C]. Proceedings of the 2016 IEEE International Conference on Systems，Man，and Cybernetics，IEEE Press，2016.

[14] Liu X，Zeng Y，Zhang T L. et al. Parallel brain simulator：A multi-scale and parallel brain-inspired neural network modeling and simulation platform[J]. Cognitive Computation，2016，8（5）：967-981.

[15] 月臻. 人工神经网络概述[EB/OL].[2020-04-18]. https://blog.csdn.net/h_ang/article/details/ 90483219.

[16] Soni D. Spiking Neural Networks，the Next Generation of Machine Learning[EB/OL].[2019-01-11]. https://cloud.tencent.com/developer/article/1094163.

[17] Abbott L F. Lapicque's introduction of the integrate-and-fire model neuron（1907）[J]. Brain Research Bulletin，1999，50（5/6）：303-304.

[18] 程龙，刘洋. 脉冲神经网络：模型、学习算法与应用[J]. 控制与决策，2018，33（5）：923-937.

[19] Burkitt A N. A review of the integrate-and-fire neuron model：I. Homogeneous synaptic input；II. Inhomogeneous synaptic input and network properties. BiolCybern 95（1）：97[J]. Biological Cybernetics，2006，95（2）：97-112.

[20] Grüning，A，Bohte S M. Spiking neural networks：Principles and challenges[C]. Proceedings of the 22nd European Symposium on Artificial Neural Networks，2014.

[21] Jeong D S. Tutorial：Neuromorphic spiking neural networks for temporal learning[J]. Journal of Applied Physics，2018，124（15）：152002.

[22] Thorpe S J. Spike arrival times：A highly efficient coding scheme for neural networks[C]. Parallel Processing in Neural Systems and Computers，1990.

[23] Taherkhani A，Belatreche A，Li Y H，et al. A review of learning in biologically plausible spiking neural networks[J]. Neural Networks，2019，122：253-272.

[24] Morrison A，Diesmann M，Gerstner W. Phenomenological models of synaptic plasticity based on spike timing[J]. Biological Cybernetics，2008，98（6）：459-478.

[25] Turrigiano G G，Nelson S B. Homeostatic plasticity in the developing nervous system[J]. Nature Reviews Neuroscience，2004，5（2）：97-107.

[26] Artola A，Bröcher S，Singer W. Different voltage-dependent thresholds for inducing long-term depression and long-term potentiation in slices of rat visual cortex[J]. Nature，1990，347（6288）：69-72.

[27] Vasilaki E，Giugliano M. Emergence of connectivity motifs in networks of model neurons with short-and long-term plastic synapses[J]. PLoS One，2014，9（1）：e84626.

[28] Clopath C，Büsing L，Vasilaki E，et al. Connectivity reflects coding：A model of voltage-based STDP with homeostasis[J]. Nature Neuroscience，2010，13（3）：344-352.

[29] Kampa B M，Letzkus J J，Stuart G J. Dendritic mechanisms controlling spike-timing-dependent synaptic plasticity[J]. trends in Neurosciences，2007，30（9）：456-463.

[30] Bohte S M，Kok J N，La Poutré H. Error-backpropagation in temporally encoded networks of spiking neurons[J]. Neurocomputing，2002，48（1/2/3/4）：17-37.

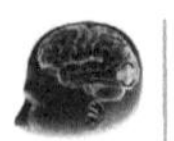

[31] Mckennoch S，Liu D，Bushnell L G. Fast modifications of the SpikeProp algorithm[C]. Neural Networks. International Joint Conference on. IEEE，2006.

[32] Ghosh-Dastidar S，Adeli H. Improved spiking neural networks for EEG classification and epilepsy and seizure detection[J]. Integrated Computer-Aided Engineering，2007，14（3）：187-212.

[33] Silva S M，Ruano A E. Application of Levenberg-Marquardt method to the training of spiking neural networks[C]. International Joint Conference on Neural Networks. IEEE，2005.

[34] Shrestha S B，Song Q. Adaptive learning rate of SpikeProp based on weight convergence analysis[J]. Neural Networks，2015，63：185-198.

[35] Xu Y，Zeng X Q，Han L X，et al. A supervised multi-spike learning algorithm based on gradient descent for spiking neural networks[J]. Neural Networks，2013，43：99-113.

[36] Borst A，Theunissen F E. Information theory and neural coding[J]. Nature Neuroscience，1999，2（11）：947-957.

[37] Sporea I，Grüning A. Supervised learning in multilayer spiking neural networks[J]. Neural Computation，2013，25（2）：473-509.

[38] Ponulak F. 2006. ReSuMe—New supervised learning method for spiking neural networks. Institute of Control and Information Engineering，Poznan University of Technology[EB/OL]. [2020-04-24].https://www.researchgate.net/publication/228866148_ReSuMe_learning_method_for_spiking_neural_networks_dedicated_to_neuro-prostheses_control.

[39] Ponulak F，Kasiński A. Supervised learning in spiking neural networks with ReSuMe：Sequence learning，classification，and spike shifting[J]. Neural Computation，2010，22（2）：467-510.

[40] Software Testing Help. Neural network learning rules-perceptron & hebbian learning[EB/OL].[2020-04-24]. https://www. softwaretestinghelp. com/neuralnetwork-learning-rules/.

[41] Taherkhani A，Belatreche A，Li Y，et al. DL-ReSuMe：A delay learning-based remote supervised method for spiking neurons[J]. IEEE Transactions on Neural Networks and Learning Systems，2015，26（12）：3137-3149.

[42] Mohemmed A，Schliebs S，Kasabov N. SPAN：A neuron for precise-time spike pattern association[M]//Neural Information Processing. Berlin：Springer，2011.

[43] Florian R V. The chronotron：A neuron that learns to fire temporally precise spike patterns[J]. PLoS One，2012，7（8）：e40233.

[44] Ghosh-Dastidar S，Adeli H. A new supervised learning algorithm for multiple spiking neural networks with application in epilepsy and seizure detection[J]. Neural Networks，2009，22（10）：1419-1431.

[45] Taherkhani A，Belatreche A，Li Y，et al. A supervised learning algorithm for learning precise timing of multiple spikes in multilayer spiking neural networks[J]. IEEE Transactions on Neural Networks and Learning Systems，2018，29（11）：5394-5407.

[46] Taherkhani A，Cosma G，McGinnity T M. Deep-FS：A feature selection algorithm for Deep Boltzmann Machines[J]. Neurocomputing，2018，322：22-37.

[47] Masquelier T，Thorpe S J. Unsupervised learning of visual features through spike timing dependent，plasticity[J]. PLoS Computational Biology，2005，3（2）：e31.

[48] Wysoski S G，Benuskova L，Kasabov N. Fast and adaptive network of spiking neurons for multi-view visual pattern recognition[J]. Neurocomputing，2008，71（13/14/15）：2563-2575.

[49] Tavanael A，Maida A S. Multi-layer unsupervised learning in a spiking convolutional neural network[C]. International Joint Conference on Neural Networks. IEEE，2017.

[50] Zylberberg J，Murphy J T，DeWeese M R. A sparse coding model with synaptically local plasticity and spiking

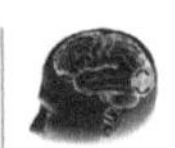

neurons can account for the diverse shapes of V1 simple cell receptive fields[J]. PLoS Computational Biology，2011，7（10）：e1002250.

[51] At A，Mg B，Srk C，et al. Deep learning in spiking neural networks[J]. Neural Networks，2019，111：47-63.

[52] Mostafa H. Supervised learning based on temporal coding in spiking neural networks[J]. IEEE Transactions on Neural Networks and Learning Systems，2018，29（7）：3227-3235.

[53] Olshausen B A，Field D J. Emergence of simple-cell receptive field properties by learning a sparse code for natural images[J]. Nature，1996，381（6583）：607-609.

[54] Barlow H B. The neuron in perception//Gazzaniga M S. The Cognitive Neurosciences[M]. Cambridge（MA）：MIT Press，1995.

[55] Le Q V，Ranzato M A，Monga R，et al. Building high-level features using large scale unsupervised learning[C]. In Proceedings of the Twenty-Ninth International Conference on Machine Learning，2012.

[56] Hubel D H，Wiesel T N. Receptive fields of single neurons in the cat's striate cortex[J]. The Journal of Physiology，1959，148（3）：574-591.

[57] Fukushima K，Murakami S，Matsushima J，et al. Vestibular responses and branching of interstitiospinal neurons[J]. Experimental Brain Research，1980，40（2）：131-145.

[58] Hinton G E，Salakhutdinov R R. Reducing the dimensionality of data with neural networks[J]. Science，2006，313（5786）：504-507.

[59] Krizhevsky A，Sutskever I，Hinton G E. ImageNet Classification with Deep Convolutional Neural Networks[M]. Advances in Neural Information Processing 25. Cambridge（MA）：MIT Press，2012.

[60] Simonyan K，Zisserman A. Very deep convolutional networks for large-scale image recognition[C]. International Conference on Learning Representations，2015.

[61] Szegedy C，Wei L，Jia Y，et al. Going deeper with convolutions[C]. IEEE Conference on Computer Vision and Pattern Recognition（CVPR）. IEEE，2015.

[62] He K，Zhang X，Ren S，et al. Deep Residual Learning for Image Recognition[C]. IEEE Conference onComputer Vision & Pattern Recognition. IEEE Computer Society，2016.

[63] Serre T，Wolf L，Bileschi S，et al. Robust object recognition with cortex-like mechanisms[J]. IEEE Transactions on Pattern Analysis & Machine Intelligence，2007，29：411-426.

[64] Kubilius J，Schrimpf M，Kar K，et al. Brain-like object recognition with high-performing shallow recurrent ANNs[EB/OL]. [2019-08-24]. https://arxiv.org/pdf/1909.06161.pdf.

[65] Sabour S，Frosst N，Hinton G E. Dynamic routing between capsules[EB/OL]. [2017-11-23].https://arxiv.org/pdf/1710.09829.

[66] Vinyals O，Toshev A，Bengio S，et al. Show and tell：A neural image caption generator[C]. IEEE Conference on Computer Vision and Pattern Recognition（CVPR）. IEEE，2015.

[67] Dellen B，Wessel R，Clark J W. Motion processing with wide-field neurons in the retino-tecto-rotundal pathway[J]. Journal of Computational Neuroscience，2010，28（1）：47-64.

[68] Watson A B，Ahumada A J J. Model of human visual-motion sensing[J]. Journal of the Optical Society of America A Optics & Image Science，1985，2（2）：322-341.

[69] Marín G，Letelier J C，Henny P，et al. Spatial organization of the pigeon tectorotundal pathway：An interdigitating topographic arrangement[J]. The Journal of Comparative Neurology，2003，458（4）：361-380.

[70] Luksch H，Cox K，Karten H J. Bottlebrush dendritic endings and large dendritic fields：Motion-detecting neurons in the tectofugal pathway[J]. The Journal of Comparative Neurology，1998，396（3）：399-414.

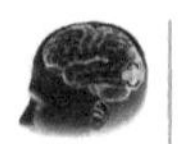

[71] Mahani A S，Khanbabaie R，Luksch R，et al. Sparse spatial sampling for the computation of motion in multiple stages[J]. Biological Cybernetics，2006，94（4）：276-287.

[72] Sun H J，Zhao J，Southall T L，et al. Contextual influences on the directional responses of tectal cells in pigeons[J]. Visual Neuroscience，2002，19（2）：133-144.

[73] Cristian G C，Florencia G C，Mpodozis J，et al. Axon terminals from the nucleus isthmi pars parvocellularis control the ascending retinotectofugal output through direct synaptic contact with tectal ganglion cell dendrites[J]. Journal of Comparative Neurology，2015，524（2）：362-379.

[74] Hellmann B，Güntürkün O. Structural organization of parallel information processing within the tectofugal visual system of the pigeon[J]. The Journal of Comparative Neurology，2001，429（1）：94-112.

[75] Wang Y C，Jiang S Y，Frost B J. Visual processing in pigeon nucleus rotundus：Luminance，color，motion，and looming subdivisions[J]. Visual Neuroscience，1993，10（1）：21-30.

[76] Dellen B K，Clark J W，Wessel R. The brain's view of the natural world in motion：computing structure from function using directional fouriertransformations[J]. International Journal of Modern Physics B，2007，21（13n14）：2493-2504.

[77] Baker S，Scharstein D，Lewis J P，et al. Optical flow datasets，In vision.middlebury.edu[EB/OL].[2020-07-15]. https://vision.middlebury.edu/flow/data/.

[78] Sermanet P，Eigen D，Zhang X，et al. OverFeat：Integrated recognition，localization and detection using convolutional networks[C]. International Conference on Learning Representations（ICLR）.

[79] Girshick R，Donahue J，Darrell T，et al. Rich feature hierarchies for accurate object detection and semantic segmentation[C]. Proceedings of the IEEE Conference on Computer Vision and Pattern Recognition，2014.

[80] Girshick R. Fast R-CNN[C]. Proceedings of the IEEE International Conference on Computer Vision，2015.

[81] Ren S，He K M，Girshick R，et al. Faster R-CNN：Towards real-time object detection with region proposal networks[J]. IEEE Transactions on Pattern Analysis and Machine Intelligence，2017，39（6）：1137-1149.

[82] He K，Gkioxari G，Dollár P，et al. Mask R-CNN[J]. IEEE Transactions on Pattern Analysis & Machine Intelligence，2017：2980-2988.

[83] Redmon J，Divvala S，Girshick R，et al. You only look once：Unified，real-time object detection[C]. Proceedings of the IEEE International Conference on Computer Vision and Pattern Recognition，2016.

[84] Redmon J，Farhadi A. YOLO9000：Better，faster，stronger[C]. IEEE Conference on Computer Vision & Pattern Recognition. IEEE，2017.

[85] Redmon J，Farhadi A. YOLOv3：An incremental improvement[EB/OL].[2018-04-08]. https://arxiv.org/abs/1701.06659.

[86] Liu W，Anguelov D，Erhan D，et al. SSD：Single shot multibox detector[C]. European Conference on Computer Vision. Berlin：Springer International Publishing，2016.

[87] Fu C Y，Liu W，Ranga A，et al. DSSD：Deconvolutional single shot detector[EB/OL]. [2017-11-18]. https://arxiv.org/abs/1701.06659.

[88] Lou J，Zhu W，Wang H，et al. Small target detection combining regional stability and saliency in a color image[J]. Multimedia Tools and Applications，2017，76（13）：14781-14798.

[89] Lai W S，Huang J B，Ahuja N，et al. Deep laplacian pyramid networks for fast and accurate super-resolution[C]. IEEE Conference on Computer Vison Pattern Recognition. IEEE Computer Society，2017.

[90] Bruhn A，Weickert J，Schnörr C. Lucas/kanade meets horn/schunck：Combining local and global optic flow methods[J]. International Journal of Computer Vision，2005，61（3）：1-21.

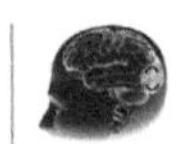

[91] Vedaldi A，Lenc K. MatConvNet：Convolutional neural networks for MATLAB[C]. the 23rd ACM international conference. ACM，2015.

[92] Alexey A B. How to improve object detection[EB/OL].[2020-05-22]. https://zhuanlan.zhihu.com/p/265222106.

[93] Redmon J. Darknet：Open source neural networks in C[EB/OL].[2020-04-11]. https://pjreddie. com/darknet/.

[94] Razakarivony S，Jurie F. Vehicle detection in aerial imagery：A small target detection benchmark[J]. Journal of Visuai Communication and Image Representation，2016，34：187-203.

[95] Zhong J D，Lei L，Yao G L. Robust vehicle detection in aerial images based on cascaded convolutional neural networks[J]. Sensors，2017，17（12）：2720.

[96] Jia Y Q，Shelhamer E，Donahue J，et al. Caffe：Convolutional architecture for fast feature embedding[EB/OL]. [2014-11-03]. https://arxiv.org/abs/1408. 5093.